Günter Krauthausen, Petra Scherer

Natürliche Differenzierung im Mathematikunterricht
Konzepte und Praxisbeispiele aus der Grundschule

Klett | Kallmeyer

Bibliografische Information der Deutschen Nationalbibliothek
Die Deutsche Nationalbibliothek verzeichnet diese Publikation in der Deutschen Nationalbibliografie; detaillierte bibliografische Daten sind im Internet über http://dnb.d-nb.de abrufbar.

Impressum

Günter Krauthausen, Petra Scherer
Natürliche Differenzierung im Mathematikunterricht
Konzepte und Praxisbeispiele aus der Grundschule

2. Auflage 2016

Redaktion: Inka Klenke-Paul, Brilon
Realisation: Sabine Duffens
Druck: Kessler Druck und Medien GmbH & Co. KG, Bobingen
Printed in Germany

ISBN: 978-3-7800-4965-0

Günter Krauthausen, Petra Scherer

Natürliche Differenzierung im Mathematikunterricht

Konzepte und Praxisbeispiele aus der Grundschule

Klett | Kallmeyer

Vorwort

Das vorliegende Buch hat eine lange zurückreichende Genese. Unter dem Eindruck eigener unterrichtspraktischer Erfahrungen wie auch der theoretisch-konzeptionellen Auseinandersetzung mit Formen der Inneren Differenzierung, wie sie die Pädagogik spätestens seit Mitte der 1970er-Jahre propagierte, wurden vielfach Grenzen der vorliegenden Konzepte offensichtlich. Die spürbar gestiegenen Anforderungen an Lehrpersonen im Hinblick auf einen adäquaten Umgang mit deutlich heterogeneren Lerngruppen machte den Bedarf an zeitgemäßen Differenzierungsmöglichkeiten auch für die Praxis deutlich erkennbar. Denn bei aller Berücksichtigung und Ermöglichung individueller Lernprozesse darf beispielsweise das Lernen von- und miteinander nicht vernachlässigt werden. Eine stärkere Berücksichtigung spezifisch mathematikdidaktischer Forschungsergebnisse und Postulate führte zum Konzept der *Natürlichen Differenzierung*, das erstmals von Wittmann (1990) in die Diskussion eingebracht wurde.

In der Folge ist teilweise ein inflationärer und unscharfer Begriffsgebrauch zu verzeichnen. *Natürliche Differenzierung* ist zu einem gängigen Schlagwort geworden, mit einer manchmal vorschnell zugeschriebenen Wirkung eines Allheilmittels für allfällige unterrichtspraktische Anforderungen.

Vor diesem Hintergrund ist dieses Buch entstanden. Einen wesentlichen Beitrag lieferte u. a. das EU-Projekt NaDiMa (Natürliche Differenzierung im Mathematikunterricht, 2008 bis 2010; Förderungs-Nr. 142453-LLP-1-20089-1-PL-COMENIUS-CMP), in dessen Rahmen Mathematikdidaktikerinnen und -didaktiker aus den Niederlanden (Maarten Dolk, An te Selle), Polen (Ewa Swoboda), Tschechien (Alena Hospesova, Marie Ticha) und Deutschland (die Autoren dieses Bandes) die Voraussetzungen, Chancen und Schwierigkeiten einer Natürlichen Differenzierung gemeinsam erforscht haben. Den Kolleginnen und Kollegen verdanken wir wertvolle Anregungen durch die gemeinsamen Diskussionen und Kooperationen.

Im Projekt NaDiMa waren neben diesen fachdidaktischen Expertisen auch Praxislehrkräfte aus Hamburg und aus Nordrhein-Westfalen beteiligt, die an dieser Stelle nicht alle namentlich genannt werden können. Den folgenden Kolleginnen und Kollegen sind wir als offiziellen Praxispartnern von NaDiMa sehr dankbar dafür, dass sie uns ihre Klassentüren geöffnet haben, Videodokumentationen ermöglichten, selbst umfängliche Erprobungen durchgeführt und Erproberberichte angefertigt haben sowie für Diskussionen und zum Teil auch für Einzelinterviews zur Verfügung standen: Antje Ehlebracht, Annegret Külker, Andrea Renne, Nicola Rönneburg. Ein besonderer Dank gilt auch Marion Walter und Ameli Winkler, die einzelne Unterrichtsvorschläge für uns erprobt haben.

Hamburg & Essen, August 2013
Günter Krauthausen & Petra Scherer

1 Umgang mit Heterogenität als Anforderung

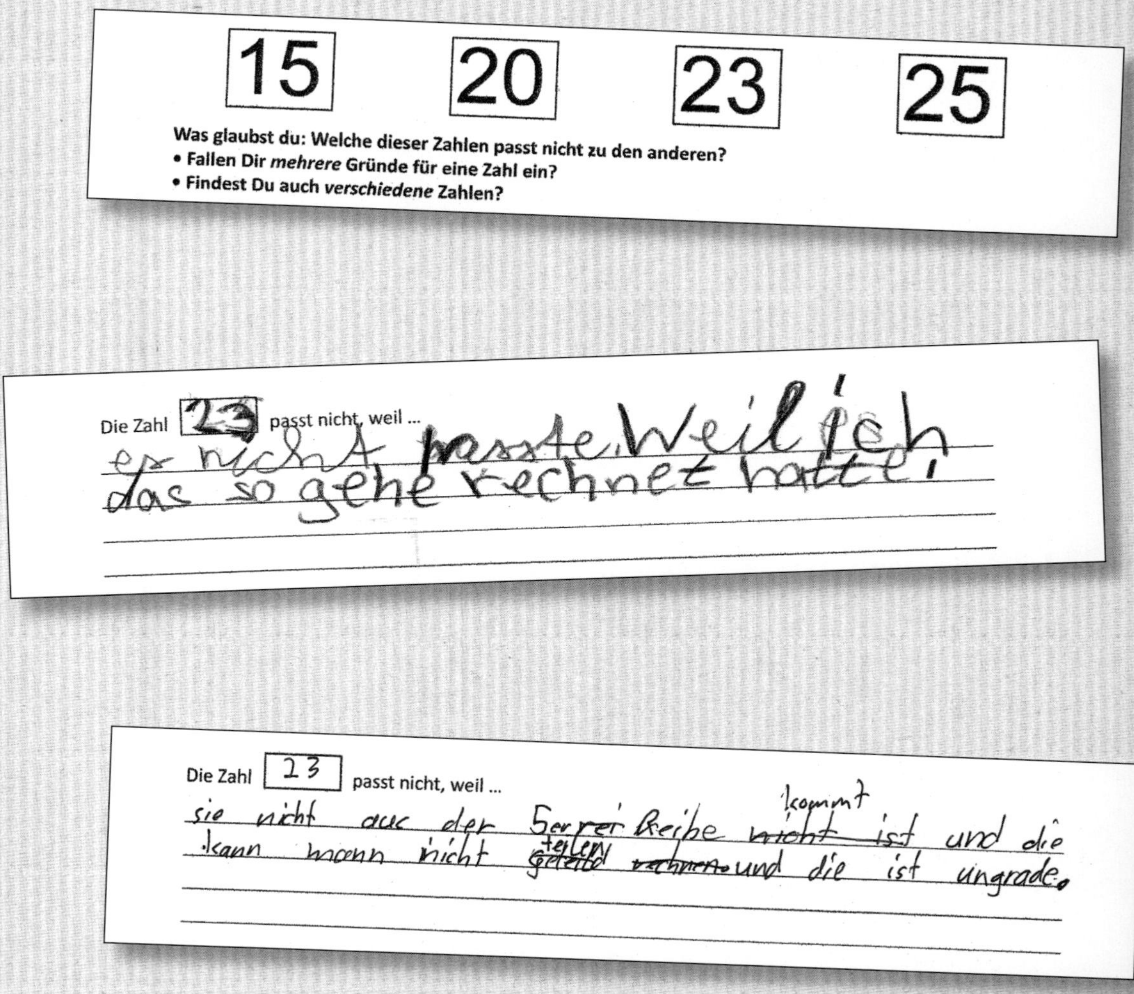

15 20 23 25

Was glaubst du: Welche dieser Zahlen passt nicht zu den anderen?
- **Fallen Dir *mehrere* Gründe für eine Zahl ein?**
- **Findest Du auch *verschiedene* Zahlen?**

Die Zahl 23 passt nicht, weil ...
es nicht passte. Weil ich das so gehe rechnet hatte.

Die Zahl 23 passt nicht, weil ...
sie nicht aus der 5er ~~rei~~ Reihe kommt ~~nicht~~ ist und die kann mann nicht teilen ~~geteilt~~ ~~rechnen~~ und die ist ungrade.

Nicht erst seit man allerorten von „veränderter Kindheit" und ihren vielfältigen Konsequenzen hören und lesen kann, ist man sich darüber einig, dass Lerngemeinschaften aus einer Ansammlung von Individuen bestehen, die sich aus vielerlei Gründen in lernrelevanten Parametern zum Teil gravierend unterscheiden: Motivation, Ausdauer und Beharrlichkeit, Neugier und kognitive Leistungsfähigkeit. Man spricht allgemein von heterogenen Lerngruppen. Auf diese lässt sich nicht – an sich eine Binsenweisheit und dennoch nicht unbedingt flächendeckende Realität – mit einer eingleisig durchgeplanten Belehrungs-Veranstaltung namens „Unterricht" zugehen, die sich ausschließlich an einem fiktiven Durchschnittsschüler orientiert. Zumindest geht dies nicht, wenn der Anspruch aufrechterhalten werden soll, allen Kindern Lernprozesse zu ermöglichen, die ihren jeweiligen Bedürfnissen angemessenen sind. Und dabei ist zu berücksichtigen, dass es um Bemühungen in zwei Richtungen gehen muss: Optimale Förderung aller Kinder bedeutet nicht nur besondere Berücksichtigung sogenannter Lernschwacher, sondern ebenso die Bereitstellung geeigneter Angebote für sogenannte begabtere oder schneller lernende Kinder.

In Schule und Unterricht lassen sich verschiedene Erscheinungsformen von Heterogenität antreffen (vgl. hierzu auch die Beiträge in Buholzer/Kummer Wyss 2010, Teil 1), etwa bezogen auf:

- Geschlecht
- Ethnie (z. B. Schüler mit und ohne Migrationshintergrund)
- Alter (z. B. im jahrgangsgemischten Unterricht)
- Leistung (als extreme Ausprägung, z. B. hochbegabte Schülerinnen und Schüler)
- Beeinträchtigungen/Behinderungen (Inklusion)

Wir wollen in diesem Band schwerpunktmäßig das Auftreten von Heterogenität bezüglich schulischer Leistungen betrachten, dabei aber auch berücksichtigen, dass wechselseitige Beziehungen zu anderen Erscheinungsformen bestehen, wie etwa der mögliche Einfluss des Migrationshintergrunds auf Leistungen im Mathematikunterricht, etwa hinsichtlich sprachlicher Anforderungen (vgl. Walther u. a. 2008; Stanat u. a. 2012).

Des Weiteren sind auch die jeweiligen Einstellungen zu Heterogenität, hier insbesondere der Lehrpersonen, zu berücksichtigen. Als drei wesentliche Kategorien, durchaus mit fließenden Übergängen, lassen sich unterscheiden:

- Heterogenität als Problem
- Heterogenität als Normalfall
- Heterogenität als Chance

Wir fühlen uns eher den letzten beiden Einstellungen verpflichtet, die sich auch im Ansatz „Pädagogik der Vielfalt" (Prengel 1995) oder im „Index Inklusion" (Boban/Hinz 2003) wiederfinden. Gleichwohl wollen wir auch mögliche Probleme beim Umgang mit Heterogenität in den Blick nehmen und diskutieren.

Betrachtet man die empirischen Befunde zur Leistungsheterogenität im Mathematikunterricht, so kann man einerseits auf die verschiedenen nationalen und internationalen Vergleichsstudien schauen. Auch wenn diese Studien nur Momentaufnahmen sind, lediglich bestimmte Leistungen überprüfen und immer wieder kritisch diskutiert werden (vgl. z.B. Bender 2004; Ratzka 2003; Scherer 2004), so lassen sich einige Trends für den deutschen Mathematikunterricht im Grundschulbereich erkennen:

- eine breite Streuung der Schülerleistungen
- ein hoher Anteil an Risikoschülern sowie
- ein starker Einfluss des sozialen Hintergrundes (vgl. TIMSS 2007 in Walther u. a. 2008 oder auch IQB-Studie in Stanat u. a. 2012).

Auch für den Bereich der weiterführenden Schule setzt sich dieser Trend fort, und auch wenn im Vergleich zu früheren Erhebungen Verbesserungen festzustellen sind, wird bleibender Reformbedarf konstatiert (vgl. PISA 2009 in Frey u. a. 2010).

Andererseits können detailliertere Querschnittsstudien oder Längsschnittstudien herangezogen werden. So zeigt z. B. die Studie von Baumert (2011) hinsichtlich der mathematischen Vorkenntnisse zu Schulbeginn eine große Heterogenität: Es gibt Kinder, die sich leistungsmäßig bereits in der 2. Klasse bewegen und solche, die den Lernstoff der 1. Klasse teilweise bewältigen, daneben aber auch Schülerinnen und Schüler, die kaum mit Zahlen und einfachsten Operationen vertraut sind. Die Entwicklung im Verlauf der Grundschulzeit zeigt dann unter anderem, dass die leistungsstarken Schüler an der Spitze bleiben, die Kinder mit sprachbedingten Rückständen sich relativ verbessern, aber der Rückstand sozial schwacher Schüler leicht zunimmt (Baumert 2011).

Die bildungspolitischen Reaktionen auf diese heterogenen, insbesondere unterdurchschnittlichen Leistungen waren recht vielfältig: So existiert in NRW ein Rechtsanspruch auf individuelle Förderung, fixiert im Schulgesetz (vgl. MSW 2006). Sowohl auf schulischer Ebene als auch für die Lehrerbildung wurden Standards entwickelt, die explizit die Thematik heterogener Leistungen aufgenommen haben.

In den Bildungsstandards Mathematik hat die Anforderung, einer heterogenen Schülerschaft zu begegnen, zur Definition verschiedener Anforderungsbereiche geführt, in der konkreten Umsetzung zur Konzeption sogenannter großer Aufgaben, „die der Leistungsheterogenität von Grundschülern dadurch Rechnung tragen, dass sie im gleichen inhaltlichen Kontext ein breites Spektrum an unterschiedlichen Anforderungen und Schwierigkeiten abdecken. Dadurch können die Aufgabenbeispiele zugleich als Muster für einen differenzierenden Unterricht fungieren, in dem alle Kinder am gleichen Inhalt arbeiten, aber nicht unbedingt dieselben Aufgaben lösen" (KMK 2004, S. 13; vgl. auch Kapitel 4).

Auch die KMK-Standards für die Lehrerbildung (KMK 2008) nehmen diese Thematik des Umgangs mit Heterogenität in den Blick: „Differenzierung, Integration und Förderung" sowie „Diagnostik, Beurteilung und Beratung" werden als inhaltliche Schwerpunkte der bildungswissenschaftlichen Ausbildung hervorgehoben und für entsprechende Kompetenzbereiche konkretisiert (ebd., S. 11). Und auch als fachspezifisches Kompetenzprofil mit den zugehörigen Inhalten wird gefordert, Mathematikunterricht mit heterogenen Lerngruppen auf der Basis fachdidaktischer Konzepte zu analysieren und zu planen (ebd., S. 24).

Auch die Lehr- und Bildungspläne haben entsprechend reagiert und gehen explizit auf das Thema Förderung und Differenzierung ein:

- Lehrplan Mathematik Grundschule in NRW: „Zentrale Leitidee ist die individuelle Förderung aller Schülerinnen und Schüler" (vgl. MSW 2008a, S. 11). Explizit findet sich der Abschnitt „Vielfalt als Chance und Herausforderung", differenziert mit den Schwerpunkten „Individuelle Förderung", „Sonderpädagogische Förderung" und „Reflexive Koedukation" (MSW 2008a, S. 12), verbunden mit dem konkret formulierten Auftrag: „Aufgabe der Schule ist es, diese Vielfalt als Chance zu begreifen und sie durch eine umfassende und differenzierte Bildungs- und Erziehungsarbeit für das gemeinsame Lernen der Kinder zu nutzen" (ebd.).
- Bildungsplan Grundschule Mathematik Hamburg: „In der Grundschule werden leistungsschwächere und leistungsstärkere Schülerinnen und Schüler gleichermaßen differenziert gefördert [...] Es ist der Grundschule jedoch freigestellt, unterschiedliche Formen einer lerngruppenspezifischen Differenzierung einzusetzen." (BSB 2011, S. 4)
- Bildungsplan Förderschule Baden-Württemberg: „Ein zentrales Ziel der Förderschule ist es, die Schülerinnen und Schüler in ihrer Entwicklung und im Lernen individuell zu begleiten, zu fördern und zu stärken." (MJKS 2008, S. 8)

Diese Ausführungen sind aber letztlich sehr allgemein gehalten, die Konkretisierungen für den Unterricht bleiben weitestgehend offen. Es gibt in den Bildungsstandards sogenannte „Große Aufgaben" und differenzierte Anforderungsbereiche (vgl. KMK 2005), aber wir werden in Kapitel 4.2 sehen, dass hierunter sehr Unterschiedliches verstanden werden kann. Zudem ist auch bei den Konzepten individueller Förderung eine große inhaltliche wie auch organisatorische Uneinheitlichkeit festzustellen: Neben einer expliziten äußeren Differenzierung (verschiedene Schülergruppen unterschiedlicher Leistungsniveaus werden zusammengefasst und separat unterrichtet, also Förderunterricht alternativ zum regulären Unterricht; vgl. z. B. Scherer/Moser Opitz 2010, S. 49 f.) findet sich auch eine Innere Differenzierung innerhalb des regulären Unterrichts, und nicht selten wird auf die klassischen Formen innerer Differenzierung zurückgegriffen (vgl. Kapitel 2.1 und 2.2). Hier muss die Frage gestellt werden, ob es dann wirklich um gemeinsames Lernen oder einzelnes Lernen nebeneinander geht (vgl. z. B. Brügelmann 2011).

Im folgenden Kapitel wenden wir uns der Inneren Differenzierung zu, wie sie klassischerweise seit den 1970er-Jahren propagiert wurde und auch aktuell noch weitgehend die Unterrichtspraxis dominiert, wenn auch heutzutage neu klingende Etiketten etwas anderes suggerieren – vielfach zu Unrecht, wie sich zeigen wird. Es gilt heute das, was bereits Mitte der 1970er-Jahre gefordert wurde: „Die Differenzierung ist so elementar notwendig, dass wir uns nicht mehr damit aufhalten dürfen, sie nur mit schönen Worten zu preisen, sondern an ihre Verwirklichung gehen müssen" (Klink/Ubbelohde 1976, zitiert in Geppert/Preuß 1981, S. 7). Und dazu werden ab Kapitel 3 Vorschläge ausgearbeitet, die man tatsächlich als einen Fortschritt gegenüber der klassischen Inneren Differenzierung verstehen kann.

2 Klassische Innere Differenzierung

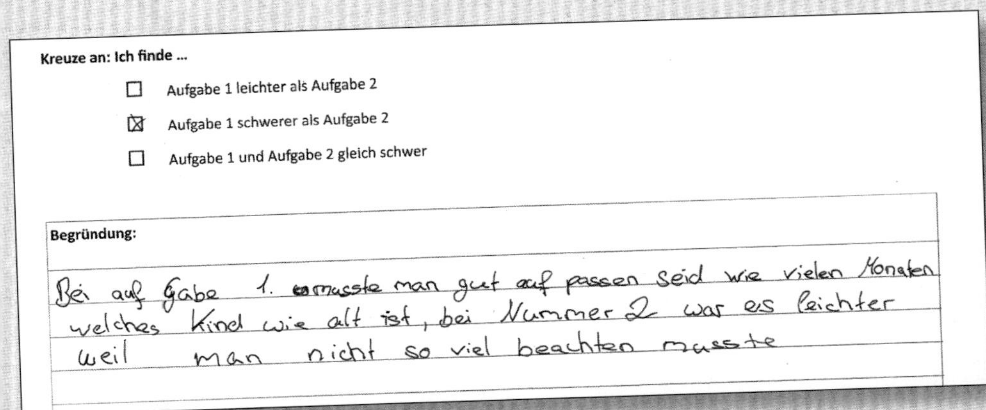

Kreuze an: Ich finde ...

- [ ] Aufgabe 1 leichter als Aufgabe 2
- [x] Aufgabe 1 schwerer als Aufgabe 2
- [ ] Aufgabe 1 und Aufgabe 2 gleich schwer

Begründung:

Bei auf Gabe 1. ~~e~~ musste man gut auf passen seid wie vielen Monaten welches Kind wie alt ist, bei Nummer 2 war es leichter weil man nicht so viel beachten musste

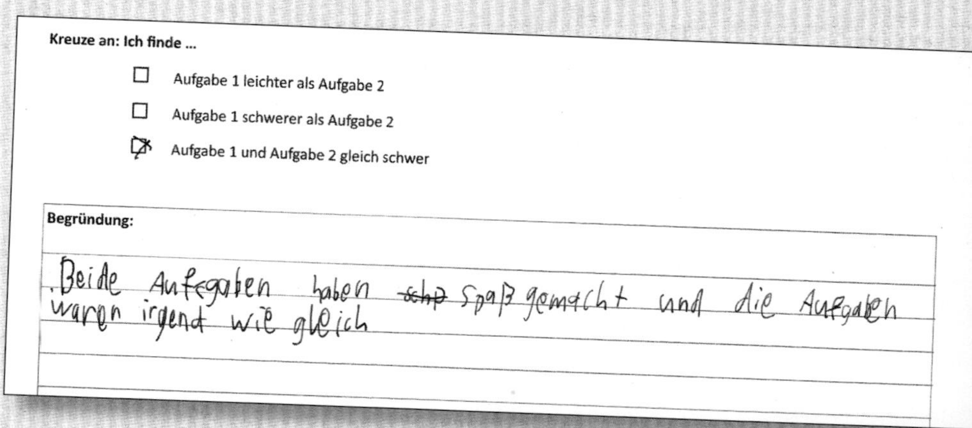

Kreuze an: Ich finde ...

- [ ] Aufgabe 1 leichter als Aufgabe 2
- [ ] Aufgabe 1 schwerer als Aufgabe 2
- [x] Aufgabe 1 und Aufgabe 2 gleich schwer

Begründung:

Beide Aufgaben haben ~~sch~~ Spaß gemacht und die Aufgaben waren irgend wie gleich

2.1 Traditionelle Differenzierungsarten

2.1.1 Differenzierung – ein neues Problem?

Die (national wie international) wachsende Heterogenität von Lerngruppen und der wachsende Gebrauch von einschlägigen Schlagwörtern kann zu dem Eindruck verleiten, dass Differenzierung nicht nur eine sehr dringliche Anforderung darstellt, sondern auch eine recht neue:

- Das neue Schulgesetz von Nordrhein-Westfalen hat 2006 zum ersten Mal das Recht auf individuelle Förderung für jedes Kind festgeschrieben (MSW 2006).
- Hamburg veröffentlichte 2009 ein Rahmenkonzept und spricht von einer „*neuen* Lernkultur" (BSB 2009, S. 6; Hervorhebung Krauthausen/Scherer (GKr/PS)), in deren Zentrum „eine stärkere Individualisierung des Lernens und eine konsequente Orientierung an der Kompetenzentwicklung der Schülerinnen und Schüler" (ebd.) stehen soll.
- Die Standards für die Lehrerbildung benennen als einen von elf inhaltlichen Schwerpunkten für die Ausbildung „Differenzierung, Integration und Förderung – Heterogenität und Vielfalt als Bedingungen von Schule und Unterricht" (KMK 2004, S. 5).

Eine neue Anforderung also? Wohl kaum. „Das Problem der Inneren Differenzierung – [ist] eine alte Forderung, die mindestens seit der Reformpädagogik des ersten Drittels unseres Jahrhunderts auf der Tagesordnung steht" (Klafki/Stöcker 1976, S. 498). Eher ist wohl eine graduelle Verschiebung zu konstatieren, ein vergrößertes Spektrum, in dem Leistungsunterschiede heute im Vergleich zu der Zeit vor 30 Jahren streuen können. Differenzierung ist aber als solche schon immer eine Aufgabe der Schule gewesen. Vielfältige Definitionsversuche wurden unternommen, die Winkeler bereits vor über 30 Jahren mit folgendem Vorschlag zusammenzufassen versuchte: „Differenzierung bezeichnet das breite Spektrum schul- und unterrichtsorganisatorischer Maßnahmen, mit deren Hilfe die Schule den vielfältigen und sehr unterschiedlichen Fähigkeiten und Interessen der Lernenden einerseits und den mannigfaltigen Anforderungen der Gesellschaft andererseits gerecht zu werden versucht" (Winkeler 1978, S. 8).

Für die Grundschule wird insbesondere die sogenannte „Innere Differenzierung" oder „Binnendifferenzierung" für angemessen und vorrangig erachtet (Kasper 1993; KMK 1994). Sie ist dadurch gekennzeichnet, dass sie – anders als Maßnahmen der äußeren Differenzierung – „den herkömmlichen, heterogen zusammengesetzten Klassenverband erhält" (Winkeler 1978, S. 40). Dadurch soll zum einen gewährleistet werden, dass möglichst alle Kinder die grundlegenden Lernziele erreichen, und zum anderen individuelle Lernstile, Selbstständigkeit, Vertrauen in die eigenen Fähigkeiten und persönliche Interessen gefördert werden (Kasper 1993) und im Sinne des sozialen Lernens ein wechselseitiges Lernen von- und miteinander ermöglicht wird.

Abgesehen davon ist das Schlagwort „Differenzierung" derzeit auch als Etikett bildungspolitisch besonders en vogue. Es muss daher manchmal auch als Allzweckwaffe herhalten für die nötig erachtete Optimierung von Kompetenzen, also des „Outputs" unseres Schulsystems. *Differenzierung* gehört zu jenen Begriffen, die von so großer Allgemeinheit und damit auch Vagheit sind, dass sie in der Gefahr stehen, zum Schlagwort zu verkommen und ein Patentrezept zur Lösung schwieriger Probleme zu suggerieren (vgl. von der Groeben 1997). Und gerade weil die Schlagwort-Gefahr besteht, ist es sinnvoll, hier einmal genauer hinzuschauen. Denn es ist und bleibt eine überzeugende Leitvorstellung, für jedes einzelne Kind möglichst günstige Lernbedingungen zu schaffen (vgl. Wielpütz 1998a/b).

2.1.2 Die Klassiker als Lösung?

Notwendig ist dazu ein Lernangebot, welches – so jedenfalls zunächst einmal die theoretische Forderung – die Kinder jeweils weder über- noch unterfordert („Prinzip der Passung"; vgl. Kapitel 2.2.1), d.h. durch die optimale Abstimmung zwischen Lernanforderung und persönlicher Lernvoraussetzung Erfolgszuversicht vermitteln kann. Durch vielfältige methodische Maßnahmen wurde und wird versucht, diese Passung zu erreichen, insbesondere durch die Variation

- von Anzahl und Schwierigkeitsgrad gestellter Aufgaben,
- von Formen der Aneignung und Zugangsweisen (Repräsentationsebenen),
- des Grades zugestandener Hilfe,
- der Sozialformen,
- der eingesetzten Medien,
- der zugestandenen Lernzeit,
- des Grades freier Auswahlmöglichkeiten (vgl. Kasper 1993).

Ein Blick in die Literatur und in die Praxis der Lehreraus- und -fortbildung zeigt, dass auch hier zahlreiche Empfehlungen[1] zu finden sind:

- Soziale Differenzierung (Einzel-, Partner-, Gruppenarbeit)
- Methodische Differenzierung (Lehrgang, Projektarbeit, ...)
- Mediale Differenzierung (Schulbuch, Arbeitsblätter, Arbeitsmittel, PC)
- Quantitative Differenzierung (gleiche Zeit für unterschiedlichen Inhaltsumfang oder unterschiedliche Zeit für den gleichen Inhaltsumfang)
- Qualitative Differenzierung (unterschiedliche Ziele bzw. Schwierigkeitsstufen)
- Inhaltliche Differenzierung (die Kinder entscheiden selbst über die Auswahl und Reihenfolge der Inhalte)

1 Die Auflistung folgt nicht ein und derselben Systematik, sondern soll lediglich einen Eindruck von der Vielfalt der Vorschläge vermitteln.

Diese Auflistung könnte auch einem aktuellen Fortbildungskatalog entnommen sein, sie stammt aber teilweise aus einer Veröffentlichung zur Differenzierung von Winkeler (1978), die mehrere Auflagen erlebte. Identische oder weitgehend vergleichbare Vorschläge finden sich in immer wieder zitierten Standardwerken der 1970er-, 1980er- und 1990er-Jahre, meist über viele Auflagen inhaltlich unverändert (Bönsch 1976; 2004a/b; Geppert/Preuß 1981; Klafki/Stöcker 1976; Meyer-Willner 1979; Schittko 1984). Und es sind beileibe nicht alle: „Hinsichtlich der Terminologie und Systematik von Differenzierungsformen gibt es zahlreiche, kaum übersehbare und oft wenig konsistente Vorschläge" (Ahrbeck u. a. 1997, S. 744). Dass auch die aktuelle Diskussion kaum weiter gekommen ist, zeigen exemplarisch zwei Beiträge jüngeren Datums, die auch vergleichbare Probleme anderer Publikationen deutlich machen können.

Der Erziehungswissenschaftler Bönsch, der sich bereits seit über 40 Jahren anhaltend mit Fragen der Differenzierung befasst, konstatiert in einem jüngeren Beitrag: „Nach wie vor hat das Thema ‚Differenzierung' hohe Aktualität und ebenso große Realisierungsschwierigkeiten" (Bönsch 2009, S. 36). Man kann den Beitrag als einen Versuch lesen, „aus dem Vielerlei und den häufig nicht konsequenten Differenzierungspraktiken herauszukommen" (ebd., S. 37) – eine zweifellos zustimmungswürdige Zielvorstellung. Zwecks „Neuausmessung der Differenzierungsmethodik" (ebd.) beschreibt Bönsch drei sog. „Lernsets":

- **Nachgehende Differenzierung:** Hierbei „beginnt der Unterricht wie immer mit der gemeinsamen Erarbeitung neuen Lernstoffes bzw. mit der Vermittlung durch Lehrer oder Lehrerin. Im Wissen darum, dass damit die Lernprozesse der Schüler(innen) noch nicht zum gesetzten Ziel (gesichertes Wissen, verfügbare Einsichten, realisierbare Fertigkeiten) gebracht worden sind, erfolgt konsequent eine sog. nachgehende Differenzierung" (ebd., S. 39). Die beiden dazu genannten Varianten sind entweder sehr allgemein beschrieben oder repräsentieren altbekannte methodische Vorgehensweisen: Variante 1 („Zielerreichung durch Differenzierung") sieht vor, dass „Aufgaben und Übungen [...] die Zielerreichung sichern [sollen]" (ebd.); Variante 2 („Diagnostische Differenzierung") löst auf der Grundlage eines diagnostischen Tests, der die „Fehlernester" identifizieren soll, die oben genannte Vielfalt der Klassischen Inneren Differenzierung aus, wobei Bönsch diverse „Subkonzepte" wie Wochenplanarbeit, Freiarbeit, Stationenlernen, Werkstattunterricht usw. in Anwendung sieht sowie medial[2] gesteuertes Lernen.

2 Die großen Erwartungen, die Bönsch hier im Hinblick auf Differenzierung an den Einsatz digitaler Medien formuliert, werden seit mehr als 20 Jahren immer wieder formuliert, obwohl unübersehbar ist, dass diese Versprechungen bis heute zu lediglich mehr als zweifelhaften Realisierungen geführt haben. Auch Bönsch wiederholt hier die üblichen vermeintlichen Chancen von Computer-Lernprogrammen: unterschiedliche Levels, Interaktivität, Feedback, Motivation, Fehleranalyse, humorvolle Elemente. Der genauere fachdidaktische Blick ergibt hingegen bis zum heutigen Tag eine äußerst prekäre Situation, was die (fach-)didaktische Qualität der Produkte betrifft (vgl. Krauthausen 2012). Hierin wäre somit als letztes (wenn überhaupt) ein Beitrag zu einer sach- und kindgerechten Differenzierung zu erwarten ...

- **Differenzierung durch selbstständiges Lernen (Individualisierung, Kooperationslernen):** Hier wird „nach den Prinzipien selbst verantworteten Lernens auch die Erarbeitung neuer Lerninhalte in die Hand von Schüler(inne)n" (ebd.) gelegt. Die selbstständige Erledigung vorgegebener Lernaufgaben und -pensen (= Variante 1), die „im Unterricht, gegebenenfalls in Fachräumen bei Fachlehrern *abgearbeitet* werden sollen" (ebd.; Hervorhebung GKr/PS) erfolgt z.B. mit Portfolios oder Lernstandslisten. In Variante 2 wird das Lernen an individuellen „Kompetenzrastern" orientiert (man fühlt sich an die Lernzieloperationalisierung der 1970er-Jahre erinnert und ahnt den kaum leistbaren Aufwand), wobei die Lernenden selbst ihren jeweiligen Lernstand einschätzen und überprüfen sollen. Bönsch selbst formuliert die nicht trivialen Voraussetzungen, die für dieses Lernset unerlässlich sind, nämlich „dass die Organisation des Lernens (metakognitive Strategien) tatsächlich bei den Lernenden liegen kann" (ebd.). Hier wird gleichsam erwartet, dass jene Methoden der Klassischen Inneren Differenzierung, deren Handhabung schon Lehrkräften nicht einfach fällt und die auch in ihren Händen konzeptionell bedingt deutliche Nachteile haben (vgl. Kapitel 2.2), jetzt von den Lernenden selbst zur Anwendung gebracht werden.
- **Freigebende Differenzierung:** Diese weitreichendste Variante, was den Grad der Individualisierung betrifft, beschreibt Bönsch wie folgt: „Wenn man davon ausgehen könnte, dass der insgesamt zu lernende Unterrichtsstoff (z.B. Mathematik für die Schuljahre 7 bis10) über eine Fachlehrerkette – acht Lehrer stehen in einem Zeitband (immer die gleiche Stunde am Vormittag) für den Stoff je eines halben Jahres bereit – angeboten werden kann, könnten Schüler(innen) nach ihrem Leistungsvermögen und ihrem Lerntempo an dieser Fachlehrerkette ohne Bremsung durch Jahrgangsklassen und ohne Rücksicht auf Schnelligkeit (jeder kann sein Tempo gehen) entlang lernen" (ebd.).

Spätestens hier gewinnt man den Eindruck, dass Bönsch bei seinen Vorschlägen vorrangig wohl an Sekundarstufenunterricht denkt. Ob sie dort einen wirklich neuen und alltagstauglichen Beitrag zur Differenzierungs-Diskussion bedeuten können, soll hier nicht weiter verfolgt werden. Für das Lehren und Lernen im Mathematikunterricht der Grundschule allerdings sind sowohl angesichts der Voraussetzungen als auch der Erfahrungen mit diesen Methoden der Klassischen Inneren Differenzierung Zweifel angesagt:

- Die beschriebenen Lernsets enthalten – gewissermaßen gruppiert und kombiniert – die bislang prinzipiell bekannten Maßnahmen und Konzepte der Inneren Differenzierung – inkl. ihrer lange bekannten Probleme (s. Kapitel 2.2).
- Einerseits scheint nach wie vor ein großes Vertrauen auf die Wirksamkeit einer didaktischen Feinsteuerung von Differenzierungsmaßnahmen durch, andererseits ruft die wachsende (und vorausgesetzte) Selbstverantwortung der Lernenden in den drei Lernsets in der Unterrichtsrealität nicht selten die Frage nach der Alltagstauglichkeit hervor – ein grundsätzliches Dilemma, an das

Ahrbeck u. a. (1997) erinnern: „Offensichtlich ist es theoretisch möglich, die Komplexität von Differenzierung beinahe ad infinitum zu treiben. Die Überforderung des Lehrers durch maßlose Ansprüche an seine didaktischen Fertigkeiten gehört zu den bedenklichen Erscheinungen des Missverhältnisses von überzogener Theorie und sich selbst ausgelieferter, überforderter Praxis" (ebd., S. 745). Und mit den „Anforderungen an seine didaktischen Fertigkeiten" ist vermutlich a. a. O. nicht in erster Linie an seine fachdidaktische oder fachliche Kompetenz gedacht, sondern an eine Erfahrung, die vielen Lehrpersonen bekannt sein dürfte – nämlich die Herstellung und „Verwaltung" zahlloser unterschiedlicher Arbeitsblätter und Materialien mit (postulierten) unterschiedlichen Schwierigkeitsgraden (s. u. sowie Kapitel 2.2) sowie deren Zuweisung in ein „Fundamentum" oder „Additum" (vgl. ebd.).

- An entscheidenden Stellen bleiben die Aussagen so allgemein, dass der Schlagwortcharakter der Differenzierungsempfehlungen der vergangenen Jahrzehnte kaum verlassen wird: Die Lernsets „haben unterschiedliche Reichweiten und müssen sicher auf konkrete Gegebenheiten hin adaptiert werden" (Bönsch 2009, S. 39). „Die Differenzierungskriterien [...] können zur Anwendung kommen mit möglichst „passgenauen" Förderprogrammen. Methodisch gesehen können nach dem Prinzip der kontrollierten Variabilität Kurzphasen (zweiter Teil einer Stunde) oder längere Phasen mit den genannten mittleren Arrangements (Subkonzepte offenen Unterrichts) gewählt werden" (ebd.). Auch die Diskussion, wie diese Subkonzepte bzw. gewisse Fehlformen derselben nicht selten in der Praxis kontraproduktiv für das Gewünschte wirken (Stichwort: Beliebigkeit des Lernens), wird nicht angesprochen.

Das Fach aber, seine Spezifika sowie fachdidaktische Konzepte sind – typisch auch für die deutliche Mehrzahl vergleichbarer Vorschläge aus der Pädagogik – ganz offensichtlich nicht im Blick, denn die Rolle der Inhalte bzw. Fächer wird an keiner Stelle erwähnt. Eine „Einordnung in die Unterrichtstheorie vorzunehmen" (ebd., S. 40), war Bönschs Ziel. Diese Unterrichtstheorie (welche ...?) bleibt aber weitgehend abstrakt, zeigt nach wie vor den blinden Fleck der Schnittstellen mit zeitgemäßen, konkret vorliegenden und erprobten fachdidaktischen Konzepten. Man muss diese Bereiche in solchen Fällen nicht im Detail ausgearbeitet erwarten, sie bleiben aber – hier wie anderswo, d. h. nahezu systematisch – unerwähnt. Würden sie als ein maßgeblicher Faktor für gelingende Differenzierung wahrgenommen, würde man zumindest die Erwähnung und grundsätzliche Gewichtung dieser Schnittstellen erwarten, auch wenn man sie dann zur Konkretisierung gewiss den spezifischen Fachcommunities der Fachdidaktiken überantworten könnte.

Eine andere Art und Weise des Umgangs mit Heterogenität und Differenzierung besteht wie gesagt darin, zwar angesagte Vokabeln und Etiketten zu benutzen, obgleich sich dahinter wenig anderes verbirgt als die klassische Innere

Differenzierung seit 35 Jahren bereits vorschlägt; allenfalls werden „moderne" Methoden, Materialien oder Organisationsformen, also eher andere Oberflächenphänomene vorgeschlagen, was aber am *Prinzip* des Differenzierungskonzepts und damit an den *Problemen* des Unterrichtsalltags nichts ändert. So findet man auf der Internet-Seite „Die Neue Lernkultur" (von Berg o.J.) nahezu alles, was derzeit unter den Schlagwörtern „Neues Lernen", „Individuelle Förderung" oder „Kompetenzorientierung" an moderner Begrifflichkeit angesagt ist. Der Fortschritt gegenüber der Klassischen Inneren Differenzierung erschließt sich aber nicht. Im Gegenteil, man erkennt z. B. deutlich nahezu all die Grenzen und Gefahren, die wir in Kapitel 2.2 beschreiben werden.

Auf diese Trends setzen auch viele Verlage und halten fast schon im Monatsrhythmus ein entsprechend umfangreiches Angebot an vermeintlich „passgenauen"[3] Differenzierungsmaterialien bereit. Auch hierzu wollen wir nur ein Beispiel angeben (Gutjahr 2012): Es handelt sich hierbei um klassisch zugeschnittene Arbeitsblätter, für jedes „Thema" mit (behaupteten; vgl. Kapitel 2.2.1) drei Schwierigkeitsgraden.

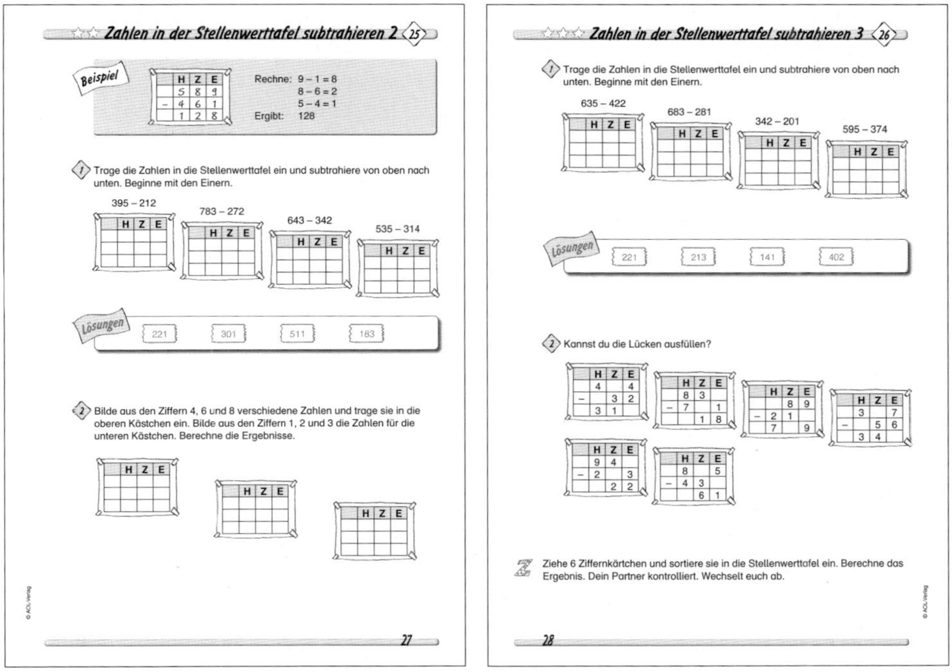

Abbildung 2.1a und 2.1b: Arbeitsblätter aus Gutjahr (2012)

3 Dieses Adjektiv sollte schon alleine aus folgendem Grund irritieren: Wie kann man einerseits die Individualität der Lernenden betonen, dann aber glauben, dass ein vorkonfektioniertes Angebot für alle diese individuellen Lernsituationen adäquat sein kann?

Bei den drei Seiten zum Thema „Zahlen in der Stellenwerttafel subtrahieren" geht es darum, jeweils zwei dreistellige Zahlen in einem vorgegebenen Stellenwertraster zu subtrahieren. Bis auf die Zusatzaufgabe (Schwierigkeitskategorie 3; Abbildung 2.1b) ist sichergestellt, dass es zu keinerlei Überträgen kommt – nicht nur bei den eng vorgegebenen Aufgaben; selbst bei der offener wirkenden Aufgabe, bei der die Kinder aus jeweils drei Ziffern eine dreistellige Zahl als Minuend und Subtrahend bilden sollen, sind die Ziffern so vorgegeben, dass in keinem Fall ein Übertrag entstehen kann (Schwierigkeitskategorie 2, Aufgabe 2, Abbildung 2.1a). Die drei Schwierigkeitskategorien unterscheiden sich wie folgt:

- **Kategorie 1:** Musterbeispiel (Schreib- und Sprechweise) vorgegeben (vgl. auch Abbildung 2.1a); acht Aufgaben in der Stellenwerttafel vorgegeben und nach Muster zu berechnen; weitere vier Aufgaben erfordern das selbstständige Eintragen vorgegebener Zahlen in das Stellenwertraster. Bei beiden Aufgaben sind Prüfzahlen vorgegeben zur „Selbstkontrolle" (s. u.).
- **Kategorie 2 (Abbildung 2.1a):** Musterbeispiel (Schreib- und Sprechweise) vorgegeben; vier Aufgaben erfordern das selbstständige Eintragen vorgegebener Zahlen in das Stellenwertraster (mit Prüfzahlen). Offenere Aufgabenstellung (drei Aufgaben) mit Auswahl von Ziffernkarten, die aber durch Vorgaben übertragsfreies Berechnen garantieren (ohne Prüfzahlen).
- **Kategorie 3 (Abbildung 2.1b):** Kein Musterbeispiel vorgegeben; vier Aufgaben (selbstständiges Eintragen vorgegebener Zahlen in das Stellenwertraster; mit Prüfzahlen); sechs problemstrukturierte Subtraktionsaufgaben (Lückenaufgaben; wiederum ohne Übertrag); Zusatzaufgabe (selbst zu wählende Ziffernkarten ohne Vorgaben, sodass hier auch Überträge möglich wären).

Die Variation besteht zum einen darin, dass die Vorgaben sukzessive reduziert werden. Die drei Kategorien sind bezüglich der Aufgabentypen nicht überschneidungsfrei, was sich je nach Einsatzsituation durchaus diskutieren ließe. Das gilt auch für die Variation des Zahlenmaterials im allgemeinen. Wir wollen hier nur auf einen Aspekt hinweisen: Bei der Kategorie 1 sind zunächst acht vorgegebene Subtraktionen völlig analog zum Musterbeispiel zu lösen (Zahlen sind bereits in der Stellentafel eingetragen), sodass auf den ersten Blick nur Reproduktion zu leisten ist. Schaut man sich das Zahlenmaterial genauer an, so tritt hier mehrfach die Null im Subtrahenden auf und dies einmal sogar an der Hunderterstelle. Das ist zwar im Stellenwertraster erlaubt (wenn auch unüblich), entspricht aber nicht der Konvention außerhalb der Stellenwerttafel und wäre daher in jedem Fall bewusst zu thematisieren (vgl. Scherer u. a. 2004, S. 40; Scherer/Moser Opitz 2010, S. 134 ff.). Da die Null generell eine potenzielle Fehlerquelle bei schriftlichen Algorithmen darstellt (vgl. Radatz 1980), wäre zu fragen, ob derartige Aufgaben gerade auf dem als leichtesten deklarierten Arbeitsblatt sinnvoll sind.

Der Werbetext auf der Website lautet: „ … jeweils drei Arbeitsblätter mit unterschiedlichem Schwierigkeitsgrad. Dies ermöglicht eine optimale Differenzierung und die perfekte Förderung jedes einzelnen Schülers." Das suggeriert ein

Allheilmittel für alle Leistungsstände, jeder erreicht alle Lernziele, Heterogenität löst sich problemlos auf. Weitere werbewirksame Beschreibungen aus dem Newsletter zu Gutjahr (2012), unter Marketing-Aspekten durchaus geschickt:

- **eine große Fülle an differenziert einsetzbaren Materialien zum Üben:** Viel hilft viel, die Fülle macht's; und diese ist zudem für alle Gelegenheiten einzusetzen.
- **methodisch abwechslungsreiche Aufgaben:** die methodische Abwechslung besteht weniger in der Art der Aufgaben als vielmehr in ihrer grafischen Gestaltung und Darstellung. Auch werden z.B. Sachkontexte gewechselt – bei inhaltlich völlig identischem Aufgabentyp.
- **Aufgaben und Übungen in drei Schwierigkeitsstufen:** Wie sich diese drei Stufen definieren, ist nicht ersichtlich. Unterschiede bestehen im Kontext, in der Darstellungsweise oder in der Menge. Keineswegs lässt sich diesen Stufen irgendein nachvollziehbares Kompetenz- oder Anforderungsniveau zuordnen.
- **Neben schriftlich zu lösenden Aufgaben gibt es Übungen, die mündlich oder handelnd gelöst werden können – so ist für jeden Lerntyp die passende Aufgabe dabei:** Was besagt das? Soll jeder „Lerntyp" bevorzugt das bekommen, was ihm liegt? Oder soll es nicht darum gehen – falls es überhaupt solche „Lerntypen" gibt (vgl. EDUBLOX 2013) – gerade eine solche bevorzugte Anpassung zu vermeiden und auf allen Ebenen zu fördern? (vgl. auch die Bedeutung des intermodalen Transfers)
- **Selbstkontrolle:** Wie in aller Regel bei solchen Produkten: Es handelt sich gerade *nicht* um Selbstkontrolle, sondern um eine an das Material delegierte Fremdkontrolle (vgl. Oehl 1962, S. 33 f.).
- **ermöglichen eigenständiges Arbeiten – auch in der Freiarbeit, im Wochenplan, als Lerntheke oder in der Stationenarbeit:** Also offensichtlich für alle Methodenformen geeignet, was die Frage offen lässt, ob das Angebot den Spezifika der jeweiligen methodischen Formen wirklich gerecht werden kann.
- **Alltagsbezug vieler Aufgaben:** Dieser ist mehr oder weniger identisch mit klassischen Textaufgaben oder eingekleideten Aufgaben des traditionellen Sachrechnens (vgl. Radatz/Schipper 1983, S. 130 ff.). Selbst beim „geschickten Multiplizieren" (so jedenfalls die Seitenüberschrift), wo nach dem Preis für fünf Tannen zu je 168 € gefragt ist, wird die schriftliche Multiplikation gefordert, obwohl doch unter realistischen Perspektiven wie auch im Sinne geschickten Rechnens eine Verzehnfachung mit anschließender Halbierung weitaus einfacher und bereits im Kopf möglich wäre.

Ein letztes Beispiel repräsentiert gleichsam den momentanen Status quo[4] der Differenzierungsdiskussion, die sich seit vielen Jahren im Kreis zu drehen scheint:

4 Das bloße Auftauchen neuer Schlagwörter und Etiketten verstehen wir hier nicht als tatsächlichen *konzeptionellen* Fortschritt.

Die von Roggatz (2012) formulierte Erkenntnis, dass bereits seit den 1970er-Jahren über Differenzierung diskutiert wurde und dass sie heute nach wie vor aktuell ist, mündet in den „neuen alten Zauberformeln" (ebd., S. 9), d. h. einer Auflistung der didaktischen Arrangements und Methoden, die den Lehrerinnen und Lehrern für die Unterrichtsgestaltung zur Verfügung stehen (ebd., S. 10). Auch fehlt nicht die übliche Feststellung, dass die Umsetzung recht schwierig sei (ebd.). Ansonsten aber bleiben die Aussagen allgemein – zu allgemein, als dass sie den Lehrkräften wirklich eine Hilfe böten: „Individualisierendes Arbeiten darf nicht zu einer Vereinzelung und einem Abarbeiten von Aufgabenblättern führen" (Roggatz 2012, S. 11; vgl. auch Trautmann/Wischer 2007). Wie aber sieht die Alternative aus? Was macht die Grenzen der klassischen Inneren Differenzierung aus? Schauen wir uns zunächst dazu exemplarisch einige zentrale Problemkontexte an.

2.2 Grenzen klassischer Innerer Differenzierungen

2.2.1 Passung der Lernangebote und ihre Schwierigkeitsstufen

Das Prinzip der Passung (Heckhausen 1969) propagiert zur Ermöglichung einer optimalen Leistungsmotivation ein Aufgabenangebot „mittlerer" Schwierigkeit, bei dem Erfolgs- und Misserfolgsausgang als ungefähr gleich wahrscheinlich erlebt werden. Und nahezu jede Publikation zum Thema Differenzierung empfiehlt als eine Möglichkeit ein nach Schwierigkeiten gestuftes Lernangebot. Dazu müsste man aber wissen, was eigentlich Schwierigkeit bedeutet, konkret was „leicht" und „schwer" ist. Ist z. B. 15 + 17 leichter als 86 + 12? Die gefühlte Schwierigkeit hängt durchaus von verschiedenen Einflussfaktoren ab, die subjektiv unterschiedlich empfunden werden können:

- von der rechnerischen Komplexität (Art und Größe der Zahlen)
- von den involvierten Rechenoperationen (+/– wird oft als leichter empfunden als ·/:)
- vom Anspruch an die Denkleistung, an das strategische Verständnis, an prozessorientierte Kompetenzen
- vom Aufgabenverständnis (Sprachverständnis)
- vom Ausmaß der (geschriebenen/gesprochenen) Textproduktion

Bei zahlreichen vorkonfektionierten Lernangeboten wird allzu leicht übersehen, dass der angenommene Schwierigkeitsgrad einer Aufgabe eine subjektive Größe darstellt und folglich bei der Lehrperson und den Kindern sehr unterschiedlich wahrgenommen werden kann (vgl. Kapitel 2.2.6, wo dies exemplarisch ausgeführt wird). Die Anpassung der Schwierigkeit des Stoffes an die Schüler setzt voraus, dass die Lehrperson den subjektiven Sinn versteht, den ein Thema für das individuelle Kind hat (vgl. Bromme 1992). Selbst wenn Lehrende nach Kräften bemüht sein mögen, Aufgabenstellungen für ein „schweres", „mittleres" und „leichtes" Arbeitsblatt zu kategorisieren, bleibt das Problem ein mindestens zweifaches – angesiedelt im Kopf des Lernenden und im Lernangebot selbst:

- So ist es eine Tatsache, dass man nicht in die Köpfe der Lernenden schauen kann. Wie Selter/Spiegel (1997) herausgearbeitet haben, variiert der gefühlte Schwierigkeitsgrad nicht nur zwischen Kindern, sondern auch beim gleichen Kind zu verschiedenen Zeiten und selbst bei der gleichen Aufgabe. Damit ist ein Lehrangebot bei der Unterrichtsvorbereitung kaum passgenau zu planen – so verführerisch die Versprechungen auch sein mögen, die mit dem Anspruch der Individualisierung suggeriert werden. Daher am besten dem Kind selbst die Auswahl der Inhalte zu überlassen, ist übrigens *keine* Lösung (s. u. Kapitel 2.2.3), sondern höchstens eine Problemverlagerung.
- Des Weiteren kann der Schwierigkeitsgrad von Aufgaben nicht allein daran gemessen werden, welche formal-syntaktischen Schritte zu ihrer Lösung erforderlich sind, wie man leicht meinen könnte, wenn man die oben genannte rechnerische Komplexität oder die involvierten Rechenoperationen betrachtet. „Die Schwierigkeit eines Stoffes ist nicht nur eine eindimensionale Variable (wie sie in dem testtheoretischen Begriff der Aufgabenschwierigkeit als relative Lösungshäufigkeit verstanden wird)" (Bromme 1992, S. 78).

Beide Punkte relativieren deutlich die mitunter vorgetragene Behauptung, dass ein Lernangebot den Lernvorgang nach Schwierigkeitsstufen individualisiere.

2.2.2 Individualisierung als Vereinzelung

„Im Extremfall bedeutet Binnendifferenzierung Individualisierung" (Bönsch 2004a, S. 35). Und hier kann man hin und wieder den Eindruck bekommen, dass über das Postulat der Individualisierung – oder zumindest über eine gewisse Form der methodischen Umsetzung – das soziale Lernen aus dem Blick gerät oder auf eine allgemeinpädagogische Bestimmung in Form von Regeln und Ritualen für das soziale miteinander Umgehen begrenzt bleibt. Vor allem in der pädagogischen Literatur fällt auf, dass der Anspruch des Fachs an soziales Lernen kaum vorkommt. Das Begriffsverständnis bezieht sich (vgl. Krappmann 2002; Lindner-Müller 2006) …

- auf Lernen als Basisprozess der individuellen Sozialisation: Lernen ist per se ein sozialer Vorgang („per se" suggeriert, dass es automatisch geschieht);
- auf unterstützende Maßnahmen wie die Einbettung des Lerninhalts in die soziale Erfahrungswelt des Kindes;
- auf Zielvorstellungen im Bereich des Sozialverhaltens, also z. B. auf Regeln und Rituale, die im und für Unterricht verabredet werden;
- auf Aspekte der soziomoralischen Entwicklung.

All diese Bezüge sind zunächst gänzlich inhaltsunabhängig. Das schlägt sich potenziell auch im Unterricht nieder. Denn alle diese Bezüge lassen sich auch herstellen, wenn alle an etwas anderem arbeiten. So führt mancher sogenannte offene Unterricht geradezu zur Abschaffung des sozialen Lernens. Es wird suggeriert, das sei keine Frage der Inhalte. Zudem ist vielfach zu beobachten, dass bei individualisierten und den Lernenden selbst überlassenen Arbeitsprogrammen bei vielen Kindern die (dann auch leicht zu erfüllende) Neigung besteht, anspruchsvolleren Aufgaben eher auszuweichen, man kann sich ja etwas anderes holen.

Bartnitzky bezeichnet dies als ein weiteres Missverständnis beim Prinzip der Individualisierung: Aus dem diagnostischen Befund der Verschiedenheit werde die didaktische Konsequenz gezogen, dass jedes Kind individuell und alleine lernt. Nach diesem Prinzip seien viele Materialien aufgebaut. Dabei verkürze diese Vereinzelung die didaktischen Möglichkeiten und bringe die Kinder um notwendige Anregungen und Lernchancen (vgl. Bartnitzky 2009, S. 213).

In manchen Unterrichtskonzeptionen werden Plenumsphasen – ganz konsequent – schon bewusst ausgemustert (vgl. Kapitel 7.6), eine für das (nicht nur gemeinsame) Lernen fatale und kontraproduktive Konsequenz. Eine Alternative besteht in der Beibehaltung eines Plenums aus zwar grundsätzlich ehrenwerten Motiven (sich gegenseitig berichten, was man bearbeitet hat), aber gleichwohl fragwürdigen, weil unrealistischen, Anforderungen: Versetzen Sie sich einmal in die Rolle eines Kindes, das zuvor wie alle seine Klassenkameraden an anderen, z. B. selbst ausgesuchten Dingen als die anderen gearbeitet hat. Nun kommen Sie im Sitzkreis zusammen und sollen sich ad hoc in etwas anderes hineindenken als das, was Sie zuvor beschäftigt hat; dieses andere wird von jemandem in zudem spontaner, d. h. im Regelfall weder sprachlich noch didaktisch-methodisch ausgefeilter Form vorgetragen, und Ihre Lehrerin oder Ihr Lehrer erwartet von Ihnen wie von allen anderen, dass Sie interessiert an den Lippen des oder der Vortragenden hängen und womöglich auch noch situativ kluge Rückfragen stellen. Kann man dies ernsthaft von Kindern dieses Alters erwarten …?

Bei der Frage um Vereinzelung oder gemeinsames Lernen geht es aber um weit mehr als um Sozialformen im Rahmen methodischer Postulate (oder Moden). Und auch mit konstruktivistischen Schlagworten lässt sich ein fragwürdiges Individualisierungsverständnis nicht rechtfertigen. Vielmehr begründet sich der gemeinsame Diskurs nicht nur, aber vor allem auch aus dem Selbstverständnis des Faches und seiner Fachdidaktik und damit auch von den Inhalten her, die gelernt werden sollen. Schülke/Söbbeke (2010) haben darauf hingewiesen, dass Mathematiklernen nach zeitgemäßem Verständnis in der aktuellen fachdidaktischen Diskussion durchaus „nicht mehr als ein ausschließlich individueller, mentaler Konstruktionsprozess des Kindes angesehen wird, sondern als ein Lernprozess, in dem die soziale Interaktion und Kommunikation mit anderen zentral für die Entwicklung des mathematischen Wissens ist" (ebd., S. 21). Dazu müssen sie aber über das Gleiche miteinander reden. Erneut braucht es also *gemeinsam erlebte Inhalte*. „Individuelles Lernen ist auf gemeinsames Lernen angewiesen: Hier üben die Kinder ihre Lernwege und ihre Lernerfahrungen mit den Stolperstellen und den Erfolgen zu versprachlichen und damit zu reflektieren, aus den Reaktionen anderer Kinder und aus deren Erfahrungen Gewinn zu ziehen" (Bartnitzky 2009, S. 214; vgl. auch Kapitel 3.4.2 und 7.6). Und hier kann und muss die Lehrperson auf der Grundlage ihres mathematischen Fachwissens den Lernprozess des Kindes *strukturierend* begleiten, um nicht der folgenden Gefahr zu erliegen.

2.2.3 Gefahr der Beliebigkeit und ungenutzten inhaltlichen Substanz

Gewisse Realisierungsformen offenen Unterrichts oder von Freiarbeit erkennen manchmal die Notwendigkeit einer *inhaltlichen Öffnung* durchaus an (Peschel 2009). Allerdings wird darunter unter Umständen etwas anderes verstanden als in jenen Veröffentlichungen, auf die man sich dabei beruft: Die Kinder selbst wählen die Inhalte aus, mit denen sie sich beschäftigen wollen. Bei der modernen „Euphorie um eigenverantwortliches Lernen" (Felten/Stern 2012, S. 6) liegt aber die Tücke im Detail, sprich: in voreiliger Verallgemeinerung (vgl. Felten 2010b).

Didaktische Zurückhaltung kann Kindern eine notwendige Orientierung vorenthalten. Vielfach beobachtet man, dass die Kinder zwar *beschäftigt* sind, aber nur selten die gedanklichen Zusammenhänge zwischen ihren „Lernportionen" herstellen. Bartnizky (2009) spricht von einem didaktischen Elend der Arbeitsblatt-Werkstätten, die einen Büro-Stil von Unterricht schaffen: „[...] gebeugt über diverse Arbeitsblätter arbeiten die Kinder nacheinander die Aufgaben ab, bis es klingelt" (ebd., S. 209). „Der dirigistische Frontalunterricht wird vom Dirigismus des Materials abgelöst, die Autorität der Lehrkraft von der Autorität der Kartei" (ebd., S. 206). Der dirigistisch fragende Unterricht kostümiert sich bloß mit einem modernen Medien- oder Materialgewand (ebd., S. 211 f.). Die Kinder, so Bartnitzky, mögen da durchaus zufrieden vor sich hin arbeiten, sie lernten aber wenig. Individualisierung so zu regeln, sei didaktisch zu kurz gesprungen. Hinzu kommt: Ein solcher strukturarmer Unterricht benachteiligt gerade Kinder aus bildungsfernen Schichten in besonderem Maße (vgl. auch Felten 2010b, S. 8).

Die propagierte „Offenheit vom FACH aus" meint denn auch etwas anderes (vgl. Wittmann 1996). Eine (inhaltliche) didaktisch professionelle Rahmung ist hier unabdingbar. Lediglich auf zufällige Phänomene des Unterrichts oder Lernlüste der Kinder zu warten, konterkariert die Tatsache, dass Unterricht nach wie vor dadurch definiert ist, dass dort jemand verantwortlich agieren sollte, der mit einem signifikanten Informations- und Erfahrungsvorsprung, mit einer didaktischen Ausbildung und einer übergeordneten Perspektive, was Sinnhaftigkeit und Ziele des Unternehmens betrifft, ausgestattet ist. Die Entscheidung über die *Auswahl* der Lerninhalte, ihren *didaktischen Zuschnitt* und die perspektivische *Zielsetzung* ihrer Bearbeitung *programmatisch* den Kindern zu überlassen, öffnet hingegen der Beliebigkeit Tür und Tor. Es gibt also gute Gründe, warum die Lehrkraft ein akademisches Studium absolvieren muss. Mit den dort erworbenen Kompetenzen aus modernistischen Motiven hinter dem Berg zu halten, dient weder der Sache noch dem Kind. Von daher können die genannten Entscheidungen auch nicht einfach an das Kind delegiert werden.

Wir bestreiten damit keineswegs den Anspruch, Kinder sukzessive zu Eigenverantwortung und Selbstständigkeit bezüglich ihres eigenen Lernprozesses zu befähigen (vgl. Bartnitzky 2009, S. 210). Aber erstens stellt sich dabei die Frage nach dem didaktischen Ort (wo und wann und unter welchen Voraussetzungen sind diese Freiräume für die Lernenden sinnvoll, wichtig und richtig?). Und zweitens sehen wir einen Unterschied darin, wie der Weg dorthin aussehen kann: Kinder einfach nur immer wieder in solche Selbstentscheidungssituationen zu werfen, sie im Bartnitzkyschen „Büro-Stil" Protokollbögen führen zu lassen oder Kreuzchen in Wochenpläne machen zu lassen, in der Hoffnung, sie würden es dadurch lernen, scheint uns eine zu naive Hoffnung zu sein. Hierzu müsste im Unterricht deutlich mehr und bewusster *Metakommunikation* betrieben werden, damit das Kind Gütekriterien und Wertmaßstäbe für seine Entscheidungen kennenlernen, verstehen und erproben kann.

Und auch aus einem anderen Grund bedarf es der fachkundigen Moderation durch eine kompetente Lehrperson (vgl. Kapitel 7.6): Auch das sehr selbstständig lernende und leistungsstarke Kind braucht eine sachgerechte Förderung, wenn es in die Zone der nächsten Entwicklung gelangt. Die Lehrerin oder der Lehrer ist zum einen dafür verantwortlich, jedes Kind an seine individuellen Grenzen zu führen, es herauszufordern. Zum anderen müssen ihm aber auch sachgerechte Impulse gegeben werden, um diese Grenzen immer wieder hinauszuschieben (also nicht nur da abholen, wo sie stehen, sondern auch dorthin begleiten, wo sie noch nie waren!). In mathematische Strukturen der Lerninhalte tiefer einzudringen, ereignet sich aber nicht von alleine oder weil das Kind „Lust" dazu hat. Erst der weitere Blick auf die Inhalte, die Perspektive auf späteres Lernen im Sinne des Spiralprinzips, das Verständnis von „Elementarmathematik vom höheren Standpunkt" befähigen zu solchen sach- wie kindgerechten Impulsen, auf die jedes Kind ein Recht hat.

Und noch ein motivationspsychologisches Argument sei genannt: Die stärkste Motivationsdroge für den Menschen ist der Mensch: „Indem ein Lehrer einem Kind sowohl Vorbild ist als auch seine Potenziale spiegelt, stimuliert er nicht nur Interessen und Bemühungen, sondern bietet ihm auch Halt in Entwicklungswirren, befördert die gesamte seelische Reifung. Andernfalls bleiben Jugendliche auf sich gestellt, schöpfen vorwiegend aus der egozentrisch orientierten Welt der Gleichaltrigen" (Felten 2010b, S. 8). Auch das spricht für Personallenkung statt Papiersteuerung. Hilbert Meyer „hat sich bemerkenswert selbstkritisch vom schulischen Selbstständigkeitstaumel distanziert. ‚Ich muss auf meine alten Tage umlernen. Über positive Effekte von Freiarbeit und offenem Unterricht findet sich in den vorliegenden Studien eher wenig. Und das wenige führt zu keinen eindeutigen Ergebnissen.' Auch darin kann eben Fortschritt bestehen – im Eingeständnis von Irrtümern oder Übertreibungen" (Felten 2010b, S. 8).

Aber sogleich wollen wir auch wieder warnen – vor dem Pendelausschlag vom einen ins andere Extrem: Eigenverantwortliches Lernen ist weder ein leeres Schlagwort noch ein Königsweg für die Lösung aller möglichen drängenden

Probleme. Wie so oft kommt es auf die rechte Balance an, auf den rechten didaktischen Ort im Lernprozess, und auf die rechte Wahrung des Sachanspruchs, also der fachlichen Substanz, die uns allerdings in der aktuellen Diskussion einer stärkeren Beachtung bedarf (s. Kapitel 2.2.4.; vgl. auch „Rückbesinnung auf die Unterrichtsinhalte" bei Schreier 1995, S. 14 sowie den Überblick bei Brügelmann 1998). Mit diesem Fokus, so scheint uns, lässt sich vor dem Hintergrund existierender fachdidaktischer Konzepte durchaus tragfähig arbeiten (vgl. Kapitel 3 und 4).

2.2.4 Wo bleibt das FACH[5]?

Beim Studium der Literatur zu Heterogenität und Differenzierung fällt auf – und wir sehen darin ein nicht unerhebliches Problem, wenn nicht einen Hauptgrund dafür, dass die nahezu gleichlautenden Maßnahmen (s. o.) seit den 1970er-Jahren bis heute anscheinend zu keinem nachhaltigen Fortschritt beigetragen haben –, dass die Diskussion um Heterogenität und Differenzierung weitgehend *organisatorisch-methodisch* geführt wird, was Wielpütz (1998a) eine Problemverkürzung genannt hat (vgl. auch Ahrbeck u. a. 1997, S. 761). Das wird auch bereits in einer Definition bei Muth deutlich, die exemplarisch für zahlreiche andere Beschreibungen gelten kann, in denen die Sache, das Fach, entweder gar nicht oder nur sehr unspezifisch auftaucht: „Differenzierung des Unterrichts ist die *Gesamtheit aller organisatorischen Maßnahmen zur Bildung von Schülergruppen* für die Durchführung von Lernprozessen, die jedem einzelnen Schüler seinem individuellen Lernvermögen gemäß gerecht zu werden versuchen" (Muth 1983, S. 94; Hervorhebung GKr/PS).

Wenn man die Publikationslandschaft betrachtet, ist die Diskussion um eine begrifflich-konzeptionelle Klärung diverser Formen von Differenzierung stark *allgemein- bzw. schulpädagogisch dominiert*. Und in diesem Rahmen bleiben die Vorschläge dann oft recht allgemein, wenn sie die Lösung der Probleme auf die situative Unterrichtssituation auslagern, z. B. indem man versuchen müsse, „die konkreten Möglichkeiten und das richtige Ausmaß von integrierenden und differenzierenden Maßnahmen in jedem einzelnen Unterrichtsvorhaben neu auszumitteln und den Versuch der thematischen Einbindung auch der Kinder mit schweren Behinderungen in die unterrichtsbezogene Kommunikation so lange wie irgend möglich durchzuhalten" (Ramseger 1992, S. 60; vgl. Kapitel 2.1.2, die Lernsets von Bönsch (2009, S. 39), die „auf konkrete Gegebenheiten hin adaptiert werden" müssen). Die essenzielle Bedeutung des FACHS und seiner Spezifika wird dabei wie in ähnlichen Empfehlungen nicht selten drastisch vernachlässigt oder gänzlich ignoriert.

5 Die Großschreibung folgt dem Vorschlag von Wittmann (1996) und symbolisiert ein umfassendes, wohlverstandenes Fachverständnis (im Gegensatz zur spezialisierten Universitätsmathematik).

Das mag sich historisch aus der Lernpsychologie erklären, wo die Lerntheorien bis Mitte der 1970er-Jahre weitgehend bereichsunabhängig waren. Man war um *allgemein* gültige Lernprinzipien bemüht und widmete deren Konkretisierbarkeit in unterschiedlichen Bereichen wenig Beachtung; Details und Spezifika eines Faches waren in diesen Theorien von sekundärer Bedeutung (vgl. Schoenfeld 1988, S. 146f.). Nach Weinert (1996, S. 2) führten derartige Erklärungsversuche mittels vermeintlich allgemeiner Gesetzmäßigkeiten allerdings zu entweder „trivial-eklektischen" Empfehlungen oder „artifiziell-technologischen Anwendungen" ohne nennenswerten pädagogischen Nutzen. Heute jedoch geht man in der kognitiven Lernforschung davon aus, dass den spezifischen Fragestellungen des jeweiligen Faches sehr viel mehr Beachtung geschenkt werden muss (vgl. Doyle 1988; Schoenfeld 1988). Demnach trägt die traditionelle Ausrichtung des Mathematikunterrichts auf die Bearbeitung von Routineübungen, die auch ohne tiefergehendes Verständnis des Kontextes und der fachlichen Konzepte gelingen können, zur Trivialisierung des Fachs bei; sie raubt den Lernenden die Möglichkeit, das Gelernte wirklich zu verstehen und anwenden zu können. Daher werden heute die fachspezifischen Belange und Sachfragen wesentlich bedeutsamer eingeschätzt und folglich Gegenstand genauerer Analysen und zur unverzichtbaren Grundlage einer substanziellen Unterrichtsplanung. Angesichts verbreiteter Vorgehensweisen im (Mathematik-)Unterricht gibt es unseres Erachtens Anlass dazu, ausdrücklich auf eine notwendige Wiederbelebung des Sachanspruchs vor genau diesem Hintergrund hinzuweisen.

Praxisberichte in Lehrerzeitschriften machen meist Vorschläge zur Organisation von Lernstationen, Werkstattarbeit, Lerntheken, was nicht selten einhergeht mit einer Vergrößerung der Materialflut, die ebenso häufig auch von durchaus fragwürdiger Qualität ist. Das Marketing-Geschick der Verlage mit all den Versprechungen über angeblich passgenau auf die Bedürfnisse eines jeden Kindes zugeschnittene Angebote kann da schon eine echte Herausforderung für didaktisch denkende Lehrkräfte darstellen.

Neue Arbeitsformen und Organisationsmöglichkeiten des Lehrens und Lernens wurden unterrichtspraktisch entwickelt, kindgeleitete Lernwege stehen im Mittelpunkt des didaktischen Interesses. Darauf bezogen ist die Grundschule sicher die am weitesten entwickelte Schulform. „Methodenlernen à la Klippert & Co. haben Konjunktur" (Bartnitzky 2009, S. 216). Aber wenn „Lernen als Selbstaneignung der Welt" verstanden wird, bedeutet das nicht die didaktische Wühlkiste mit beliebigem Inhalt und den beliebigen Zugriff auf das eine oder andere Thema zu einem allein selbst gewählten Zeitpunkt. „Unterricht hat neben der Verfahrensseite immer auch eine Inhaltsseite" (ebd.).

Der Frage aber, welche Inhalte man denn in diesen organisatorischen Rahmungen mit welcher mathematischen Tiefe bearbeiten möchte, wird weniger Aufmerksamkeit und Bewusstheit gewidmet. Auch in Praktika im Rahmen des Lehramtsstudiums können wir häufig beobachten, wie Studierende nahezu reflexhaft versuchen, Lernangebote für die Kinder methodisch so festzulegen, dass damit zwar die modernen Bezeichnungs-Etiketten anwendbar werden, gleichzeitig aber die Annäherung an das eigentlich Intendierte gerade durch diese Außerachtlassung der Sache deutlich erschwert wird.

2.2.5 Materialflut und Vielfalt als Selbstzweck

In der guten Absicht, jedem Kind sein „persönliches Lernangebot" bereitstellen zu können, kam es zum oft unverhältnismäßig hohen Einsatz selbstgebastelter Materialien und Medien (zusätzlich zu den käuflich erworbenen), einer erdrückenden Flut von Arbeitsblättern, angesichts derer die Kinder nicht selten bereits bei ihrer Ankündigung Unmut äußerten. Meier beklagt die Situation wie folgt: „beinahe in jeder Stunde heißt es: ‚... und jetzt habe ich für euch noch ein Arbeitsblatt, und wer dann fertig ist, der kann ...' Der kann? – Der muss noch ein Blatt ausfüllen, bearbeiten, ankreuzen, bemalen, zerschneiden" (Meier 1993, S. 32).

Abgesehen von dem Irrglauben, dass der Einsatz solcher „personalisierter" Materialien die Lernenden gleichsam automatisch und ohne nennenswerte Reibungsverluste zum entsprechenden mathematischen Konzept führe, haben Lehrkräfte nicht selten bei hohem persönlichem Arbeitseinsatz erfahren, dass dieses Vorgehen letztlich in die eigene Überforderung münden musste, wollte man die Ansprüche in allen erteilten Fächern und über das ganze Stundendeputat durchhalten. Die Notwendigkeit differenzierter Unterrichtsgestaltung war somit zwar auf theoretischer Ebene allgemein konsensfähig, in der praktischen Umsetzung wurde sie jedoch nicht selten zu einem hehren Ideal verklärt, dem man nur sehr ansatzweise gerecht zu werden vermochte – z. B. in sogenannten „Vorführstunden" bei Revisionen oder Unterrichtsbesuchen von Schulaufsichtsbeamten oder Ausbildern. Mit Realisierbarkeit im *Unterrichtsalltag* hat das meist wenig zu tun.

Wenn auf heterogene Leistungsstände differenziert reagiert werden soll, bedeutet das sicherlich, Zugänge auf verschiedenen Wegen und auf verschiedenen Niveaus, also eine gewisse Vielfalt des Vorgehens zu ermöglichen. Das kann man methodisch aber ausgesprochen unterschiedlich anstreben. Zu einer Zerrform dieses Anliegens gerät nicht selten die Methode des Stationenlernens (Gruber/Wienholt 1994): An verschiedenen Stationen (Tischen) im Klassenraum liegen differenzierte Lernangebote zu einem Themenkomplex bereit. So weit, so gut (unter Umständen!); problematisch wird es spätestens dann, wenn (alle!) Kinder in Gruppen alle diese Stationen durchlaufen müssen, im Extremfall noch durch ein aufgezwungenes Zeitkorsett: alle fünf bis sieben Minuten ertönt ein akustisches Signal, das alle Gruppen zum Wechsel zur nächsten Station auffordert (vgl. ebd.). Hier mögen zwar unterschiedliche, differenzierte Angebote vorliegen (die in der genannten Quelle gleichwohl didaktisch sehr kritisch zu diskutieren wären); das Weiterrücken aller Kinder im Gleichschritt von Station zu Station verdeckt jedoch die Tatsache, dass hier Vielfalt zum Selbstzweck geworden ist und eine individuelle Passung für ein Kind höchstens für gewisse Zeit gegeben ist, die aber in keinem gesunden Verhältnis mehr zur insgesamt aufgewendeten

Zeit steht. Die Fragwürdigkeit solcher und vergleichbarer Angebote zu durchschauen, fällt Lehrpersonen insbesondere dann schwer, wenn der Spaß in die Diskussion gebracht wird, den Kinder bei dieser Arbeitsform offensichtlich haben und auch freimütig äußern. Dass in Publikationen, die nahezu euphorisch dieses „Allheilmittel" beschreiben (vgl. ebd.), so gut wie gar nicht didaktisch argumentiert wird, fällt vielfach kaum auf, da hier durchaus mit griffigen Schlagwörtern der aktuellen Diskussion argumentiert wird, die sich aber bei genauerem Hinsehen nicht einlösen lassen bzw. von einem sehr diskussionswürdigen Begriffsverständnis ausgehen.

2.2.6 Exemplarische Diskussion von Materialien zur qualitativen Differenzierung

Qualitative Differenzierung bedeutet u. a., unterschiedliche Ziele bzw. Schwierigkeitsgrade festzulegen. Die Frage stellt sich, ob der Schwierigkeitsgrad einer Aufgabe überhaupt objektiv bestimmt werden kann oder zumindest soweit, dass er eine akzeptable Grundlage für die intendierte Passung von Schwierigkeitsgrad und individuellen Lernbedürfnissen (≠ Lernlüsten) darstellen kann. Zwei Beispiele sollen diesen Aspekt konkretisieren und kritisch beleuchten.

B

Aufgabenkarten zum Zauberdreieck (vgl. Metzner 2002)

Ein Zauberdreieck besteht aus dreieckig angeordneten Zahlenfeldern (vgl. Abbildung 2.2a bis 2.2c), bei denen alle Seitensummen gleich sind (vgl. Bird 1986, S. 17 ff.; Floer/Schipper 1991; Metzner 2002). Die Regeln des Formats sind einfach gehalten: *Mache alle Seiten gleich!* Das konkrete Holzmaterial (mit entsprechenden Aufgabenkarten) gibt es in zwei Varianten: Mini-Zauberdreieck mit sechs und Zauberdreieck mit zehn dreieckig angeordneten Feldern. Das Mini-Zauberdreieck kann ab dem ersten Schuljahr eingesetzt werden, und beide Varianten eignen sich zur Differenzierung (vgl. Metzner 2002, S. 3).

Zum Mini-Zauberdreieck gibt es „100 verschiedene Aufgabenkarten, die sich nach ihrem Schwierigkeitsgrad farblich unterscheiden.

- Die weißen, gelben und orangenen [sic!] Karten haben so viele Zahlen vorgegeben, dass die Seitensummen einfach berechnet werden können.
- Die hellroten und dunkelroten Karten haben nur so viele Vorgaben, dass eine oder auch mehrere Lösungen für die einzelnen Seiten möglich sind, die Gesamtlösung kann daher nur durch Kombinieren und Probieren gefunden werden" (Metzner 2002, S. 7).

Das heißt, der Autor unterscheidet zwei Kategorien von Aufgaben, die sicherlich unterschiedliche Anforderungen stellen, ohne aber den Anspruch zu erheben, die fünf Kartenfarben hierarchisch einzuordnen. Lehrpersonen könnten aber fälschlicherweise annehmen, dass die farbliche Kennzeichnung von hell nach dunkel fünf Schwierigkeitsniveaus entspräche und dass auf einem Schwierigkeitsniveau (bei ein und derselben Farbe) jeweils identische Anforderungen existieren. Diese Annahme ist jedoch in mehrfacher Hinsicht zu bezweifeln.

Die Anforderung der direkten Lösung versus Entwicklung einer Problemlösestrategie stellt nur *einen* Aspekt für den Schwierigkeitsgrad dar, der sich als Ganzes und näher besehen aus einem weitaus komplexeren Gefüge von Aspekten zusammensetzt. Welche Aspekte können den Schwierigkeitsgrad beeinflussen? Beim vorliegenden Aufgabenformat Mini-Zauberdreieck sind dies:

- *Größe der Zahlen* (z. B. Seitensumme bleibt im Zahlenraum bis 10 oder bis 20),
- *Rechenanforderungen* (z. B. Aufgaben mit oder ohne Zehnerüberschreitung),
- *Art der Terme* (dreigliedrige Terme mit zwei oder einer Vorgabe),
- *Lösungsstrategien* (gleiche oder unterschiedliche Lösungsschritte oder Problemlösestrategien; Probieren kann unter Umständen als einfacher empfunden werden als sofort die korrekten Werte „einfach" zu berechnen).

Diese Aspekte sollen nun bei mehreren Aufgabenkarten[6] analysiert werden (vgl. Abbildung 2.2a bis 2.2c). Zunächst betrachten wir drei verschiedene weiße Karten, bei denen immer drei Eckzahlen und die Seitensumme vorgegeben sind (vgl. Metzner 2002, S. 7). Bezüglich der Aspekte Art der Terme und Lösungsstrategien sind die drei Karten identisch.

- **Art der Terme:** Immer sind zwei Zahlen einer Seite vorgegeben, die z. B. addiert werden können, um dann durch Ergänzen oder durch Subtraktion die fehlende dritte Zahl zu bestimmen.
- **Lösungsstrategien:** Bei jeder Karte ist drei Mal ein analoger Lösungsschritt durchzuführen, zudem ist die Reihenfolge, in der die Seiten zu bearbeiten sind, beliebig.

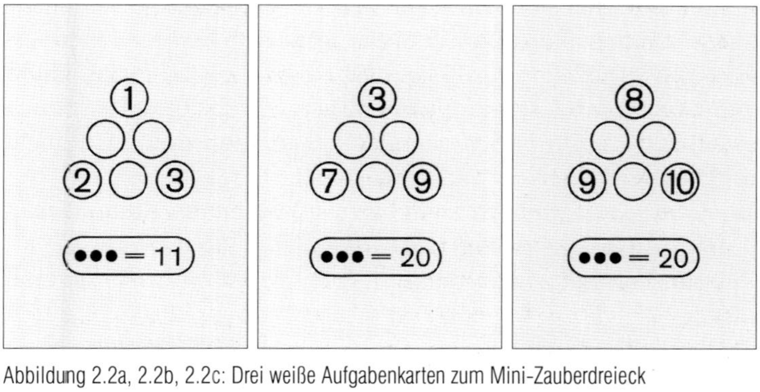

Abbildung 2.2a, 2.2b, 2.2c: Drei weiße Aufgabenkarten zum Mini-Zauberdreieck

6 Wir beziehen uns hier auf die Auflage von 2002. In der überarbeiteten Auflage von 2006 wurde das Kartendesign aktualisiert, aber das Prinzip der Farbcodierung sowie die konkreten Aufgaben auf den von uns zitierten Karten sind nahezu unverändert.

Bezüglich der Größe der Zahlen unterscheidet sich die erste Karte von den beiden weiteren. Die Seitensumme ist kleiner und könnte damit als leichter eingestuft werden. Bei den beiden Karten mit der Seitensumme 20 könnte ein identischer Schwierigkeitsgrad angenommen werden.

Wie sieht es nun mit dem Aspekt der Rechenanforderungen aus? Schüler könnten folgendermaßen vorgehen:

- **1. Karte:** 2 + 3 + ❐ = 11 und anschließend 5 + ❐ = 11 (analog ergibt sich für die anderen Seiten 3 + ❐ = 11 und 4 + ❐ = 11). D. h. bei allen drei Seiten ergibt sich für die Ergänzungsaufgabe (analog auch für die Subtraktionsaufgabe) eine Zehnerüberschreitung, die möglicherweise besondere Anforderungen stellt.
- **2. Karte:** 7 + 3 + ❐ = 10 und anschließend 10 + ❐ = 20, vermutlich eine recht leichte Aufgabe (z. B. im Rahmen des Verdoppelns und Halbierens besonders geübt und verfügbar). Analog ergibt sich für die anderen Seiten 16 + ❐ = 20 und 12 + ❐ = 20. Hier entstehen bei den zunächst auszuführenden Additionen Zehnerüberschreitungen, nicht aber bei den anschließend zu bewältigenden Ergänzungen bzw. Subtraktionen.
- **3. Karte:** 9 + 10 + ❐ = 20 und anschließend 19 + ❐ = 20. Dies könnte beim Lösen über Ergänzen eine eher leichte Aufgabe darstellen, sich jedoch bei der Sichtweise einer Subtraktion als Abziehen 20 – 19 = ❐ unter Umständen als schwierig erweisen, wenn Schüler diese über Rückwärtszählen lösen. Analog ergibt sich für die anderen Seiten 17 + ❐ = 20 und 18 + ❐ = 20. Hier entsteht bei der Addition 8 + 9 eine Zehnerüberschreitung (nicht aber bei der Addition 10 + 8, s. o. auch 10 + 9), was möglicherweise wiederum einen unterschiedlichen Schwierigkeitsgrad auslöst.

An dieser genaueren Analyse wird deutlich, dass bei ein und derselben Kartenfarbe (damit Aufgabentyp) potenziell ganz unterschiedliche Anforderungen bei bestimmten Aspekten auftreten können, auch wenn andere Aspekte identisch sind. Darüber hinaus können die Anforderungen je nach individuell gewählter Rechenstrategie variieren. Damit wird klar, dass ein „belastbarer" objektiver Schwierigkeitsgrad nicht vorab festgelegt werden kann. Welcher der Faktoren für einen bestimmten Schüler der entscheidende ist, kann dann erst recht nicht generell vorab bestimmt werden.

Man kann nun vermuten, dass auch zwischen verschiedenen Kartenfarben (Aufgabentypen) der Schwierigkeitsgrad nicht vorab eindeutig determiniert ist, was an einem weiteren Beispiel zweier gelber Karten aus Abbildung 2.3a und 2.3b gezeigt werden soll.

Vorgegeben sind bei allen gelben Karten drei Zahlen und die Seitensumme (vgl. Metzner 2002, S. 7), wobei die beiden Karten schon illustrieren, dass die Zahlen unterschiedlich platziert werden können.

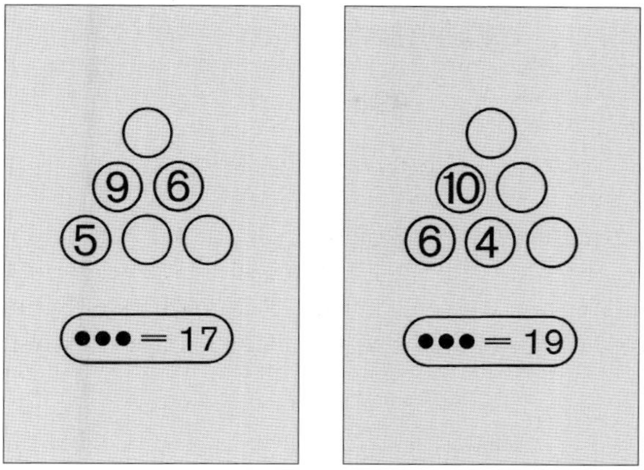

Abbildung 2.3a und 2.3b: Zwei gelbe Aufgabenkarten zum Mini-Zauberdreieck (aus Metzner 2002)

Bezüglich der Größe der Seitensumme (Aspekt Größe der Zahlen) sind beide Karten vergleichbar, jedoch erzeugt die Verwendung der 10 im zweiten Beispiel möglicherweise leichtere Aufgaben, da bei den ersten Additionen keine Zehnerüberschreitung zu bewältigen ist (Aspekt Rechenanforderung). Die unterschiedliche Platzierung der vorgegebenen Zahlen kann die allgemeine Lösungsstrategie beeinflussen: Während im zweiten Beispiel sowohl mit der unteren Seite als auch mit der linken Seiten begonnen werden kann (erst dann ist die dritte, rechte Seite zu vervollständigen), muss im ersten Beispiel zwingend zunächst die linke Seite bearbeitet werden. Erst dann enthält die rechte Seite zwei Vorgaben und die dritte Zahl kann ergänzt werden. Zuletzt kann dann auch die untere Seite vervollständigt werden. Bezüglich dieser festgelegten Reihenfolge könnten Schüler fälschlicherweise vermuten, dass bereits bei diesem Aufgabentyp Probierstrategien erforderlich sind.

Im Vergleich der zweiten gelben Karte und der dritten weißen Karte (Abbildung 2.3b und 2.2c) kann nicht eindeutig entschieden werden, welche der Karten einen höheren Schwierigkeitsgrad darstellt: Für einen Schüler, der hinsichtlich seiner Rechenfertigkeiten wenig Probleme hat, wohl aber bei der Entwicklung einer geeigneten Lösungsstrategie (hier Einhalten der Reihenfolge der Lösungsschritte), wird die gelbe Karte einen höheren Schwierigkeitsgrad repräsentieren. Für einen Schüler, der hingegen bezüglich der Rechenfertigkeiten gravierende Defizite hat und die oben genannte Strategie des Rückwärtszählens nutzt, wird das Zahlenmaterial der weißen Karte deutlich höhere Anforderungen stellen und somit den Schwierigkeitsgrad beeinflussen.

EINLADUNG ZUR REFLEXION

Lösen Sie die Mini-Zauberdreiecke selbst und reflektieren Sie entsprechend der genannten Aspekte, ob und wie der Schwierigkeitsgrad der folgenden Karten unterschiedlich beurteilt werden kann. In Abbildung 2.4a und 2.4b finden sich zwei orange Karten, bei denen immer vier Zahlen vorgegeben sind, davon drei Zahlen einer Seite (vgl. Metzner 2002, S. 8). In Abbildung 2.5a ist eine hellrote Karte abgebildet (Vorgaben: zwei Zahlen und die Seitensumme oder drei Zahlen einer Seite, aus der die Seitensumme berechnet werden kann; vgl. ebd.) sowie eine dunkelrote Karte (Abbildung 2.5b; Vorgabe: von jeder Seite nur die mittlere Zahl und die Seitensumme oder von zwei Seiten zwei Zahlen und von der dritten Seite eine Zahl, ohne Seitensumme; vgl. ebd., S. 9).

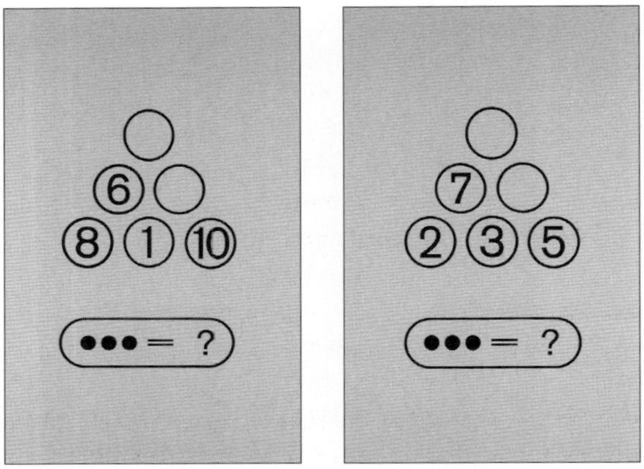

Abbildung 2.4a und 2.4b: Zwei orange Aufgabenkarten zum Mini-Zauberdreieck

Abbildung 2.5a und 2.5b: Eine hellrote und eine dunkelrote Aufgabenkarte zum Mini-Zauberdreieck

B

„Amelie & Co“ (Kartei mit Rechengeschichten; vgl. Trautmann 2003)

Bei dem hier zu analysierenden Material geht es um eine Aufgabenkartei mit Textaufgaben, die ab dem dritten Schuljahr einzusetzen sind. Als Kompetenzen und Förderschwerpunkte werden festgehalten: „ ... bei der Bearbeitung von Textaufgaben aus einem Text mathematisch relevante Informationen entnehmen; diese in eine mathematische Struktur bringen, lösen und das Ergebnis überprüfen; Lösungsstrategien erproben, kennen und anwenden; mathematische Denkansätze entwickeln; selbst Aufgaben erfinden" (Trautmann 2003). Thematisch geht es bei allen Aufgaben um eine Kindergruppe (Amelie und ihre Freunde), die verschiedene Probleme lösen. Auf jeder Aufgabenkarte ist eine Situation beschrieben mit einer Fragestellung bzw. verschiedenen Teilaufgaben. „Die Aufgabenkarten werden in drei Schwierigkeitsstufen angeboten. Zu jeder Aufgabenkarte gehört eine Lösungskarte mit Tipps zum Rechenweg" (Trautmann 2003). Nachfolgend sollen exemplarisch je zwei Aufgaben einer Schwierigkeitsstufe genauer betrachtet und hinsichtlich des möglichen Schwierigkeitsgrads analysiert werden.

EINLADUNG ZUR REFLEXION

Bevor Sie weiterlesen, lösen Sie die Aufgaben zunächst selbst und versuchen Sie, die beiden Karten (Abbildung 2.6 und 2.7) den jeweiligen Schwierigkeitsstufen zuzuordnen.

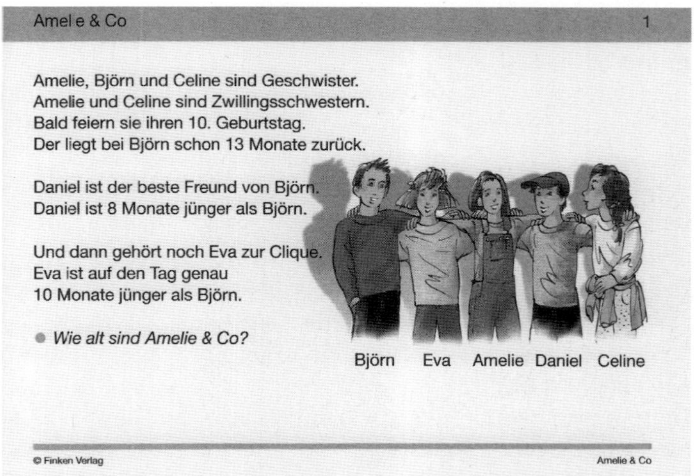

Abbildung 2.6: Aufgabe „Alter der Geschwister“

Abbildung 2.7: Aufgabe „Färben der Ostereier"

Anforderungen der Aufgabe „Alter der Geschwister"

- *Kontext* (Geschwister, Freunde mit Alterskonstellationen)
- *Sprache* (vorhandene Fremdwörter etc.)
- *Semantische Struktur* (jünger als, liegt zurück etc.)
- *Zahlenmaterial*, hier Differenzierung der Zahlaspekte (10. Geburtstag, 8 Monate)
- *Wissen über Größen*, hier Zeit (Monate, Jahre)
- *Lösungsstrategie* (Reihenfolge der Lösungsschritte teilweise festgelegt)

Überlegungen zur Lösung

Zunächst könnte die Fragestellung für Schülerinnen und Schüler nicht eindeutig sein: Soll das Alter in Jahren angegeben werden oder z. B. die Altersangabe Jahr und Monat beinhalten, was durch die differenzierten Angaben im Aufgabentext durchaus eine naheliegende Vermutung wäre. Letztere Interpretation könnte jedoch nicht rechnerisch bestimmt werden, da die Ausgangssituation, dass Amelie und Celine „bald" ihren zehnten Geburtstag feiern, nur vage ist.

Die Aufgabe stellt hohe Anforderungen an das Leseverständnis, da viele vernetzte Informationen gegeben sind, die in den korrekten Zusammenhang zu bringen sind. Die Aufgabe erfordert damit ein insgesamt konzentriertes Verarbeiten der gegebenen Daten.

Geht man nun von der geforderten Jahresangabe aus, dann ergibt sich folgende Lösung: Amelie und Celine haben das gleiche Alter (neun Jahre). Björns zehnter Geburtstag liegt 13 Monate zurück, also ist er elf Jahre alt. Daniel ist acht Monate jünger als Björn, also ist er zehn Jahre alt. Eva ist genau zehn Monate jünger als Björn, also ist auch sie zehn Jahre alt.

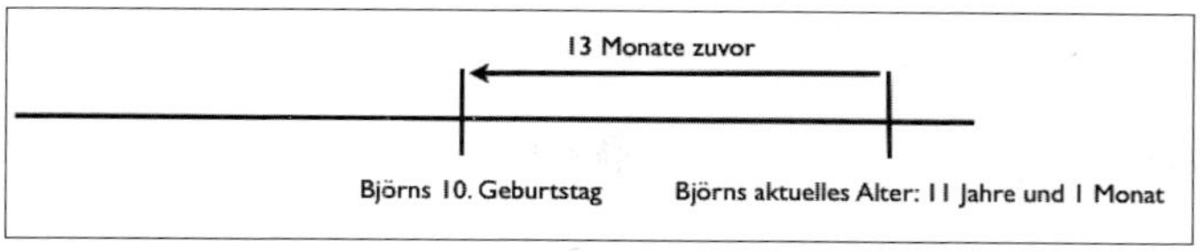

Abbildung 2.8a: Mögliche Repräsentation an einer Zeitleiste

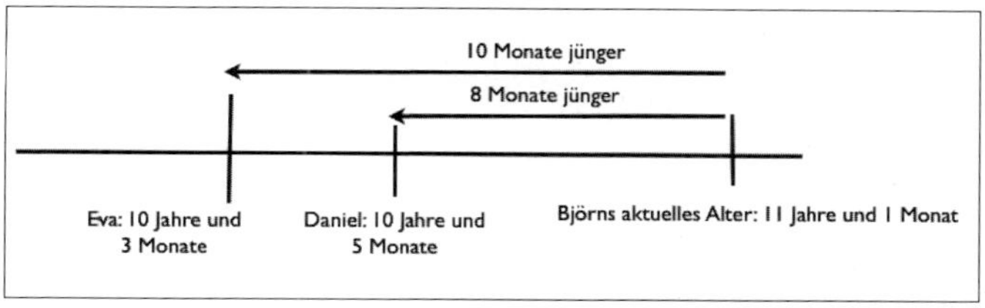

Abbildung 2.8b: Mögliche Repräsentation an einer Zeitleiste

Für die Lösungsfindung könnte z. B. eine Zeitleiste genutzt werden, in der nach und nach die Informationen aus dem Aufgabentext umgesetzt werden. Allerdings müsste flexibel zwischen den Bezugssystemen „angegebene Zeitpunkte" (Abbildung 2.8a) und „Alter der Kinder untereinander" (Abbildung 2.8b) differenziert werden.

Bevor wir auf konkrete Einschätzungen und Lösungen von Grundschülerinnen und Grundschülern eingehen, sei noch die Aufgabe „Färben der Ostereier" kurz ausgeführt.

Anforderungen der Aufgabe „Färben der Ostereier"

- *Kontext* (Färben von Eiern; durchaus ein kulturspezifischer Kontext)
- *Sprache* (vorhandene Fremdwörter etc.)
- *Semantische Struktur* (doppelt so viele wie etc.)
- *Zahlenmaterial* (Zahlen innerhalb des Hunderterraums)
- *Wissen über Größen* (hier irrelevant)
- *Lösungsstrategie*

Überlegungen zur Lösung

In der Aufgabe ist angegeben, dass es insgesamt 28 Eier gibt, davon sind zehn Eier rot.

- Erste Folgerung: Die restlichen 18 Eier sind grün und gelb. Als weitere Information ist zu nutzen, dass es doppelt so viele grüne wie gelbe Eier gibt. Also liefert die Kombination zwölf grüne und sechs gelbe Eier das gesuchte Ergebnis.

Vergleicht man die beiden Aufgaben aus theoretischer Perspektive, so überrascht die vorgegebene Schwierigkeitseinstufung. Während beide Kontexte für die meisten Kinder vertraut erscheinen, ist bei der Geschwister-Aufgabe schon

Kreuze an: Ich finde …		
Aufgabe 1 leichter als Aufgabe 2	Aufgabe 1 schwerer als Aufgabe 2	Aufgabe 1 und Aufgabe 2 gleich schwer
3	12	4

Tabelle 2.1: Einschätzungen von Viertklässlern

ein deutlich höherer sprachlicher Umfang gegeben. Möglicherweise stellt hierdurch auch die semantische Struktur höhere Anforderungen, und auch das Wissen über Größen spielt nur bei der Geschwisteraufgabe eine Rolle. Insofern verwundert es, dass die Geschwisteraufgabe der leichteren Schwierigkeitsstufe 1 zugeordnet wird und die Aufgabe zum Färben der Ostereier der Stufe 2.

Wir haben diese beiden Aufgaben exemplarisch von Viertklässlern bearbeiten lassen und von ihnen auch einen Vergleich des Schwierigkeitsgrads erfragt und diese Entscheidungen begründen lassen. Tabelle 2.1 zeigt die Entscheidungen der 19 Kinder und bestätigt unsere Vorabvermutungen.

Stellvertretend seien die Begründungen von Lilli und Jakob angeführt, die beide Begründungen liefern, warum für sie Aufgabe 2 leichter als Aufgabe 1 ist (Abbildung 2.9 und 2.10).

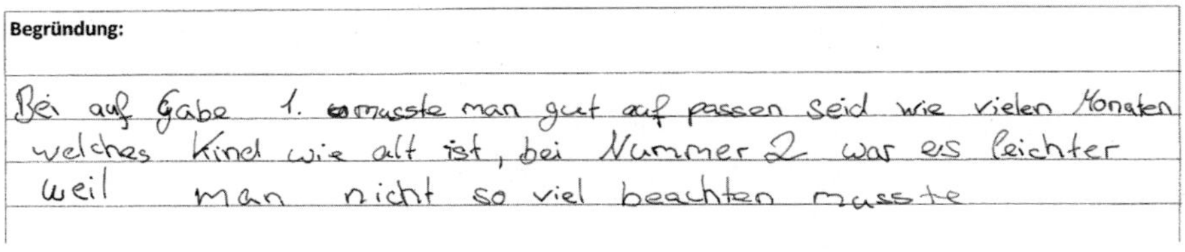
Begründung:

Bei auf Gabe 1. ~~es~~ musste man gut auf passen seid wie vielen Monaten welches Kind wie alt ist, bei Nummer 2 war es leichter weil man nicht so viel beachten musste

Abbildung 2.9: Lillis Begründungen zum Schwierigkeitsgrad der beiden Aufgaben

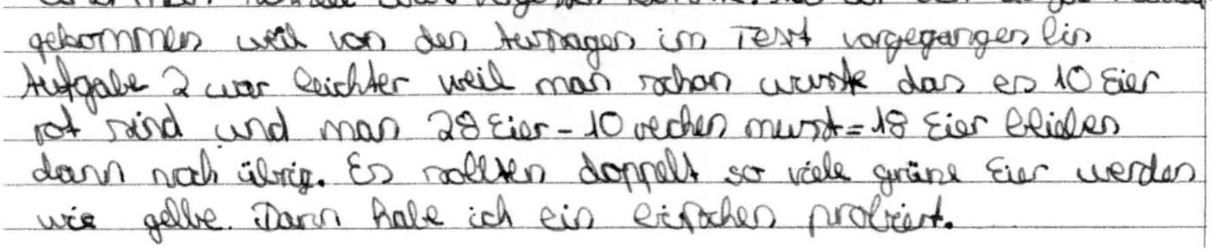
Begründung:

Weil man bei Auf gabe 1 so viel mit Mo. Jahren machen musste und man schnelle was vergessen konnte. Aber ich bin trotzdem drauf gekommen weil von den Anfragen im Test vorgegangen bin. Aufgabe 2 war leichter weil man schon wusste das es 10 Eier rot sind und man 28 Eier - 10 rechen musst = 18 Eier bleiben dann noch übrig. Es sollten doppelt so viele grüne Eier werden wie gelbe. Dann habe ich ein einfachen probiert.

Abbildung 2.10: Jakobs Begründungen zum Schwierigkeitsgrad der beiden Aufgaben

EINLADUNG ZUR REFLEXION

Analysieren Sie auch bei diesen Aufgaben (Abbildung 2.11 bis 2.14) zunächst die Anforderungen an die Aufgaben und stellen Sie Überlegungen zur Lösung an. Stellen Sie dann auf der Basis Ihrer Vorabanalysen Vermutungen an, welcher Schwierigkeitsstufe die Aufgaben jeweils zugeordnet sind.

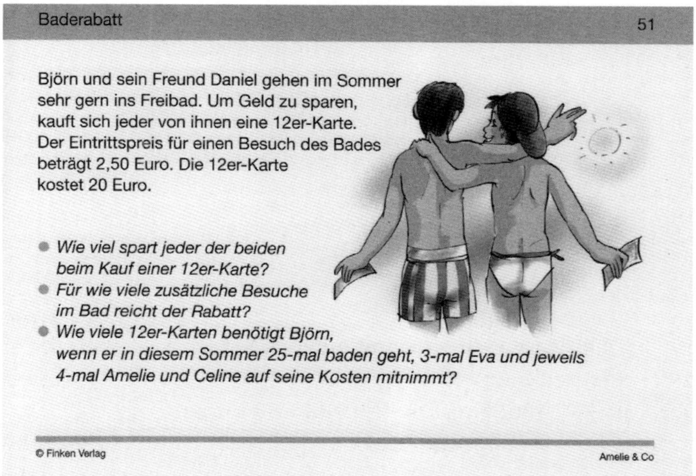

Baderabatt 51

Björn und sein Freund Daniel gehen im Sommer sehr gern ins Freibad. Um Geld zu sparen, kauft sich jeder von ihnen eine 12er-Karte. Der Eintrittspreis für einen Besuch des Bades beträgt 2,50 Euro. Die 12er-Karte kostet 20 Euro.

- *Wie viel spart jeder der beiden beim Kauf einer 12er-Karte?*
- *Für wie viele zusätzliche Besuche im Bad reicht der Rabatt?*
- *Wie viele 12er-Karten benötigt Björn, wenn er in diesem Sommer 25-mal baden geht, 3-mal Eva und jeweils 4-mal Amelie und Celine auf seine Kosten mitnimmt?*

© Finken Verlag — Amelie & Co

Abbildung 2.11: Eintritt ins Freibad

Geschwister 3

Björn kommt ins Grübeln. Adele, Ben und Clara aus seiner Klasse haben zusammen 7 Geschwister. Adele hat doppelt so viele wie Ben, aber nur halb so viele wie Clara. Nun rätselt Björn.

- *Wie viele Geschwister hat jeder?*

© Finken Verlag — Amelie & Co

Abbildung 2.12: Geschwister

Torschützenkönig 69

Björn, Daniel und Eva sind die besten Handballspieler im Verein.
Natürlich will jeder am Ende der Saison Torschützenkönig werden.
Wie sieht es aus?
Insgesamt haben die drei 100 Tore geworfen.
Daniel hat zwei Tore mehr auf seinem Konto als Björn.
Und Eva hat drei Tore mehr geworfen als Daniel.

- *Wie viele Tore hat jeder geworfen?*

 Amelie & Co

Abbildung 2.13: Torschützenkönig

Alte Bücher 74

Celine und Amelie haben bei Onkel Kurt den Boden aufgeräumt. Dabei fanden sie ein altes Mathebuch. „Die Wunder der Rechenkunst", liest Amelie vor. „Mal sehen, was da steht. Hör mal zu! Hier steht eine knifflige Aufgabe."

Ein Pfarrer besuchte zu Zeiten die Schule seines Ortes und fand stets, dass es mehr Knaben als Mädchen waren. Er stellte fest: Zusammen waren es 75 Kinder.

- *Wie groß war nun hiervon die Anzahl der Knaben und die der Mädchen, deren Differenz 11 war?*

„Komische Sprache", murmelt Celine.
„Aber ganz einfach herauszubekommen", lacht Amelie. Wirklich?

 Amelie & Co

Abbildung 2.14: Aufgabe aus einem alten Rechenbuch

Zur Auflösung der von Verlagsseite vorgegebenen Schwierigkeitsstufen

Der leichtesten Stufe wird die Aufgabe „Geschwister" (Abbildung 2.12) zugeordnet, der mittleren Stufe die Aufgabe „Eintritt ins Freibad" (Abbildung 2.11). Die beiden Aufgaben „Torschützenkönig" (Abbildung 2.13) und „Aufgabe aus einem alten Rechenbuch" (Abbildung 2.14) ordnet der Verlag der schwierigsten Stufe zu.

Soweit zu einigen Problemen, die sich – konzeptionell bedingt – ergeben können. Doch zu einer gewissen Relativierung der formulierten Kritik gegenüber den vielfältigen Formen der Klassischen Inneren Differenzierung sei gesagt: Diese und andere Möglichkeiten sind nicht per se oder von vorne herein negativ zu bewerten oder unwirksam. Im Gegenteil: Welche Form der Differenzierung man auch realisieren mag, es werden Zuordnungen zu diesen und ähnlichen klassischen Kategorien notwendig und (zumindest zu Analysezwecken) auch sinnvoll sein. Allerdings gibt es bei der Klassischen Inneren Differenzierung Indizien dafür,

- dass sie nicht immer intentionsgemäß realisiert wird (und manchmal auch aufgrund der angedeuteten Probleme kaum realisiert werden *kann*) und vor allem
- dass sie zwar notwendig, aber nicht hinreichend sein könnte.

Wenn sich also der momentane Diskussionsstand in der pädagogischen Literatur so beschreiben lässt, dass seit ca. 40 Jahren über die gleiche, zunehmend als Normalfall akzeptierte Frage der Differenzierung nachgedacht wird, ebenso lange die im Prinzip unveränderten Empfehlungen und Begegnungsmuster wiederholt und die vergleichbaren „Realisierungsschwierigkeiten" konstatiert werden, dann stellt sich die Frage: Woran liegt es, dass die Diskussion sich immer wieder im Kreis dreht? Wie findet man innovative Ideen, die die Diskussion tatsächlich auf ein neues Niveau befördern könnten? Möglicherweise führen folgende Fragen weiter.

- Gibt es in dem „Vielerlei der Differenzierungspraktiken" (Bönsch 2009) und Empfehlungen bei aller Vielfalt vielleicht das eine oder andere allen klassischen Inneren Differenzierungsarten *gemeinsame* Element, das vielleicht für die Realisierungsschwierigkeiten verantwortlich zu machen wäre …?
- Oder lässt sich das eine oder andere Element identifizieren, das allen bisherigen Formen der klassischen Inneren Differenzierung gleichermaßen fehlt …?

Wir sehen hier einen Schlüssel, der beide Fragen positiv beantwortet und benennen ihn zunächst einmal nur mit Schlagwörtern:

- Lehr-Lern-Konzept
- Bedeutung des Fachs, seiner Inhalte und – im Mathematikunterricht – vor allem der Aufgaben
- Bedeutung einer didaktischen Rahmung
- soziales Lernen versus „konsequenter Individualisierung"

Die Liste ist nicht vollständig, sie soll lediglich andeuten, welche Stellen uns eines genaueren Blicks würdig erscheinen. Und zwar deshalb, weil in den letzten Jahren Unterrichtskonzepte als „modern" propagiert werden, die als solche ihre Berechtigung haben (können), die aber nicht selten durch Fehlformen bei der Realisierung diskreditiert werden (können).

Daher kann ein prüfender Blick hilfreich sein, ebenso wie die Frage, welche zeitgemäßen und erprobten *fachdidaktischen* Konzepte es gibt, die einen „Mehrwert" für die Diskussion bedeuten könnten. Denn dies kann relativ schnell als gemeinsames Manko der meisten Beiträge zur Differenzierung herausgearbeitet werden: Das Fach, seine Inhalte, die Fachdidaktik, sie spielen eine ganz offensichtlich untergeordnete, meist aber auch gar keine Rolle, sind keiner Erwähnung wert.

Im Folgenden werden wir dem genauer nachgehen und dabei aufzuzeigen versuchen, dass sich hieraus in der Tat innovative, begründete und gleichermaßen praktikable, also alltagstaugliche Praktiken entwickeln lassen, die zudem den Vorteil haben, dass sie weitaus konsequenter als manch „modern" anmutender Unterricht jene Zielsetzungen einlösen können, die Bildungsstandards und Bildungs-/Rahmenpläne für einen zeitgemäßen Unterricht formuliert haben – und dies für *alle* Kinder.

3 Natürliche Differenzierung

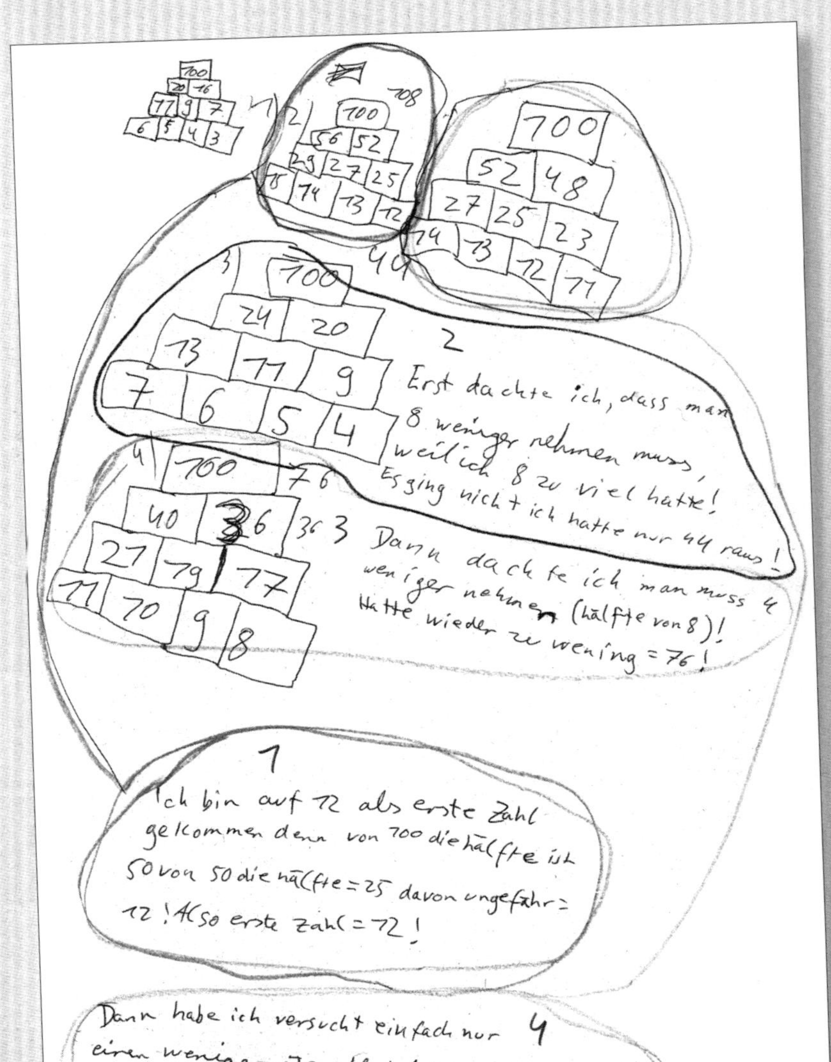

In Kapitel 2.2 und 2.3 wurden klassische Differenzierungsformen vorgestellt und kritisch beleuchtet. Den dort ausgeführten Begrenzungen, insbesondere hinsichtlich der Realisierung fachlicher und fachdidaktischer Ziele, versucht ein alternatives Konzept zu begegnen, das Konzept der Natürlichen Differenzierung, das explizit von der Sache (Mathematik) her argumentiert und das im Folgenden betrachtet werden soll.

Der Begriff der Natürlichen Differenzierung findet sich zunehmend in der Literatur und auch in offiziellen Vorgaben (z. B. BSB 2011; vgl. auch Kapitel 1). Auffallend ist ein recht heterogenes Begriffsverständnis verbunden mit nicht immer konsistenten Umsetzungen, was angesichts einer bislang eher knappen theoretischen Klärung (vgl. z. B. Wittmann/Müller 2012, S. 168 f.) nicht verwundert[7]. Die offensichtliche Bandbreite der Verständnisse, die mit den konstituierenden Merkmalen verbunden sind, ist häufiger Anlass für potenzielle Missverständnisse. Diese können vor allem in Folgendem liegen:

1. **Die umgangssprachliche Konnotation des Adjektivs „natürlich"**
   Im Alltag bezeichnet das Adjektiv „natürlich" Dinge oder Ereignisse, die man so erwartet, die man für naheliegend oder selbstverständlich hält oder die nicht von Menschen erdacht oder veranlasst wurden (vgl. Wahrig-Burfeind 2008). Alltagssprachliche Gewohnheiten auf einen fachsprachlichen Terminus zu übertragen, kann aber zu fragwürdigen Bedeutungsinterferenzen führen: So ist alles schon gleich „Natürliche Differenzierung", „weil die Kinder ja selbst entscheiden, was sie tun wollen", so ein Definitionsversuch in einer studentischen Semesterhausarbeit und sinngemäß vergleichbar an manch anderen Stellen in Beiträgen aus Lehrerzeitschriften. Überlässt man also das Kind sich selbst, so findet – in dieser Sichtweise – ganz von selbst, ohne Zutun, gleichsam automatisch, Differenzierung statt. Einer didaktischen Einflussnahme oder gar Verantwortung bedarf es demnach nicht, sie wird unter Umständen gar als störend bewertet. Eine sicher zu bequeme Lösung!
2. **Gute Lernumgebungen/Aufgaben alleine sind nicht hinreichend**
   Die Diskussion um „gute" Aufgaben und eine sachgerechte Aufgabenkultur hat in der Mathematikdidaktik seit einigen Jahre Konjunktur und auch zu wichtigen Ergebnissen geführt (Granzer 2006; Granzer/Walther 2008; Leuders 2008; Hirt/Wälti 2008; Ruwisch/Peter-Koop 2003; Selter 2011a). Zahlreiche überzeugende und nachahmenswerte Beispiele wurden inzwischen publiziert. Vergessen werden darf darüber aber nicht, dass „gute" Aufgaben (wir klammern hier bewusst einmal aus, was diese im Einzelnen kennzeichnet und verweisen auf die Diskussion in den oben genannten Quellen bzw. Kapitel 4.2) nicht selbstwirksam sind. Um ihre Chancen tatsächlich und auf den verschie-

7 Das war der Grund, warum wir in den Jahren 2008 bis 2010 im EU-Projekt NaDiMa dieses Konzept genauer erforscht haben, woraus dann diverse Erfahrungsberichte hervorgegangen sind, die letztendlich in dieses Buch mündeten.

densten Ebenen auszuspielen und nachhaltig wirksam werden zu lassen, bedarf es einer Reihe von Voraussetzungen. Bereits die Identifikation, die Auswahl und die Aufbereitung geeigneter Lernumgebungen sind alles andere als trivial. Nur einige Stichworte, die hier Einfluss nehmen:
- das Bild von Mathematik – bei Lehrperson und Kindern,
- das Verständnis von Mathematikunterricht – bei Lehrperson und Kindern,
- die Souveränität der Lehrperson im Fach,
- die Fähigkeit, auch situativ und spontan Beiträge der Kinder fachlich einordnen und mit sachgerechten Impulsen reagieren zu können,

3. **Unterschiedliche Vorstellungen einer „inhaltlichen Öffnung" des Unterrichts**
   Selbst dort, wo davon gesprochen wird, dass die Differenzierung „aus der Sache" kommen müsse, liegt nicht zwingend immer das gleiche Verständnis vor. So schreibt etwa Peschel (2009, S. 69): „Nach der Proklamation einer verstärkten, vom Lehrer ausgehenden Differenzierung in den Siebziger- bzw. Achtziger-Jahren wird heute die allgemeinpädagogisch-didaktische Forderung nach individualisierendem, vom Schüler selbst gesteuerten Unterricht laut. Dabei wird die Notwendigkeit der weitgehenden Freigabe sowohl der Lernmethode des Schülers [...] als auch die Freigabe der Inhalte durch aktuelle fachdidaktische Konzepte und Forschungsergebnisse bestätigt." Als Referenz zieht er, was den Mathematikunterricht betrifft, das Konzept „mathe 2000" (Wittmann/Müller 1990/1992) heran. Dort allerdings wird immer wieder und sehr eindeutig im Gegensatz zu einer Freigabe der Inhalte die verantwortliche Aufgabe der Lehrperson betont, eine fachliche Rahmung (Organisation der Lernprozesse; vgl. Wittmann 1996) vorzunehmen und vorzugeben, *innerhalb derer* dann den Lernenden Freiheiten in verschiedener Hinsicht ermöglicht werden (s. o.). Dies ist aber u. a. für Peschel, wie es scheint, gar nicht das erstrebenswerte Ziel. Die Lehrperson wird statt dessen immer wieder als *primus inter pares* suggeriert, die Existenz eines fachlichen Lehrgangs gar als kontraproduktiv für die Öffnung von Unterricht verstanden.
   In seinem Verständnis von inhaltlicher Öffnung gibt es keine vorstrukturierten Lehrgänge oder Arbeitsmaterialien. Die Kinder kommen in die Schule und nehmen sich dies und das für den Tag vor – bei Mathematik wird ein weiteres Mal der Begriff der „Kniffelaufgaben" zur Charakterisierung von wünschenswertem Mathematiktreiben benutzt. Der Lehrer „sorgt für die notwendige ‚Lernatmosphäre', gibt Impulse, strukturiert, verfolgt den Fortschritt der Kinder und hält die Passung zum (offenen) Lehrplan im Auge" (Peschel 2009, S. 89). Das klingt alles sehr allgemein, und man fragt sich, wie es aussieht, wenn die „Passung zum Lehrplan" einmal nicht gelingt und wie der Lehrer dann reagieren soll. Und dies alles wohlgemerkt bei 25 bis 30 Individuen mit ihren jeweiligen, gerade selbst ausgewählten Themen, Inhalten und Arbeitsvorhaben. Betrachtet man die von Peschel vorgeschlagene Skalierung der Dimension „inhaltliche Offenheit", dann bemisst sich diese am Grad, in dem der Schüler selbst über seine Lerninhalte bestimmen kann (Tabelle 3.1).

Betrachtet man den „geschlossensten" Skalenpunkt 0, dann bleiben aus mathematikdidaktischer Sicht durchaus Realisierungen vorstellbar, die man als höchst gehaltvolle, inhaltlich wie sozial lernintensive Erfahrungen für die Lernenden bezeichnen würde. Dass Lehrkräfte Lernumgebungen „vorgeben", die sie nach allen Regeln der fachlichen Substanz, der professionellen didaktischen Auswahl/Aufbereitung einer heterogenen Lerngruppe offerieren, muss also nicht zwingend „geschlossener" Unterricht sein!

Stufe	Öffnungsgrad	Merkmale
5	weitestgehend	Primär auf selbstgesteuertem/interessegeleitetem Arbeiten basierender Unterricht
4	teils – teils	Inhaltlich offene Vorgaben von Rahmenthemen oder Fachbereichen
3	Habe ich eine Begründung gegeben bzw. die Bedeutsamkeit aufgezeigt?	In Teilbereichen stärkere Öffnung der inhaltlichen Vorgaben zu vorgegebener Form
2	erste Schritte	Kinder können aus festem Arrangement frei auswählen oder sie können Inhalte zu fest vorgegebenen Aufgaben selbst bestimmen
1	ansatzweise	Einzelne inhaltliche Alternativen ohne große Abweichung werden zugelassen
0	nicht vorhanden	Vorgaben von Arbeitsaufgaben/-inhalten durch Lehrer oder Arbeitsmittel

Tabelle 3.1: Offener Unterricht – Dimension „inhaltliche Öffnung" (nach Peschel 2009, S. 80)

Im Gegenteil: Die Fachstrukturen als notwendige Lernumgebung (Wittmann 1996) zu unterschätzen, trivialisiert das Fach und öffnet eine potenzielle Hintertür für Lehrkräfte, um sich aus der fachlichen Verantwortung zu stehlen (vgl. Gellert 1998/1999). Es ist gewiss nicht damit getan, in weitreichend offener Beliebigkeit Aufgaben oder Lernumgebungen bereitzustellen, in der Hoffnung, dass das einzelne Kind schon irgendwann und irgendetwas Lernrelevantes damit anzufangen weiß. Zahlreiche Berichte bezeugen eher Indizien für eine „offene Kommunikation mit geschlossener Mathematik" (Steinbring 1999), wo „die Gleichschrittigkeit des Unterrichts zwar äußerlich zugunsten individualisierter, selbstgesteuerter Lernformen aufgebrochen wird, [...] die Strukturen des kleinschrittigen Lernens innerhalb offener Organisationsformen [aber] ungestört fortwirken" (Wittmann 1996, S. 5).

„Niemand kann sinnvoll für einen anderen ‚differenzieren' – und schon gar nicht für 25 bis 30 lernende Individuen" (Peschel 2009, S. 193). Dem ist in gewisser Weise zuzustimmen. Was Peschel aber als „Alternative zu dieser ‚Differenzierung von oben'" (ebd.) vorschlägt, die Individualisierung „von unten" durch die Kinder, ist zum einen nicht die einzig denkbare Alternative und zum anderen vermutlich der Pendelausschlag ins andere Extrem. Kann die Auswahl und Organisation der rahmenden Fachstrukturen tatsächlich so von der (speziell dafür ausgebildeten) Lehrkraft einfach an die Kinder delegiert werden? Ist das individuelle, situative Motivationsgefüge des Kindes schon eine hinreichende und tragfähige Entscheidungsgrundlage?

Gewiss sind Behaltensleistungen um so eher zu erwarten, je mehr es sich bei den gestellten Aufgaben um ein echtes Problem des Kindes handelt, je mehr es intrinsisch motiviert ist. Kann die Schule aber immer darauf warten bis jedes Kind intrinsisch motiviert ist? Die völlige Freigabe der Entscheidung über die Lerninhalte an das Kind zu delegieren, (ver)führt zu inhaltlicher Beliebigkeit, verabsolutiert das Motivationsgefüge der Lernenden, die eben noch nicht immer zwischen Lernlüsten und Lernbedarfen und innerfachlich gebotenen Sinnhaftigkeiten unterscheiden können. Und darf/muss es denn nicht mehr Aufgabe der Lehrkraft sein, Kinder auch für Neues aufzuschließen und zu motivieren? Das so moderne reformpädagogische Postulat, die Kinder dort abzuholen, wo sie stehen, müsste doch eigentlich vollständig lauten: … und sie dann dorthin zu leiten, wo sie noch nie waren.

3.1 Konstituierende Merkmale

Der Begriff der Natürlichen Differenzierung wurde von Wittmann (1990, S. 159) eingebracht, wobei er auf eine ganzheitliche Erarbeitung von Themen abhebt, bei der sich Aufgaben unterschiedlichen Schwierigkeitsniveaus in natürlicher Weise ergeben. Gemeint ist hier ein gleiches Lernangebot statt im Vorhinein festgelegte Aufgaben für unterschiedliche Leistungsniveaus (vgl. z. B. qualitative Differenzierung in Kapitel 2.1).

Wir wollen im folgenden Abschnitt die von Wittmann genannten, durchaus voraussetzungsreichen, Merkmale genauer ausführen (vgl. auch Wittmann/Müller 2004, S. 15 ff.). Diese Merkmale werden auf der einen Seite als solche, aber vor allem, was ihre Konkretisierung betrifft, leicht unterschätzt oder mit gewohnten Vorgehensweisen verwechselt. Auf der anderen Seite – in der nötigen Tiefe bedacht und sachgerecht konkretisiert – eröffnen sich aber für den Unterricht Möglichkeiten, die in der Tat über die lange bekannten klassischen Differenzierungsarten hinausgehen und damit neue Chancen für den Umgang mit Heterogenität, für das jahrgangsübergreifende Lernen bis hin zur Inklusion bieten. Die vier Merkmale lauten wie folgt:

1. **Die gesamte Lerngruppe erhält das gleiche Lernangebot**
   Es leuchtet ein, dass Über- wie Unterforderung vorprogrammiert wären, wenn nicht weitere Kriterien hinzukämen, die dieses Lernangebot von gewissen Übungsformen unterscheiden würden, in denen es vorrangig um Fertigkeitsschulung und zudem kaum um die allgemeinen mathematischen Kompetenzen geht. Nachweislich recht missverständlich bei diesem Merkmal ist der Begriff des gleichen Lernangebots. Was bedeutet es, wenn alle Kinder am gleichen Gegenstand arbeiten? Selbst traditionelle Praktiken könnte man als Erfüllung dieses Merkmals werten, wenn alle z.B. die Subtraktion üben – die einen mit „leichten", die anderen mit „schwierigeren" (vgl. Kapitel 2.1.2; Gutjahr 2012) Aufgaben. Gemeint ist aber in der Tat, dass an den gleichen Fragestellungen gearbeitet wird, die aus einer von der Lehrperson wohlüberlegten, didaktischen Rahmung hervorgegangen sind (und natürlich die folgenden Merkmale notwendigerweise erfüllen müssen). Einstweilen und bis wir in den Kapiteln 5 und 6 auf konkrete Beispiele eingehen, kann man sich als „Arbeitsbegriff" durchaus vorstellen, dass zur Erfüllung dieses Merkmals meist auch tatsächlich ein einziges Arbeitsblatt für alle ausreicht, wobei das nicht vorrangig der Materialökonomie geschuldet ist (die es aber erfreulicherweise auch bedeutet), sondern konzeptionell-didaktische Gründe hat (vgl. Kapitel 4).
2. **Das Lernangebot ist inhaltlich ganzheitlich und hinreichend komplex**
   Neben dem pädagogischen Verständnis von Ganzheitlichkeit (Kopf, Herz, Hand) liegt hier die Betonung auf der inhaltlichen Ganzheitlichkeit. D. h., die Lernangebote dürfen nicht in ihre Einzelteile atomisiert und kleinschrittig didaktisch aufbereitet sein, „weil in der ganzen Struktur mehr Bedeutung, mehr Sinn, mehr Informationen für Lösungen enthalten ist als in isolierten Teilaufgaben" (vgl. Hengartner 1992, S. 17). Komplexität ist also nicht mit Kompliziertheit zu verwechseln (vgl. auch Donaldson 1991). Die Komplexität eines Lernangebots zu erhalten bedeutet auch nicht, dass alle Kinder zur gleichen Zeit bereits die volle Komplexität ausschöpfen. Das Postulat einer ganzheitlichen Behandlung des Einmaleins etwa schließt nicht aus, dass man sich zu gegebener Zeit auch genauer mit einzelnen Reihen auseinandersetzen kann. Oder die ganzheitliche Behandlung des Zehnerübergangs verlangt nicht, dass jedes Kind sogleich alle verfügbaren Möglichkeiten beherrschen soll (vgl. Krauthausen/Scherer 2007, S. 24 ff.).

Für diese ersten beiden Merkmale einer natürlichen Differenzierung ist eindeutig die *Lehrperson* als Expertin für das Lehren und Lernen zuständig (vgl. auch Kapitel 3.4), denn die Auswahl und didaktische Rahmung der Lernumgebung erfordert spezifische Kompetenzen, sodass diese Tätigkeiten nicht an Grundschulkinder delegiert werden können.

3. **Freiheitsgrade der Lernenden**
   Unter diesen Rahmenbedingungen entscheiden die Lernenden nun selbst, z. B. über Ansatzpunkte und Tiefe einer Bearbeitung, die Verwendung von Hilfs- oder Arbeitsmitteln, die Art und Weise der Notation/Dokumentation/Darstellung ihres Vorgehens, ihre Bearbeitungswege und gegebenenfalls auch über variierte Problemstellungen (vgl. Kap. 6.3.2).
4. **Soziales Lernen von- und miteinander**
   Da die gesamte Lerngruppe am gleichen Problemkontext, wenn auch auf unterschiedlichen Niveaustufen, gearbeitet hat, ist eine Diskussion der Bearbeitungen und ihrer Erkenntnisse im Plenum nicht nur grundsätzlich besser möglich als bei zersplitterten individuellen Aktivitäten, sondern es ist auch sachlich naheliegend, sich über die in der individuellen Phase gewonnenen Erfahrungen auszutauschen. Diese Phase, die die Lehrperson moderierend begleitet (was eine recht anspruchsvolle Aufgabe ist; vgl. Kapitel 3.4 bzw. 7.6 sowie Krauthausen/Scherer 2010a, S. 7 f.; Krauthausen/Scherer 2011a), ist der Ort, an dem gemeinsam tiefer in den Lerngegenstand eingedrungen und Kompetenzerweiterung angebahnt werden kann – eine Chance, die im Rahmen konsequenter Individualisierung weder automatisch noch in vergleichbarer Weise genutzt wird.

In der fachdidaktischen Literatur finden sich im Zusammenhang mit Natürlicher Differenzierung einige verwandte Begriffe und Konzepte, von denen im Folgenden zwei genannt werden. Insgesamt ist die Begrifflichkeit in der Literatur ausgesprochen heterogen, je nach herangezogenen Kriterien. Da die Begrifflichkeiten also Interpretationsspielräume zulassen, gilt dies erst recht für die jeweils konkreten Ausgestaltungen:

- **Selbstdifferenzierung** (durch die Lernenden, Böhm 1984; Hußmann/Prediger 2007; Prediger/Scherres 2012; Scherres 2013): Die Autoren sehen ein entscheidendes Merkmal in der Offenheit des Lernangebots, das eben nicht auf einer Vorabzuweisung durch die Lehrperson beruht. Weiter wird festgehalten, dass Selbstdifferenzierung nicht durch isolierte Aufgabenstellungen allein, sondern durch Lernumgebungen im ganzheitlicheren Sinne realisierbar ist. Dabei sind beim Begriff der Lernumgebung explizit neben den Arrangements von Aufgaben auch die Unterrichtsmethoden und -techniken sowie Lernmaterialien und Medien mitgemeint (vgl. auch Kapitel 4.2). Neben der Aufgabenstellung können in Lernumgebungen auch unterrichtliche Bedingungen wie Kooperationsform, Interventionen der Lehrkraft, Strategiekonferenzen, Helfersysteme etc. gezielt gestaltet werden (vgl. Prediger/Scherres 2012, S. 146).
- **Offene Differenzierung:** Dieser Begriff wird in Abgrenzung zu geschlossener Differenzierung verwendet (vgl. Heymann 1991; auch Freudenthal 1974; Büchter/Leuders 2005). Bei der offenen Differenzierung liegt die Verantwortung für das jeweilige Bearbeitungsniveau (zumindest teilweise) bei den Schülerinnen und Schülern, während bei geschlossener Differenzierung die Verantwortung bei der Lehrperson liegt.

3.2 Anforderungen an die Lernangebote

Betrachtet man die vielfältige Literatur unter Berücksichtigung der unterschiedlichen Begrifflichkeiten (vgl. Kapitel 3.1), dann findet man je nach Begriffsbestimmung zahlreiche Merkmale für geeignete Lernangebote. Übereinstimmend, d. h. nahezu durchgängig findet sich das Kriterium der *Offenheit* (vgl. etwa Böhm 1984; Hengartner 2007; Hirt u. a. 2008; Hußmann/Prediger 2007)). Darauf werden wir weiter unten noch genauer eingehen, da hierunter durchaus Verschiedenes verstanden werden kann (vgl. Punkt 3 auf Seite 48).

Eine weitere Anforderung an geeignete Lernangebote besteht in der zu fordernden *Komplexität*. Wenn Lernen ein individueller Konstruktionsprozess ist, dann ist allerdings ein Schlüsselkriterium für die Auswahl, didaktische Rahmung und methodische Gestaltung der Unterrichtsinhalte eine Sinnorientierung, auf deren Grundlage Kinder ihre weitergehenden subjektiven Sinnkonstruktionen vornehmen können (vgl. Schütte 1994, S. 126). Und dies ist umso leichter möglich, wenn der Kontext, in dessen Rahmen Lernen sich ereignen soll, dem Kind eine gewisse Übersicht vermittelt, statt bis zur Unkenntlichkeit segmentierte Wissenshäppchen. Dies wiederum erfordert die Gewährleistung eines nicht zu *unter*schreitenden Grades an Komplexität der Lernsituation: Komplexität ist nämlich – innerhalb gewisser Grenzen – für das Verständnis eben nicht erschwerend, sondern hilfreich; und zwar, weil in ganzheitlicheren Zusammenhängen mehr Bedeutung, mehr Sinn und damit mehr Anknüpfungspunkte für individuelle Lösungswege enthalten sind als in isolierten Teilaufgaben (vgl. Hengartner 1992, S. 19). Didaktisches Vereinfachen und Elementarisieren stört diesen Sinn (ebd.; vgl. auch Kapitel 3.1, Punkt 2).

Zudem entspricht dies viel eher den typischen, d. h. natürlichen Gewohnheiten von Kindern, sich Dingen zu nähern, denn die sie umgebende Realität ist per se komplex und kann nur als solche, d. h. mit dafür angemessenen Methoden, erschlossen und bewältigt werden. Wenn es auch an bestimmten Stellen des Lernprozesses sinnvoll sein kann, einen näheren Blick auf begrenzte (didaktisch reduzierte) Teilinhalte zu werfen, so ist es dennoch ökonomischer und effizienter, den Lernenden vorab Ganzheiten anzubieten, in denen die strukturelle Einbettung und Vernetzung der Lerninhalte, also ihr Zusammenhang, erkennbar wird (vgl. Gattegno 1989, S. 48).

Die Forderung nach mehr Komplexität bei Lernaufgaben aktiviert möglicherweise aus klassischer Lehrersicht bei manchen eine ganz bestimmte „innere Sperre". Diese beruht nicht zuletzt darauf, dass die Vorstellung von der (anscheinend) unumgänglichen Segmentierung und des sukzessiven Übermittelns kleiner Komponenten auf den ersten Blick so rational und logisch anmutet. Es scheint so selbstverständlich, dass insbesondere sogenannte schwächere Lerner mit herausfordernden und komplexeren Problemstellungen nicht zurechtkommen können, und daher beschränkt man sich bei diesen Kindern auf eine „mathematische Schonkost". Diese Sicht muss aber – zumindest in dieser Allgemeingültigkeit – in Frage gestellt werden (vgl. z. B. Scherer 1999; Moser Opitz 2000). Glaubt man neueren Forschungsbefunden, so sind es gerade die kleinschrittigen Reglementierungen, die sich kontraproduktiv auswirken. Im guten Glauben, die richtigen Maßnahmen zu ergreifen, wird also in Wirklichkeit alles getan, was den unerwünschten Zustand nur noch weiter verfestigt und das Gewünschte letztlich noch unerreichbarer werden lässt. Immer mehr Belege sprechen dafür, dass keine Überforderung eintreten muss, sondern – im Gegenteil – dass von einem ganzheitlichen Vorgehen gerade die (sogenannten) lernschwachen Kinder profitieren können. Das isolierte Behandeln von Einzelelementen erschwert nicht nur das Verallgemeinern (gerade den Lernschwachen, denn leistungsstärkere Lerner werden es eher einzuordnen wissen), es bietet auch wenig geistige Anregung (die gerade für die Lernschwachen so nötig wäre), da es lediglich um das „Abspeichern" isolierter Elemente geht. Zudem wird das so „erworbene" Wissen eher wieder vergessen (vgl. Bruner 1970; Resnick/Ford 1981).

Weitere Anforderungen in Ergänzung zu Wittmanns Begriffsbestimmung (vgl. Kapitel 3.1) sind folgende. Die Lernangebote ...

- zeichnen sich aus durch eine *niedrige Eingangsschwelle* (Hengartner 2007; Hirt u. a. 2008), die es *allen* Kindern ermöglicht, einen ersten Zugang zu finden und an einer ihnen möglichen Stelle in eine Auseinandersetzung mit der Sache zu treten.
- enthalten *„Rampen" für Leistungsstarke* (Hengartner 2007; Hirt u. a. 2008), wodurch sich das Anspruchsniveau gleichsam stufenlos (hoch)regeln lässt; dieses Merkmal eröffnet nicht zuletzt eine große Flexibilität im Hinblick auf die Einsetzbarkeit eines Lernangebots über mehrere Jahrgangsstufen hinaus.
- schaffen *Diskussionsbedarf* (Hirt u. a. 2008; Nührenbörger 2009a/b), sei es über die Bearbeitungswege, über die Lösungen, über die Anzahl der Lösungen, über die Beschreibungen und Begründungen von Mustern und Strukturen, über Gültigkeitsbereiche von Aussagen usw. Hierdurch werden die sachlichen Grundlagen gelegt für die so zentralen mathematischen Gespräche und Diskurse, z. B. in der Plenumsphase (vgl. Kapitel 3.4.2 und 7.6).
- haben ein hohes kognitives Aktivierungspotenzial (Hirt 2007) zum Fördern und Fordern inhaltlicher wie allgemeiner mathematischer Kompetenzen (vgl. KMK 2005).

Das Merkmal der *Offenheit* der Lernangebote wurde eingangs bereits erwähnt, ebenso wie die potenziell unterschiedlichen Begriffsverständnisse, die dazu in der Literatur ebenso wohl wie im Verständnis von Lehrpersonen vorliegen (vgl. Kapitel 3, S. 48). Offene Aufgaben können durchaus in unterschiedlicher Ausprägung auftreten. Wir wollen das an Unterrichtsbeispielen konkretisieren, denen mit höherer Ordnungsnummer der Aufzählung eine ansteigende mathematische Struktur innewohnt:

1. Meine Lieblingszahlen (vgl. Friebe/Albers 2011; Gallin/Ruf 1999; Käpnick 1997): In ihrem Schulbuch regen Gallin/Ruf (1999) dazu an, die Zahlen näher zu betrachten, Fantasien zu ihnen zu entwickeln, Eigenschaften von und Vorlieben für bestimmte Zahlen (und Gründe dafür) bewusst zu machen, seien es nun mathematische oder andere (vgl. Abbildung 3.1).

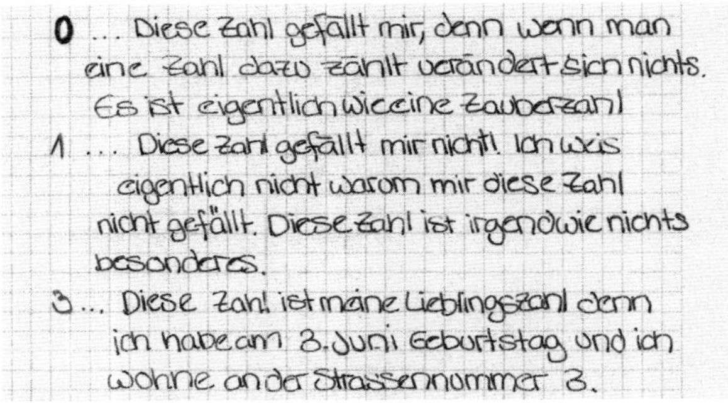

Abbildung 3.1: Vorlieben für einzelne Zahlen

2. Finde Aufgaben mit dem Ergebnis 100! (z. B. Scherer 1999): Diese Aufgabe wurde im Zusammenhang mit der Einführung des Hunderterpunktfeldes gestellt. Mustafa fand 24 Aufgaben (Abbildung 3.2), die einer genaueren Analyse wert sind. Enthalten sind „alle zweigliedrigen Additionstypen, die bei diesem Aufgabenformat möglich sind, auch mit dem größeren Summanden an zweiter Stelle […]. Es fanden sich viele glatte Zehner- oder Fünferzerlegungen. Nur bei zwei Aufgaben des Typs ZE + ZE traten Fehler auf: Die Zerlegung 73 + 29 kann auf einen Flüchtigkeitsfehler zurückgehen, genauso wie 79 + 19 (Perseveration). Viele der Kinder fanden Aufgaben, die offiziell erst Monate später vorgesehen waren" (ebd., S. 158).

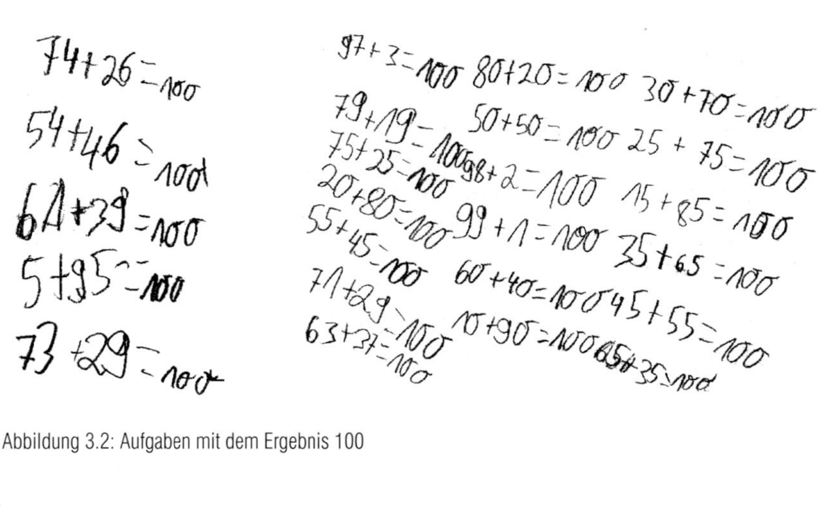

Abbildung 3.2: Aufgaben mit dem Ergebnis 100

3. **Beschreiben von Größen** (Hirt/Wälti 2008; Abbildung 3.3): Hier lautete die genaue Aufgabenstellung wie folgt: „Beschreibe eine von dir gewählte Größe in einigen Sätzen. Beschreibe weitere Größen" (ebd., S. 120). Im didaktischen Kommentar heißt es dazu: „Indem sich die Schülerinnen und Schüler einen Gegenstand vor Augen führen, dessen Größe bestimmen und beschreiben, setzen sie sich mit den Größen und ihren Dimensionen, aber auch mit den Beziehungen zwischen Größen auseinander. Beim Suchen geeigneter Gegenstände und beim Bestimmen ihrer Größen sowie später bei der Arbeit mit Rätseln von Mitschülerinnen und Mitschülern wird das Vorstellungsvermögen zu den wichtigsten Maßeinheiten geschult" (ebd., S. 121).

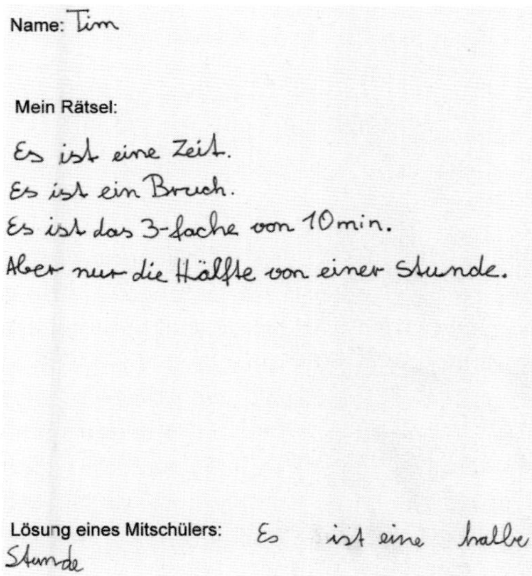

Abbildung 3.3: Tim (3. Klasse) beschreibt eine Zeitspanne[8]

4. **Finde selbst Plusaufgaben und Minusaufgaben mit den Zahlen 3, 6, 12 und 20!** (Scherer 2007; Abbildung 3.4): Hierbei können folgende Fragen im Zentrum des Interesses stehen: Wie gehen die Schüler mit einer offenen Aufgabenstellung um? Inwieweit wählen die Schüler für sie schwierige Aufgaben? Werden Rechengesetze ausgenutzt (z.B. das Kommutativgesetz? Gehen die Schüler systematisch vor? Welcher Leistungsstand ist bezüglich der Addition und Subtraktion festzustellen? Existieren bestimmte Fehlvorstellungen? Wählen die Schüler von sich aus Materialien zur Unterstützung? Welche Differenzierungsmöglichkeiten bieten sich?

8 Aus einer studentischen Seminar-Erprobung von S. Hinkelmann, J. Lubasch, M. Gendritzki und U. A. Matthiesing

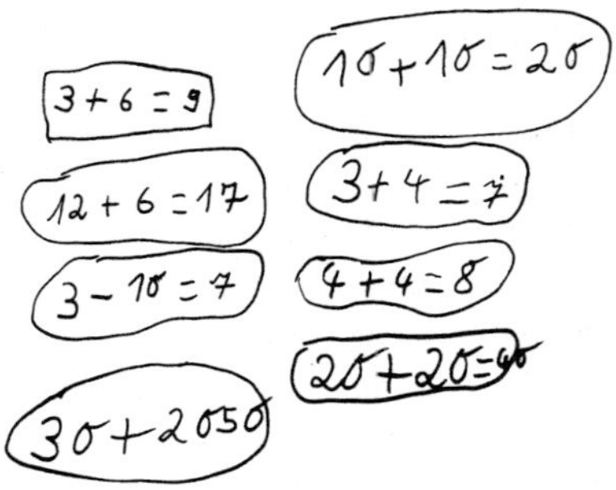

Abbildung 3.4: Kais (3. Kl., Förderschule) Bearbeitung der offene Aufgabe

5. **„Welche Zahl passt nicht zu den anderen? 15, 20, 23, 25"** (Klavir/Hershkovitz 2008): Bei dieser Aufgabe geht es um Zahlbeziehungen, um Muster und Strukturen. Wir gehen hier nicht näher darauf ein, weil wir diese Aufgabe in Kapitel 3.6 ausführlich reflektieren werden.

EINLADUNG ZUR REFLEXION

Analysieren Sie diese fünf Unterrichtsbeispiele, indem Sie die jeweils ansteigende mathematische Struktur der Aufgabenstellungen diskutieren.

Soviel zur Frage der vielfältigen Bedeutung von „Offenheit" bei Lernangeboten. Schließen wollen wir diesen Abschnitt mit einer Relativierung, die uns wichtig scheint: Jedwedes Aufgabenangebot, seien es Aufgabenformate oder allgemein substanzielle Lernumgebungen, und auch die Natürliche Differenzierung sind keine Allheilmittel im Sinne eines didaktischen Zauberstabs. Weder lässt sich damit das Heterogenitätsspektrum (inhaltliche Lernschwierigkeiten) einebnen, noch werden damit Motivation, Ausdauer, Arbeitshaltung oder Kommunikation (erst recht nicht die allgemeine mathematische Kompetenz) garantiert – weder automatisch („natürlich"), noch en passant, noch durch die Sache alleine. Was allerdings zu erwarten und inzwischen in zahlreichen Erprobungen belegt ist: Sachgerechte Aufgabenangebote in dem Sinne, wie wir sie in diesem Buch beschreiben und didaktisch einordnen, können die Wahrscheinlichkeit *deutlich* erhöhen, dass sich wünschenswertes Lernen ereignen kann – und dies für *alle* Kinder. Uns ist bewusst, dass dies weniger ist als Marketingparolen versprechen; dafür ist es aber belegbar und in unseren Augen das weitestgehende „Versprechen", das man guten Gewissens geben kann.

3.3 Anforderungen an die Lernenden und an die Unterrichtskultur

Wir haben bereits bei den theoretischen Merkmalen einer natürlichen Differenzierung (Kapitel 3.1) wie auch bei den Anforderungen an die Aufgabenangebote (Kapitel 3.2) Aspekte kennengelernt, die als Voraussetzung oder zumindest förderliche Rahmenbedingung für eine gelingende Differenzierung gelten können. Aber natürlich reicht weder ein theoretisch fundiertes Begriffsverständnis dazu aus, noch sind bereits „gute Aufgaben" per se oder alleine ein Garant dafür. In diesem Kapitel wollen wir daher einen Blick auf Gelingensbedingungen bzw. wünschenswerte Voraussetzungen auf Seiten der *Lernenden* und der in einer Klasse implementierten *Lernkultur* werfen, bevor wir im nächsten Kapitel (3.4) auf die Rolle und Aufgaben der Lehrperson zu sprechen kommen. Zwei Hinweise sind dazu wichtig:

1. Wenn von „Voraussetzungen" gesprochen wird, dann meint das nicht, dass ihr Fehlen oder eine nur eingeschränkte Verfügbarkeit dazu führen sollte, die an sich ins Auge gefassten Zielsetzungen (die Realisierung natürlicher Differenzierung) ad acta zu legen. Der Hinweis „Naja, mit meinen Kindern geht das leider nicht ..." ist bereits im Zusammenhang mit dem Postulat des entdeckenden Lernens bekannt. Wir beschreiben im Folgenden bewusst eine Zielperspektive, auf die man hinarbeiten sollte und kann. Heinrich Winter hat einmal in einem Vortrag angemerkt: „Mit dem entdeckenden Lernen ist es wie mit der Forderung, ein guter Mensch zu sein. Man kann immer nur auf dem Weg sein." (Gedächtnisprotokoll) Die Fragen, inwieweit diese Vorstellungen realistisch, d. h. alltagstauglich sind, und vor allem, ob und durch wen und wie gegebenenfalls einschränkende Bedingungen relativiert, gar abgebaut, und förderliche Rahmenbedingungen unterstützt und sichergestellt werden können, sind erst danach, aber dann auch ausdrücklich zu stellen. In diesem Sinne wollen wir mit der Beschreibung der unten genannten Voraussetzungen ermutigen, sich in jedem Fall auf den Weg zu machen.
2. Es ist völlig normal und daher erwartbar, dass es in der konkreten Klassensituation graduell unterschiedliche Abweichungen vom Idealzustand des Wünschenswerten geben wird. Die in Punkt 1.) formulierte Ermutigung, daran zu arbeiten, bedeutet, dass dies ein Ort *pädagogischer* Einflussnahme ist, mithin auch ein vom Mathematikunterricht unabhängiges, über diesen hinausweisendes Postulat. Im engeren Sinne auf Mathematikunterricht bezogene Einflussgrößen (gute Aufgaben, sachgerechte didaktische Rahmung etc.) können zwar unterstützend wirken, aber das (bisherige) Fehlen gewisser Voraussetzungen bezüglich der im Folgenden angesprochenen Aspekte für einen wünschenswerten Mathematikunterricht, sollte nicht als Gegenargument gegen das *Konzept*, z. B. des entdeckenden Lernens, der natürlichen Differenzierung oder der substanziellen Lernumgebungen instrumentalisiert werden.

Eine adäquate Unterrichtskultur ist von enormer Bedeutung (vgl. Griffin 2009). Kinder lernen im Unterricht nicht nur Wissen über fachliche Inhalte. Sie lernen auch – vielfach „zwischen den Zeilen" –, wie Unterricht, genauer: *ihr* Unterricht mit *dieser* Lehrperson „definiert" ist. Im Laufe der Schuljahre etabliert sich so eine spezifische Unterrichtskultur, die teils explizit gemacht, teils implizit wirksam wird. Metakommunikation über Regeln, Rituale, Werte und Wertschätzungen, Arbeitstechniken, Interaktions- und Kommunikationsverhalten spielen hier eine wesentliche Rolle. Je nach Unterrichtskultur kann ein und dieselbe Frage eine völlig andere Wirkung haben: „Auf die gleiche Frage ‚Was hast du dir dabei gedacht?' reagiert ein Kind in einem kleinschrittig erklärenden Unterricht oft mit Verstummen, weil es in dieser Frage eine implizite Kritik an seinem Vorgehen sieht, während in einer Unterrichtskultur des gegenseitigen Bemühens um Verstehen und Verstandenwerden [...] es bereitwillig Auskunft geben wird, weil es die Frage als Interesse an seinem Denken interpretiert" (Schütte 2002, S. 16). Und wer hat nicht schon mal erlebt, dass die Frage der Lehrperson „Bist du sicher, dass das stimmt?" beim Kind (selbst noch bei Studierenden) nahezu *reflexartig* das sichere Gefühl auslöst, dass die Lösung falsch sein *muss*, und dies trifft gerade auch für lernschwache Schülerinnen und Schüler zu (vgl. auch Scherer 1997b, S. 266).

Eine etablierte Unterrichtskultur lässt sich nicht einfach ab- oder umstellen. Eine jahrelang eng geführte Klasse, die es gewohnt ist, genau gesagt zu bekommen, was zu tun und was zu unterlassen ist, wird nicht von heute auf morgen auf offene Aufgabenstellungen umschalten und vor kreativen Einfällen nur so sprühen können. Es muss also berücksichtigt werden, „welche Erfahrungen die beteiligten Schülerinnen und Schüler bislang mit Schule überhaupt, mit dem Mathematikunterricht und den jeweiligen Lehrern gemacht haben. Es sind Muster beobachtbar, nach denen der Unterricht bei entsprechenden Schüler-Lehrer-Konstellationen immer wieder abläuft, und darunter gibt es sehr weitverbreitete Misserfolgsmuster. Man kann insbesondere nicht erwarten, dass Schüler plötzlich frei und selbstbewusst kreativ tätig werden, wenn sie vorher nur darauf getrimmt worden sind, sich möglichst fehlerfrei der passenden Rezepte zu bedienen" (Kießwetter 1990, S. 36).

Welche Merkmale gehören nun zu einer wünschenswerten Lernkultur? Die im Folgenden betrachteten Schwerpunkte können naturgemäß nur eine Auswahl darstellen. Wir streben also keine Vollständigkeit an, sondern verstehen sie als exemplarische Diskussionsanreize.

▸ Authentisches Bild des Faches erlebbar machen

Zur Unterrichtskultur gehört es u. a., den Lernenden ein authentisches Bild der Mathematik als Wissenschaft zu ermöglichen. Und das bedeutet insbesondere, die zentralen Merkmale des aktiven Mathematiktreibens *(doing mathematics)* herauszustellen, zu ermöglichen und wertzuschätzen. Das kann nicht gelingen mit Hilfe isolierter und beliebiger Informations- oder Aufgabenhäppchen. Es bedarf vielmehr eines durchgängigen und expliziten Modellverhaltens der Lehrperson und der gewohnheitsmäßigen Initiierung und Aufrechterhaltung von Meta-Kommunikation.

Hierbei müssen unter Umständen tief verinnerlichte Vorerfahrungen zur Sprache gebracht werden. Ein traditionelles Unterrichtsverständnis hat womöglich eher inhaltsbezogene Kompetenzen betont und die prozessorientierten eher vernachlässigt. Das führt dazu, dass Lernende – unbewusst oder durch diese Art von Unterricht mitverursacht – entsprechende Wertmaßstäbe verinnerlicht haben. So sind sie dann z. B. stolz darauf, wenn sie mit großen Zahlen, mit noch nicht offiziell thematisierten Zahlbereichen (negative Zahlen, Bruchzahlen) oder schwierigen Operationen umgehen können. Aber sie haben kaum oder zu wenige Rollenvorbilder, die auch Prozessorientiertes wertschätzen und pflegen. Und das gilt ebenso für Attribute wünschenswerter produktiver Arbeitstechniken wie Ausdauer, Anstrengungsbereitschaft und Geduld. Daher gehört es zur Aufgabe von Lehrpersonen, den Lernenden plausibel zu machen, dass das Maß an Nachdenken, die Flexibilität strategischen Vorgehens, eine grundsätzliche Fragehaltung sowie ein individuelles Begründungs-/Beweisbedürfnis (vgl. Winter 1983) mindestens so gute Gründe sind, um stolz auf die eigenen Kompetenzen zu sein. Das gelingt um so eher, je mehr eine gewohnheitsmäßige Kultur der Meta-Kommunikation in der Lerngruppe etabliert ist, sodass sich jeder in ganz natürlicher und gewohnheitsmäßiger Weise über solche Fragen austauschen kann.
Schülerinnen und Schüler werden um so eher von sich aus Begründungen für Muster, Strukturen oder Bearbeitungswege anbieten, je konsequenter die Lehrperson zuvor immer und immer wieder (zunächst in Stellvertreterfunktion für die Lernenden) nach dem *Warum* gefragt hat. „Als Lehrende bekommen wir das, was wir akzeptieren. Wenn wir nur nach schlichten nummerischen Ergebnissen fragen, werden die Kinder nur Rechenprozeduren und Rechenaufgaben wertschätzen. Aber wenn wir auf Diskussion, Erläuterung und Darstellung bestehen und derartige Antworten auch positiv verstärken, dann werden die Lernenden wissen und wertschätzen, dass es auf Verstehen und Bedeutung ankommt" (Higgins 1988, S. 2; Übersetzung GKr/PS).
In Kapitel 7.4 nehmen wir in einem anderen Zusammenhang Stellung zu einem Vorschlag von Krämer (2011), der (auch Kindern) unausgesprochen suggerieren kann, dass das Arbeiten mit substanziellen Lernumgebungen eher eine Ausnahmesituation sei. Auch im Hinblick auf die Etablierung einer *Lernkultur* wäre das also eher ungünstig, denn was man nur alle paar Wochen einmal als Einschub inszeniert, kann nicht zur Kultur reifen. „Neuere Lehrbücher offerieren sogenannte ‚Oasen' oder Einschübe, wo ‚Mathematik mit Spass' angeboten wird. Ich bin allergisch darauf. Spannende Mathematik reduziert sich nicht auf wenige Seiten. Im Übrigen sind Oasen nur als solche erkennbar, wenn rundherum Wüste ist" (Gächter 2004, S. 185).

▸ Interesse und Motivation an mathematischen Fragestellungen

Die Grundschule hat gegenüber allen anderen Schulformen den Vorteil, dass so gut wie *jeder* potenzielle Schulanfänger *grundsätzlich lernwillig* ist. Frisch

eingeschulte Erstklässler brennen geradezu darauf, lesen, schreiben und rechnen zu lernen. Dieses Kapital bedeutet einen kaum zu überschätzenden Startvorteil für den Beginn einer Laufbahn des institutionellen Lernens. Natürlich haben auch bereits vorschulische Erfahrungen mit Lernen ihre Spuren hinterlassen; Schulanfänger sind ja keine Lernanfänger. Im Gegenteil: Vermutlich gestalten sich Lernprozesse nie so tiefgreifend, umfassend und nachhaltig wie in den Jahren von der Geburt bis zur Einschulung. Aber grundsätzlich und lernpsychologisch betrachtet, kann man von einem natürlichen Lernbedürfnis, einer natürlichen Neugier und Fragehaltung bei Kindern im Grundschulalter ausgehen. „Vögel fliegen, die Fische schwimmen; der Mensch denkt und lernt. Deshalb brauchen wir Kinder nicht zum Lernen zu überreden, verführen oder drängen. Es ist nicht notwendig, daß wir ständig auf ihren Gedanken herumhacken, um sicher zu gehen, dass sie etwas lernen" (Holt 1979, S. 178).
Nun ist vorhersehbar, dass nicht wenigen Lesern angesichts dieser Sätze sogleich Kinder ihres Erfahrungsbereichs einfallen werden, die diesen Eindruck so gar nicht machen, die man eher als lernunwillig oder gar lernresistent erlebt. Natürlich wollen wir das nicht bestreiten, kennen wir doch selbst diese Phänomene aus eigenen Lehrerfahrungen. Aber solche unbestrittenen Beispiele sind kein hinreichender Beleg oder Anlass, am geschilderten Grundsatz zu zweifeln oder die genannte Voraussetzung gar für unrealistisch zu halten. Eher ruft das wohl die Frage auf den Plan, warum sich einige Kinder anders als, wie behauptet, natürlich verhalten bzw. ob und was Schule dagegen tun kann?

> „Kinder sind neugierig. Sie wollen Vernunft in die Dinge hineinbringen, herausfinden, wie sie funktionieren; überhaupt wollen sie ihre Fähigkeiten entwickeln und über sich selbst und ihre Umgebung eine gewisse Kontrolle ausüben und sie wollen tun, was sie andere Leute tun sehen. Sie sind offen, empfänglich und aufmerksam. Sie schließen sich nicht von der für sie fremden, verworrenen und komplizierten Welt ab. [...] Sie experimentieren gerne. [...] Um herauszufinden, wie es sich mit der Wirklichkeit verhält, arbeiten sie an ihr. Sie sind mutig. Sie scheuen sich nicht, Fehler zu machen. Und sie sind geduldig. Sie können ein außerordentlich großes Maß an Ungewißheit, Unordnung, Unwissenheit und Unschlüssigkeit aushalten. Sie müssen nicht in jeder neuen Situation sofort deren Bedeutung erkennen. Sie sind bereit und fähig, zu warten, bis ihnen die Bedeutung zukommt – auch wenn sie sehr langsam kommt, wie es gewöhnlich der Fall ist. Die Schule ist kein Ort, wo man dieser Art des Denkens und Lernens viel Zeit und Gelegenheit gibt oder sie gar belohnte. Können wir sie zu einem solchen Ort machen? Ich glaube, wir können es und wir müssen es." (Holt 1979, S. 173)

Wie kommt es überhaupt dazu, dass einem Kind die natürliche, gattungsspezifische Motivation zum Lernen bereits sehr früh abhanden gekommen ist? Zunächst einmal kann aus oben genannten Gründen in aller Regel davon ausgegangen werden, dass dieses Phänomen das *Ergebnis von Lernprozessen* ist, unter Umständen bereits vorschulischen, gegebenenfalls auch ersten schulischen. Und dieses Ergebnis ist in den meisten Fällen auch ausgesprochen plausibel: Wer sich

z. B. anhaltend mit inhaltsleeren, formalen Rechenübungen konfrontiert sieht, gar noch in Kombination mit permanenten Misserfolgserlebnissen, dem muss man nachsehen, wenn er eine natürliche (!) Reaktion zeigt: Langeweile und Abwehr. Dieses „Recht" würden wir auch als Erwachsene in analogen Situationen für uns beanspruchen – denken Sie einmal an Ihr eigenes Verhaltensrepertoire, wenn sie z. B. gezwungen sind, langweiligen Vorträgen zuzuhören. Kinder fallen, anders als Erwachsene, in vergleichbaren Fällen selten in still erduldende Kontemplation. Sie zeigen eher ein Verhalten, das allzu leicht den Stempel „Unterrichtsstörung" erhält. „Wir lähmen die geistige Aktivität der Kinder nicht nur dadurch, daß wir sie in Angst versetzen und verwirren, sondern auch, indem wir sie langweilen, ihre Tage mit öden Wiederholungen anfüllen, die ihre Aufmerksamkeit nicht erregen und ihre Intelligenz nicht herausfordern" (Holt 1969, S. 132). So gesehen müsste man konstatieren, dass manches Verhalten von Lernenden zumindest *didaktisch miterzeugt* sein kann.

Wenn es sich also um gelerntes Verhalten handelt, bestehen grundsätzlich Chancen, es auch wieder zu verlernen. Unsere Thesen lauten daher:

- Ja, Schule/Unterricht kann etwas dafür tun, dass Kinder (wieder) für Lernen motivierbar werden.
- Dazu müssen die Ursachen der mangelnden Motivation identifiziert werden.
- Man sollte darauf gefasst sein, dass der Prozess der Umorientierung nicht von heute auf morgen geschehen kann und wird.
- Den pädagogischen „Zauberstab", der aus desinteressierten, unkonzentrierten und wenig ausdauernden oder unruhigen Kindern mit einem Male Schülerinnen und Schüler machen würde, die es kaum erwarten können, tief in ihr Lieblingsfach Mathematik einzutauchen, gibt es nicht. Derartigen Versprechungen, wie sie manchmal die Marketingaussagen von Anbietern didaktischer Materialien suggerieren, sollte man grundsätzlich skeptisch gegenüberstehen.

Niemand, auch nicht die begnadetste Lehrperson kann jemand anderen lernen „machen". Lernen ist nicht von außen vollständig determinierbar. Was möglich ist und was daher Teil der Verantwortung von Lehrpersonen ist und bleibt: *Wahrscheinlichkeiten* dafür zu erhöhen, dass sich wünschenswertes Lernen ereignen kann. Das klingt nach einer sehr bescheidenen Aussage, aber es ist eine Tatsache, und man kann durchaus einiges dafür tun.

Eine recht große Wahrscheinlichkeit besteht u. a. bei alternativen, Interesse weckenden Angeboten, also mit Inhalten, die eben nicht nur aus einer inhaltsleeren, bunt aufgemachten Fassade bestehen, sondern denen etwas innewohnt, das Staunen, Wundern bis hin zu Irritation auslöst (vgl. Kapitel 3.2). Denn es ist Teil der menschlichen Natur, dass daraus resultierende Neugier ganz wesentlich mit dem Vorhandensein von Mustern und Strukturen zu tun hat. Und weil die Mathematik als Wissenschaft gerade darauf explizit ihr Selbstverständnis als Wissenschaft der Muster (vgl. Devlin 1988) gründet, bestehen hier realistische Chancen.

- **Elements einer sachgerechten Arbeitshaltung**

Kindern müssen im Unterricht eine sachgerechte Arbeitshaltung erleben können, die das Mathematiktreiben impliziert. Kurz gefasst: „*Nachdem* die Antwort gefunden ist, fängt Mathematik an" (Sugiyama, zit. nach Becker 1992, S. 127; Übersetzung und Hervorhebung GKr/PS). Ein Viertklässler beschreibt es so und trifft damit für sein Alter den Kern der Sache sehr überzeugend:

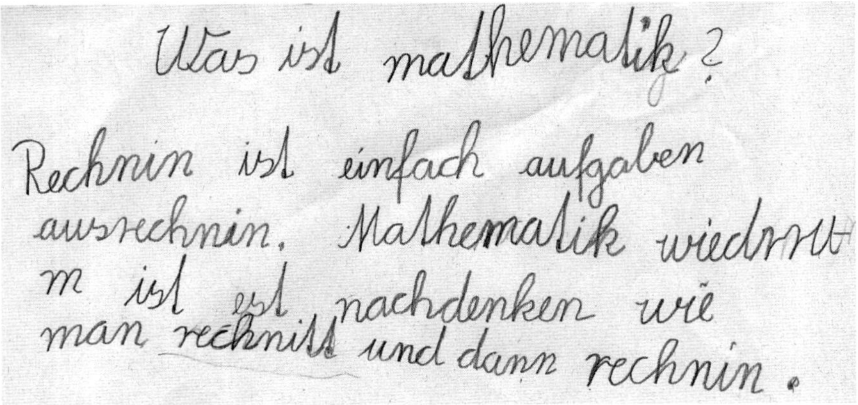

Abbildung 3.5: Was ist Mathematik?

Aber auch mit dem „Nachdenken, wie man rechnet" ist der Kern des Mathematiktreibens noch nicht hinreichend erfasst. In der Theorie des Problemlösens bei Polya (1995) gibt es vier Phasen:

- Verstehen der Aufgabe
- Ausdenken eines Plans
- Ausführen des Plans
- Rückschau

Die Phase der Rückschau wird im Unterricht allzu oft sträflich vernachlässigt – bereits seitens der Lehrpersonen, um so mehr durch die Schülerinnen und Schüler. Denn sowohl die Motive wie auch die entsprechenden Kompetenzen für eine sachgerechte Rückschau entwickeln sich nicht von alleine. Sie bedürfen der ausdrücklichen, d. h. metakommunikativen und metakognitiven Förderung, um zu einem tragfähigen Bestandteil der allgemeinen Arbeitshaltung zu werden. „Von der besten Wirkung geht etwas verloren, wenn der Schüler versäumt, die fertige Lösung noch einmal zu überprüfen und zu durchdenken" (Polya 1995, S. 19). Die Rückschau wird dabei oft reduziert auf die bloße Überprüfung der Antwort auf mathematische Korrektheit.

> „Nachdem die Antwort gefunden und auf rechnerische Korrektheit überprüft wurde, sollten mindestens fünf weitere Schritte folgen: 1. Überprüfe, ob die Antwort Sinn macht und die Frage beantwortet; 2. Finde andere Lösungswege; 3. Variiere die Bedingungen des Problems; 4. Erweitere das Problem zu einer mathematischen Formel, zu einem generellen Konzept oder zu einer Verallgemeinerung." (Krulik/Rudnick 1994, S. 334 f.; Übers. GKr/PS)

Insbesondere die Frage nach alternativen Lösungswegen (2.) und der Variation der Bedingungen (3.; vgl. die Variation von Rechendreiecken zu Rechenvierecken und n-Ecken durch die Kinder in Kapitel 6.3.2) birgt viele Möglichkeiten, tiefer in den mathematischen Kern einzudringen – vor allem auch für Lernende unterschiedlichen Leistungsvermögens. Der 4. Aspekt, eine Verallgemeinerung der Problemstellung auch auf algebraischem Niveau ist mit Sicherheit ein Teil der notwendigen Fachkompetenz von Lehrpersonen (vgl. auch Kapitel 5.1 und 6.1). Für Grundschulkinder ist diese formal-algebraische Ebene noch nicht in Reichweite, wohl aber die Stufe des algebraischen Denkens: „Wir betreiben also in der Grundschule keine Algebra an sich, wir wollen zum algebraischen Prozessieren mehr und mehr hinführen" (Winter 1982, S. 196; vgl. auch Steinweg 2013), und dieses kann durchaus auch mit dem folgenden Beispiel angeleitet werden.

Wenn der Blick auf die *Vielfalt denkbarer Lösungsstrategien* gerichtet wird, erhöht sich u.a. auch die Chance, dass Lernende mit sehr unterschiedlichem Leistungsvermögen einen differenzierten Zugang zum Problem und zu seinem Verständnis erhalten. „Unterrichtlich erschließbar ist die Förderung von Problemlösefähigkeiten, dabei insbesondere die Eingewöhnung in die immer bewusster werdende Nutzung heuristischer Strategien" (Winter 1995, S. 42), auch vor dem Hintergrund intendierter Allgemeinbildung, zu der der Mathematikunterricht hier einen Beitrag leisten kann.

Wie eine solche unterrichtliche Erschließung aussehen kann, zeigt konkret der Umgang mit einer Denkaufgabe, die es in zahlreichen Versionen in der Literatur gibt und die wir am Beispiel der „Fliegen und Pferde" andeuten wollen, wie sie im Zahlenbuch 4, also auch in Schulbüchern Einzug gehalten hat. Die Aufgabenstellung lautet: „In einem Stall werden Pferde und Fliegen gezählt. Es sind 15 Tiere. Zusammen haben sie 72 Beine. Wie viele Pferde und wie viele Fliegen sind es?" (Wittmann/Müller 2006, S. 68) Das Schulbuch deutet explizit an, dass es um mehr geht als die bloße „Lösung" der Aufgabe, also das rechnerische Ergebnis sechs Fliegen und neun Pferde. Abbildung 3.6 zeigt vier denkbare Zugänge, die hier nicht nur als „Konstruktion" von Schulbuchautoren zu verstehen sind, sondern realiter und reproduzierbar von Grundschulkindern angeboten wurden und werden.

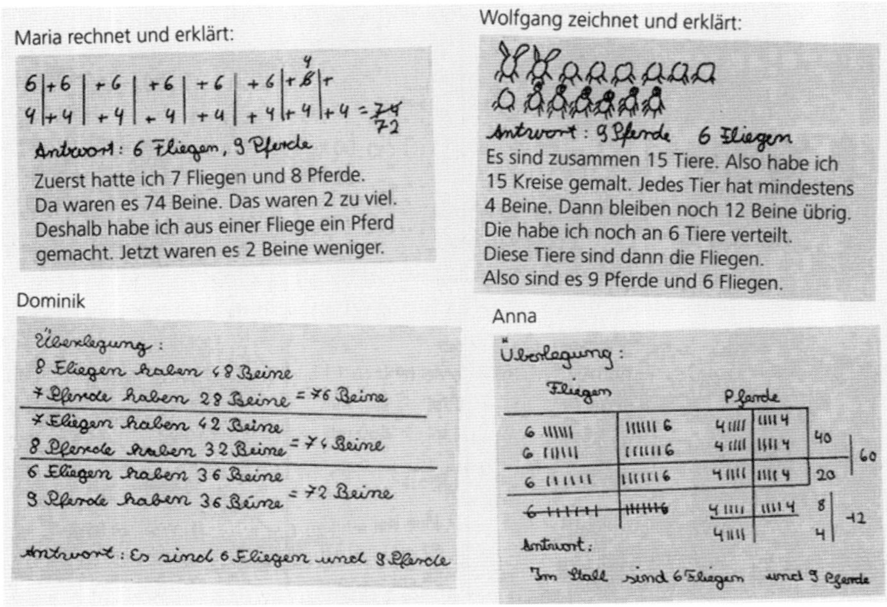

Abbildung 3.6: Fliegen und Pferde (Wittmann/Müller 2006, S. 68)

Krulik/Rudnik (1994) analysieren eine variierte Aufgabenstellung (mit Hühnern und Schweinen, 200 Beine, 70 Köpfe) und klassifizieren mögliche Strategien:

- **Mit algebraischem Hintergrund** (notwendig für die Lehrerin, für die Kinder noch nicht in Reichweite) ergibt sich die Lösung aus zwei Gleichungen mit zwei Unbekannten und entsprechendem Einsetzen der einen in die andere: $p + c = 70;\ 4p + 2c = 200$ (Versuchen Sie, den entsprechenden Ansatz für die Fliegen und Pferde zu finden …)
- **Versuch-&-Irrtum:** Ausgehend von einem angenommenen Wertepaar werden Abweichungen von den gesuchten Werten beobachtet, und durch „operatives Annähern“, also durch gezielte Veränderungen wird der gesuchte Wert ermittelt. Das kann in einer Tabelle dargestellt werden oder in der Art, wie Dominik es in Abbildung 3.6 getan hat.
- **Durch logische Überlegungen:** Diese Variante wurde von Maria in Abbildung 3.6 gewählt, indem sie den Effekt auf Beine und Köpfe erkannte und ausnutzte, wenn man „aus einer Fliege ein Pferd macht“.
- **Skizze:** Wolfgang nutzt in der besagten Abbildung diese Strategie. Er zeichnet zuerst die (in der skizzenhaften Darstellung unterschiedslosen) Körper, die ebenso auch die Köpfe repräsentieren, und verteilt dann in einem zweiten Schritt die Beine, ausgehend von der Minimalanzahl, die jedes Tier hat, und anschließend den Rest paarweise.
- **Eins-zu-eins-Zuordnung:** Von den Kindern in Abbildung 3.6 wurde dieser Zugang nicht genutzt, daher erläutern wir ihn an der Aufgabe mit den

Hühnern und Schweinen: Angenommen alle Hühner stünden nur auf einem Bein und alle Schweine stünden nur auf ihren beiden Hinterbeinen, dann haben wir 70 Köpfe (wie in der Aufgabenstellung benannt) und nur 100 Beine auf dem Boden. Jetzt müssen noch 100 Beine verteilt werden: Jedes der 70 Tiere setzt zunächst ein weiteres Bein auf den Boden (jetzt sind 170 Beine auf dem Boden). Damit stehen die Hühner auf ihren zwei Beinen und die Schweine jeweils auf drei Beinen. Die verbleibenden 30 Beine müssen also auf die Schweine verteilt werden. Damit ist klar, dass die Kombination aus 30 Schweinen und 40 Hühnern besteht.

Insgesamt wird bei einem solchen Vorgehen, wenn es unterrichtlich explizit thematisiert, also zum Kern der Auseinandersetzung mit der Sache gemacht wird, vor allem der Prozess der Ergebnisgewinnung, das gewählte strategische Vorgehen, in den Blick genommen sowie seine Einbettung in den strukturellen Zusammenhang der Problemstellung. Zu einer sach-/fachgerechten Arbeitshaltung gehört daher, sich gewohnheitsmäßig, also selbstverständlich, Fragen wie die folgenden zu stellen (bereits begleitend im Problemlösungsprozess oder eben in der Rückschau auswertend):

> „Was macht die Aufgabe so schwierig? Was ist der springende Punkt in der Problembarriere, also in dem, was zwischen Gegebenem und Gesuchtem liegt? Komme ich mit Probieren weiter? Hilft eine Zeichnung? Hilft eine andere Bezeichnungsweise? Kann ich die Aufgabe in Teilaufgaben zerlegen? Habe ich schon einmal eine ähnliche oder irgendwie verwandte Aufgabe gehabt, deren Lösung hier vielleicht weiterhelfen kann? Kann man Symmetrien oder Asymmetrien erkennen? Kann man extreme Fälle (z. B. Sonderfälle) ausloten und nutzen? Kann ich rückwärts arbeiten, einen Weg vom Gesuchten zum Gegebenen gehen? Kann ich die Lösung auf andere Art kontrollieren? War das Ergebnis zu erwarten, oder ist das Ergebnis irgendwie überraschend? Gibt es womöglich einen kürzeren, eleganteren Lösungsweg? Kann ich das Resultat oder den Lösungsweg vielleicht noch in anderen Fällen benutzen? Was sind ähnliche Aufgaben, die ich nun selbst stellen kann? Was weiß ich jetzt besser, genauer als vorher?“
>
> (Winter 1995, S. 42)

Aus ihrer Lernbiografie bringen die meisten Lehramtsstudierenden (und Erwachsene überhaupt) eher die Einstellung mit, dass der letzte Schritt einer Aufgabenbearbeitung (wenn überhaupt) in der Prüfung der Antwort besteht (vgl. Krulik/Rudnick 1994): Ist sie rechnerisch korrekt, ist sie sinnvoll und beantwortet sie die Frage? Alles wichtige Fragen, aber sie gehen nicht weit genug – „they are necessary but not sufficient“ (ebd., S. 334). Eigentlich geht es jetzt erst richtig los: „After finding an answer, mathematics begins“ (Sugiyama, zit. in Becker 1992, S. 127). Mindestens fünf weitere Schritte propagieren Krulik/Rudnick (1994), und wir denken bzw. haben mehrfach erlebt, dass diese Schritte – mit Ausnahme der Formalisierung in Schritt 5, die allerdings durch alternative Darstellungsformen zumindest angenähert werden kann – bereits in der Grundschule möglich sind.

Zumindest wären sie aber als wünschenswerte Perspektive im und durch Unterricht anzustreben. Die Schritte lauten wie folgt:

1. Prüfe, ob die Antwort vernünftig und sachrichtig ist.
2. Verfasse eine schriftliche Zusammenfassung des Problems und seiner Lösung.
3. Suche alternative mögliche Lösungswege.
4. Variiere die Rahmenbedingungen des Problems.
5. Führe das Problem fort bis zu einer Formalisierung oder einem verallgemeinertem Konzept.

Forscher-Metapher und Wertschätzung von echten Anforderungen

Kann man wirklich bereits Kindern im Grundschulalter ein authentisches Bild des Faches (s. o.) plausibel machen und ermöglichen? Intellektuell redlich, wohlgemerkt, nicht als verfälschende Trivialisierung! Wir denken schon, und zwar, indem man Kindern einen unverstellten Blick auf das ermöglicht, was und wie Mathematiker es tun, wenn sie Mathematik betreiben. Wir meinen das nicht als „didaktischen Trick" oder pädagogisches Zugeständnis an junge Kinder, wenn man z. B. den Satz im Unterricht hört: „Heute dürft ihr mal Forscher spielen!" Tatsächlich ist die Forscher-Metapher absolut begründet, weil zwischen der typischen Aktivität der Mathematiker und Mathematikerinnen beim Erkunden und „Erschaffen" von Mathematik und den Aktivitäten Mathematik-treibender Kinder faktisch große Parallelen und Entsprechungen bestehen. Und das wiederum bedeutet, dass wir es mit vergleichbaren Haltungen und Einstellungen zu tun haben. Anders ausgedrückt: Man kann das Typische am Mathematiktreiben der Profis auch als Vorbild für das Tun im Unterricht verstehen und nutzen, d. h. – altersgerecht aber explizit (also auch metakommunikativ zum Unterrichtsgegenstand machend) – analoge Haltungen und Einstellungen bei den Kindern fördern. Ein Blick auf einige Gelenkstellen des Mathematiktreibens machen deutlich, worauf die Aufmerksamkeit dabei zu richten wäre:

Am Anfang steht meist eine Aufgabe. Besser noch: Man hat ein *Problem*. Ein Problem ist, in Abgrenzung von einer Aufgabe, per Definition dadurch charakterisiert, dass man zunächst nicht weiß, mit welchen Mitteln und auf welchen Wegen man zum Ziel kommen soll; oftmals ist sogar das Ziel selbst noch unbestimmt. Ein Problem ist also naturgemäß und zwingend mit *Hindernissen* verbunden. Diese Einsicht hat unmittelbare Auswirkungen auf die Unterrichtsgestaltung: Man kann nach Kräften bemüht sein, dem lernenden Kind vorab, in weiser (?) Voraussicht und antizipierend, zum Wohle (?) des Kindes, möglichst alle Stolpersteine aus dem Weg zu räumen, um das Lernen „angenehm" zu gestalten, dem Kind das Irren und die Wirren von Holzwegen zu ersparen. Im traditionellen Unterrichtsverständnis galt dies manchmal als die vornehme Aufgabe höherer Lehrkunst. Und auch heute noch kann man – ob von Kindern in der Grundschule oder von unseren Studierenden in der Universität – manchmal den „Einwand" hören, diese oder jene Anforderung sei „zu schwer", nur weil nicht ad hoc die Lösung oder zumindest eine erfolgversprechende Lösungsidee aufschimmert. Man könnte antworten: Wäre dies alles schon klar, müsste doch nur bereits vorhandenes Wissen zur Anwendung gebracht werden. Und *weil* es schwer ist und herausfordert, eignet es sich als Lernangebot. Es wäre also eine Legitimation für die Anforderung, und kein Anlass, sie vorschnell auf ein Maß zu reduzieren, das sogleich machbar erscheint. „Nicht weil es schwer ist, fangen wir es nicht an, sondern weil wir es nicht anfangen, ist es schwer" (Seneca, zit. in Goeudevert 1999, S. 220).

Tatsächlich aber raubt das voreilige Aus-dem-Wegräumen von Hindernissen dem Kind die wichtige Erfahrung, wie Lernen „im richtigen Leben" vonstattengeht. Zweitens unterläuft es ein erklärtes Ziel des Mathematikunterrichts, das Winter bereits 1983 postulierte: „primär muß der Unterricht darauf gerichtet sein, Denken zu *ermöglichen* und nicht (ohne weiteres), es zu *erleichtern*" (Winter 1983, S. 71; Hervorhebung GKr/PS). Und drittens verfälscht es das Selbstverständnis des Faches, denn es sind gerade die Hindernisse, die seinen Reiz ausmachen, die Stutzen und Überraschung und Zweifel hervorrufen können. Eine Aufgabe mit sogleich erkennbaren Methoden und auf ausgetretenen Wegen zu lösen, ist nicht besonders herausfordernd. Und der Mensch als „lernendes Tier" will herausgefordert sein, denn ansonsten stellt sich Langeweile und Überdruss ein. „‚Meine Schüler verstehen nicht, was sie tun sollen.' ‚Die Arbeitsaufträge sind zu kompliziert.' ‚Unsere Schüler brauchen klare und einfache Aufgaben', Die Seiten sind zu voll.'", so zitieren die Sprachdidaktiker Balhorn/Büchner (2005, S. 6) skeptische Lehrpersonen. Und wenn man im Fortgang des Zitats lediglich das Wort Rechtschreibdidaktik durch Mathematikdidaktik ersetzt, dann gilt diese Botschaft ohne Abstriche auch hier:

> „Ja, Sie werden auf ein ‚Ich kann das nicht!' Ihrer Schüler stoßen, oft stoßen. Dies müssen wir wollen. Wir plädieren für eine auf Verstehen zielende Rechtschreibdidaktik. Und Verstehen ist nicht einfach zu haben, nicht mit Aufgaben, die sich von allein, schematisch ausfüllen lassen. Viele Schüler mögen solche Aufgaben. Aber Verstehen bedeutet Mühe, Arbeit, Fragen, Unsicherheit und ein Mehr an Wissen und Können, das weitere Fragen aufwirft. Auch für KollegInnen werden bestimmte Aufgaben nicht sofort vertraut und lösbar sein, denn wir versuchen durchaus und absichtlich Irritationen zu erzeugen, die eben die beste Voraussetzung sind, etwas wissen, klären, lernen zu wollen." (Balhorn/Büchner 2005, S. 6)

Fragehaltung und Begründungsbedürfnis

Neben der bereitwilligen Akzeptanz, dass Lernen etwas mit dem Überwinden von Hindernissen zu tun hat, gehört noch ein Weiteres zur Natur des Mathematiktreibens: die Fragehaltung – mit Betonung auf Haltung – und ein Begründungsbedürfnis – mit Betonung auf Bedürfnis. Auch dies entspricht der gattungsmäßigen Natur des Menschen, dass er fragt und wissen will, warum etwas so ist, wie es ist. Aber ist es nicht konstituierend für Unterricht, dass die „wissende" Lehrperson die Fragende ist und die Antworten von den Kindern erwartet werden? „Praktisch ist leider unser gesamter Unterricht darauf ausgerichtet, die Kinder zu Antwortgebern zu erziehen. [...] Schulen sind eine Art Tempel der Verehrung ‚richtiger Antworten', und um vorwärtszukommen, muß man eine Menge davon auf den Altar legen" (Holt 1969, S. 86).

Wir haben natürlich nicht die Absicht, die schlichte Umkehrung der Frage-Antwort-Richtung zu propagieren. Aber Unterricht kann viel dazu beitragen, dass Kinder nicht immer nur auf die Fragen der Lehrperson warten, sondern zunehmend von sich aus Fragen an (mathematische) Sachverhalte richten und nach Begründungen suchen, warum sich ein Muster so und nicht anders gestaltet. In Kapitel 6.3.2 wird eine Szene beschrieben, in der einige Kinder sich nicht mit der Antwort auf die Lehrerfrage zum ursprünglich bearbeiteten Problem zufrieden geben, sondern von sich aus weiterdenken, nach Variationen und anderen Lösungsmöglichkeiten suchen, diese auch durch kreative Umdeutungen des Problems selbst finden und das neu Entdeckte auch – ungefragt – begründen.

Und dies zu erreichen, erfordert weder ungebührlich viel Zeit, noch außergewöhnliche methodische Maßnahmen. Hilfreich ist bereits, wenn die Lehrperson als glaubwürdiges Modell das angestrebte Verhalten konsequent vorlebt – in den ersten Jahren stellvertretend für die Kinder selbst. Der Mitautor erinnert sich an eine seiner früheren Drittklässlerinnen, die, nachdem sie für eine Weile in der Leseecke des Klassenraums verschwunden war, ihm ein ausgefülltes Arbeitsblatt präsentierte mit den Worten: „Ich hab's jetzt endlich raus. Aber jetzt willst du sicher wieder wissen warum. Aber das mach ich dann als Hausaufgabe …" Die Botschaft war offensichtlich angekommen! Wenn man als Lehrperson selbst – zunächst in Stellvertreter-Funktion für die Kinder – immer und immer wieder die Frage nach dem Warum als naturgemäß zum Mathematiktreiben dazugehörend formuliert hat, beginnen die Kinder bald von sich aus, diese Frage auch zu stellen. Für Unterricht bedeutet das: Modellsein und Modell-Lernen ermöglichen. Es würde fast lohnen, einen entsprechenden Stempel zu nutzen, wenn man Verschriftlichungen der Kinder kommentiert:

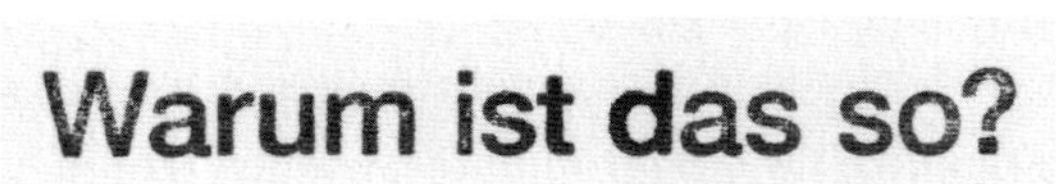

Abbildung 3.7: Gewohnheitsmäßiges Vorbild für Fragebedürfnis

Ausdauer und Durchhaltevermögen

Ein weiteres Merkmal des Mathematiktreibens professioneller Mathematiker und Mathematikerinnen mit Relevanz für den Unterricht ist die *Ausdauer* oder das *Durchhaltevermögen*. Diese Fähigkeit ist natürlich nicht unabhängig von der Motivation oder dem Interesse am Fach (s. o.). Gleichwohl scheint es erwähnenswert zu sein, vor allem angesichts mancher Entwicklungen, denen Kinder auch außerhalb der Schule ausgesetzt sind, die sich nicht (mehr) einfach ändern lassen. Gemeint ist der Trend des schnellen Hin- und Her-Zappens z. B. beim Fernsehen (wenn's nicht gefällt, gleich weiterschalten), der schnelle, oft oberflächliche Wechsel der Aufmerksamkeit, falls etwas nicht behagt (die Attraktivität eines Spielzeugs z. B. nutzt sich schnell ab, auch die Flut des Immerneuen trägt dazu bei). Schule kann sich hier so oder so verhalten: Sie kann dem Trend ebenfalls hinterherlaufen und ihn bedienen („Gefälligkeitspädagogik, Anbiederei an den Publikumsgeschmack"; Gronemeyer 1996, S. 181) – etwa mit prall gefüllten Regalen mit allen nur denkbaren Materialien, mit künstlich auf Attraktion getrimmten Arbeitsblättern, die Kinder „bei der Stange halten" sollen, und anderen Maßnahmen, um Kinder zum Lernen zu überlisten. Hat man gerade keine Lust, sich mit einer Sache zu befassen – vor allem sobald sie beginnt, sich sperrig zu zeigen – dann kann man flugs etwas anderes nehmen. Schule kann aber auch kompensatorisch wirken wollen und erfahrbar machen (u. a. durch Modellverhalten der Lehrperson), dass Ausdauer und Durchhaltevermögen *wertgeschätzt* wird, dass es einfach zum Mathematiktreiben dazugehört, dass es gerade seinen Reiz ausmachen kann, und dass es ein befriedigendes Gefühl sein kann, etwas Schwieriges dann doch geschafft zu haben. Selbstverständlichkeiten und „Kinkerlitzchen" zu erledigen, kann eine solche Befriedigung aus der Sache heraus nicht liefern. Und unabhängig vom Mathematiktreiben ist die Fähigkeit, sich in eine Sache auch einmal zu verbeißen, ganz generell eine für das spätere Leben nicht unbedeutende Kompetenz.

Handwerkliche Arbeitstechniken

Motivation und Ausdauer bei mathematischen Aktivitäten sind notwendig, aber nicht hinreichend, um sie erfolgreich betreiben zu können. Wie bei anderen Tätigkeiten auch, so gehört auch zum Mathematiktreiben ein „handwerkliches" Repertoire, das Kinder nicht bereits mitbringen oder von alleine lernen. Dieses Repertoire ist breit gefächert, beginnend bei scheinbaren Selbstverständlichkeiten: Wie skizziert man schnell eine Tabelle (vgl. das Lernziel des Freihandzeichnens, das an vielen Stellen des Unterrichts fast beiläufig mit gefördert werden kann)? Wie nutzt man ein Lineal zum Zeichnen (Der Stift wird gezogen, nicht geschoben; ein Füller ist kein Zeichengerät; usw.)? Der Satz „Mach dir doch eine Skizze" ist dem Kind bei einer Sachaufgabe solange keine wirkliche Hilfe, wie es nicht weiß, was eine Skizze ausmacht (worauf ist zu achten, was ist entbehrlich, welcher Grad an Akkuratesse ist erforderlich). So hat das Kind vielleicht gerade in einem anderen Kontext gelernt, dass es sehr exakt arbeiten soll; im nächsten Moment, wo ein Handstrich mit dem Buntstift reichen würde, um eine Rot- und Blaumarkierung vorzunehmen, malt es penibel und zeitraubend Kreis für Kreis aus. Man muss erst lernen, situationsangemessen das richtige Werkzeug einzusetzen und zu wissen warum.

Zeitgemäße Aufgaben- und Problemstellungen, bei denen es um die Beschreibung und Erklärung von Mustern und Strukturen geht, fragen typischerweise danach, warum etwas so ist, woran es liegt, dass ein erkanntes Muster auftritt oder wie viele Lösungen es insgesamt geben kann. Die Auseinandersetzung mit solchen Fragen beginnt meist damit, dass man eine bestimmte Vermutung hegt, einen Verdacht hat, dessen man sich aber noch nicht sicher ist und der auch noch nicht schlüssig erklärt werden kann. Bereits eine Vermutung zu finden, ist nicht trivial: Wie geht eigentlich das Aufstellen von Hypothesen? Was macht eine gute Hypothese aus? Was unterscheidet sie von schlichtem Raten? Und es geht weiter mit den handwerklichen Anforderungen: Die Aufforderung „Dann überprüft das doch mal ..." setzt voraus, dass man weiß, wie man Hypothesen geschickter Weise prüft. In der Regel hat eine Erkundungsaufgabe mehrere „Stellschrauben", an denen Veränderungen im Rahmen von Probehandlungen vorgenommen werden können. Kinder drehen hier unbewusst und gerne an mehreren Stellen gleichzeitig. Aber nur, wenn man *eine* Stelle experimentell variiert und die anderen Bedingungen unverändert lässt, kann man plausibler Weise auf einen Verursacher schließen (mehrere Verursacher zu identifizieren wäre noch eine gestiegene Anforderung). Auch hier gilt es, wie in vielen vergleichbaren Fällen, zunächst die Arbeitstechnik *selbst* zum Unterrichtsgegenstand zu machen. Erst dadurch kann sie ihren Werkzeugcharakter annehmen, bei dem die Anwendung auf andere Fälle keine kognitive Energie mehr beansprucht.

Ähnliches gilt für die allgemeine mathematische Kompetenz des *Darstellens*. Immer wieder stellt das Mathematiktreiben die Anforderung Rechenwege, Erläuterungen oder Begründungen sachgerecht darzustellen – in Form einer konkreten Handlung (enaktiv), als bildliche Dokumentation (ikonisch) oder in einer geeigneten symbolischen Form. Auch die mündliche und schriftliche Ausdrucksfähigkeit ist hiermit gemeint. Nicht nur wegen des schon sprichwörtlichen Postulats „Jede Mathematikstunde ist auch eine Sprachstunde", sondern weil auch für das Fach Mathematik die mündliche Kommunikation zum Selbstverständnis gehört. Und so, wie man im Deutschunterricht lernt, Aufsätze zu schreiben und dabei auch unterschiedliche Textsorten kennenlernt, so eignen sich auch „mathematische Aufsätze" dazu, die mündliche und schriftliche Ausdrucksfähigkeit zu schulen. Dabei geht es nicht nur um die Verwendung von Sprache als Medium der Kommunikation, sondern auch um Metakommunikation und Metakognition, also das Sprechen und Nachdenken *über* die verwendete Sprache.

Gesprächsregeln

Argumentative Diskurse in Plenumsphasen (vgl. Kapitel 7.6) haben nicht nur das Ziel, tiefer in die *mathematischen Sachverhalte* einzudringen. Gleichzeitig bieten solche Gespräche auch die Chance, *Gütekriterien „guter Gespräche"* ganz allgemein zu erleben, zu erlernen und zu praktizieren. Damit bietet auch der Mathematikunterricht Ansätze für fächerübergreifende Bezüge und Zielsetzungen, die in diesem Fall sogar weit über schulische Belange hinausreichen, weil sie generell als Teil von (Allgemein-)Bildung sinnvoll sind. Wenn die Bildungsstandards (KMK 2005, S. 7 f.) unter den zu fördernden allgemeinen (prozessbezogenen) mathematischen Kompetenzen die Fähigkeiten des Kommunizierens, Argumentierens und Darstellens anführen, dann ist dem nicht schon dadurch Genüge getan, dass „irgendetwas" gesagt wird (das geschieht schließlich nahezu immer und automatisch), dass „irgendwie" argumentiert oder etwas „irgendwie" dargestellt wird. Die Bildungsstandards meinen vielmehr eine gezielte und bewusste Förderung dieser Kompetenzen; und das bedeutet nicht selten auch, dass hier meta-kommunikativ und meta-kognitiv agiert werden muss. „Jede Form des Gesprächs bedarf der Pflege und der Kultur, auch das beiläufigste" (Hinske 1996, S. 178) – umso mehr trifft das zu für eine Gesprächsform mit mehr als beiläufigen Intentionen wie im Unterricht in einer größeren Gruppe von relativen Novizen bezüglich einer gepflegten und funktionierenden Gesprächskultur.

Die Lernenden müssen also auch *über* ihre Kommunikation, Argumentation und Darstellungsweise in Austausch treten (nicht zuletzt im Hinblick auf einen konstruktiven, d. h. lernförderlichen Umgang mit Rahmungsdifferenzen; vgl. S. 82 f. und Kapitel 3.6). Denn die genannten Kompetenzen ergeben sich nicht von alleine, sie bedürfen der bewussten und gezielten Anleitung und (Gesprächs-) Pflege. Es wäre daher naiv anzunehmen, man müsse nur beisammensitzen und Gespräche führen, um zu lernen, wie man gute Gespräche führt. Hilfreich ist da ein Blick auf allgemeine *Gesprächsregeln* – nicht nur, aber insbesondere im Hinblick auf die Einflüsse neuer Textsorten wie SMS, Tweets oder Mails, die nachweislich Einfluss auf das Sprachverhalten (und damit auch Denkverhalten?!) haben können.

Es ist in vielen Grundschulklassen üblich, im Rahmen einer Klassenordnung Verabredungen zu entwickeln, die auch den sprachlichen Umgang miteinander regeln sollen: andere ausreden lassen, nicht ins Wort fallen, freundlich formulieren, andere nicht bloßstellen und Ähnliches – wichtige Interaktionsregeln für das soziale Miteinander. Ihre Legitimation ist auch für Kinder im Grundschulalter plausibel, kennen doch die meisten die unangenehmen Emotionen, wenn diese Regeln ihnen selbst gegenüber einmal nicht eingehalten werden. Regeln, die eher auf die *inhaltliche* Effizienz eines Fachgesprächs fokussieren – und um ein solches handelt es sich letztlich z. B. bei einer Plenumsdiskussion über eine gemeinsam erkundete Problemstellung –, sind vermutlich weit weniger einleuchtend, bis sie nicht ausdrücklich zum Unterrichtsgegenstand gemacht, d. h. erläutert, begründet und diskutiert werden. „Eine Saat, die langsam wächst. Gesprächskultur und ihre Regeln" ist der Beitrag von Hinske (1996) betitelt, dem wir die folgenden allgemeinen Gesprächsregeln entnommen haben. Dieser Titel macht zweierlei deutlich: Es geht a) um Regeln, für deren Akzeptanz in der heutigen Zeit unter Umständen erst geworben werden muss, und es handelt sich dabei b) um eine „Pflegetätigkeit", die Zeit kostet und nicht gleichsam nebenbei zu haben ist, und damit auch konsequent verfolgt werden sollte. „Es gehört zu den Paradoxien der Gegenwart, dass sie beim Fußball oder Tennis aufs peinlichste über die Einhaltung der Regeln wacht, da aber, wo es um die Wahrheit geht, alles und jedes durchgehen lässt" (ebd., S. 178 f.). Worauf also wäre zu achten:

- **Ständige Rückversicherung, ob ich den anderen richtig verstanden habe (also nicht nur, ob mich die anderen verstehen!):** Das impliziert, sich immer wieder auf den anderen zu beziehen und nicht nur einfach die eigene Meinung daneben zu stellen. Das müssen insbesondere jüngere Kinder erst (angeleitet) lernen, denn es ist in der Tat nicht einfach, das, was man selbst sagen möchte, in jenen Beitrag sinnvoll einzuordnen, der just vorher eingebracht wurde. Wie oft dagegen erlebt man die Situation (von der Lehrperson geduldet), dass nach einer Wortmeldung kaum mehr auf diese Bezug genommen, sondern einfach eine neue daneben gestellt wird.

- **Nicht bei Nebensächlichkeiten aufhalten, sondern zum Kern der gegenteiligen Meinung vordringen:** Stillschweigende oder unbewusste Themenwechsel bevor ein Argument ausdiskutiert wurde, können ein Gespräch ins Leere laufen lassen; es reiht sich Aussage an Aussage und die Orientierung schwindet zusehends.
- **Versuchen, die Auffassung des anderen emphatisch nachzuvollziehen:** Insbesondere bei abweichenden Meinungen die andere Position nicht rundweg ablehnen. Hier hilft es nicht selten, sich ganz bewusst und sprichwörtlich einmal die Brille des anderen aufzusetzen und einen „mentalen Rollenwechsel" zu unternehmen.
- **So klar wie möglich formulieren, aber kein Ergebnis erzwingen wollen:** Insbesondere bei abweichenden Positionen wäre es zu ungeduldig, vom anderen einen sofortigen oder abrupten Meinungswechsel zu erwarten. Argumente müssen sich manchmal erst „setzen" können, bevor sie akzeptabel werden.

Man beachte, dass das Vorliegen abweichender Meinungen in einer solchen Gesprächskultur nichts Unangenehmes ist, sondern gleichsam die Triebfeder für eine intensive Sachauseinandersetzung. Das verweist darauf, als moderierende Lehrperson nicht vorschnell eine allgemeine Harmonisierung der Gedanken anzustreben oder durch voreilige, bewertende Rückmeldung („Ja, da hat der Jens recht.") ein gewünschtes Ergebnis zu bestätigen. Neben der hier gebotenen Zurückhaltung seitens der Lehrperson gibt es noch eine Alternative, die das Für und Wider eines – im besten Sinne gemeinten – Meinungsstreits gar noch intensivieren kann: Bedenkt man die wünschenswerte Mehrstimmigkeit der Interaktion (vgl. S. 88f.) und dass die Lehrperson anfangs in Stellvertretung für die Kinder agiert und dadurch Modelllernen ermöglichen soll, dann kann es sogar geboten sein, dass sie an gewissen Stellen gezielt und bewusst *Irritationen* in die Interaktion einbringt (s. S. 67 das Zitat von Balhorn/Büchner 2005). So kann die Lehrperson Hypothesen formulieren, die zu Widersprüchen mit bisher Bekanntem führen, oder sie kann Äußerungen der Kinder bewusst missverstehen (z.B. zu wörtlich genommen) und die entsprechenden Konsequenzen in die Runde zurückspiegeln.

Es sollte noch erwähnt werden, dass Gesprächsregeln wie diese natürlich für *alle* Beteiligten, also nicht nur die Kinder, sondern auch für die moderierende Lehrperson Geltung haben und daher auch von beiden Seiten „einklagbar" bleiben müssen. Die Grundschule hat eine lange Erfahrung in der Etablierung, Transparentmachung und Wahrung von Regeln aller Art, und ebenso diverse „Werkzeuge", um dies methodisch altersgerecht zu praktizieren (man denke an diverse

„Merk-Plakate" oder andere Rituale, z. B. für eine gute Präsentation von Arbeitsergebnissen). Daher scheint es durchaus realistisch, diese Erfahrung auch im Bereich der Gesprächskultur zu nutzen.

EINLADUNG ZUR DISKUSSION

Diskutieren Sie mit Kolleginnen und Kollegen, auf welche Weise und an welchen didaktischen Orten man diese Gesprächsregeln im Grundschulunterricht thematisieren könnte.

Schließen wollen wir diesen Teilabschnitt mit einem Zitat von Alan H. Schoenfeld, das ein ähnliches Vorgehen propagiert wie die Verinnerlichung der Mehrstimmigkeit (vgl. S. 88 f): „Überzeuge zunächst dich selbst. Dann überzeuge einen Freund. Dann überzeuge einen Gegner. Und schließlich werden der Freund und der Gegner in dir selbst internalisiert: Mathematik verstehen bedeutet dann für dich, in der Lage zu sein, deine Intuitionen sorgfältig gegen die pointiertesten Einsprüche zu verteidigen, die du dir *selbst* entgegen hältst" (Schoenfeld 1991, S. 339; Übersetzung und Hervorhebung GKr/PS).

Sozialverhalten

Hierunter verstehen wir Verhaltensweisen und Einstellungen, ohne die ein soziales Miteinander nicht denkbar wäre. Entsprechend gehören sie in Grundschulklassen auch zum Standard der immer wieder betonten und eingeforderten Regeln und Rituale: Rücksichtnahme, Hilfsbereitschaft, Anerkennung von Anderssein, Akzeptanz und Einhaltung von Regeln/Ritualen. Die Berechtigung dieser Dinge ist mit großer Selbstverständlichkeit akzeptiert. Die eigentliche Schwierigkeit liegt also weniger in der Akzeptanz, sondern in der Konsequenz der Umsetzung. Wenn z. B. die Lehrperson ein bestimmtes Verhalten verbal einfordert, dann aber das Nichteintreten konsequenzenlos bleibt, so trägt das nicht zur Stärkung des gewünschten Verhaltens bei – im Gegenteil. Die notwendige Konsequenz walten zu lassen, kann in der Tat auch ausgesprochen schwer sein, zumal sie Zeit kostet, die ein hohes Gut darstellt, denn Unterricht muss auch eine gewisse Ökonomie im Blick behalten. Andererseits wäre es interessant, einmal zu prüfen, wie viel Zeit eigentlich und ehrlich betrachtet die Inkonsequenz im Vergleich kostet: Wenn die Klasse in den Sitzkreis gerufen wird, und es nach der Aufforderung, wie wir es im Unterricht erlebt haben, vier Minuten bei lautstarker und geschäftiger Pausenatmosphäre dauert, bis die Arbeit dort wirklich fortgesetzt werden kann, und wenn solche Unterbrechungen häufiger in der Stunde geschehen, dann summiert sich das auf Beträge, die nachdenklich machen können – abgesehen davon, dass es (verständlicherweise) auch wirklich schwierig für die Kinder sein muss, sich aus der Pausenatmosphäre heraus erneut auf eine Sache einzulassen.

Die hier geschilderten und andere Voraussetzungen bringen Kinder wie gesagt nicht schon von sich aus mit in den Unterricht. Und auch in den Ausprägungsgraden der einen oder anderen Rahmenbedingung muss mit großer Heterogenität gerechnet werden. Das bedeutet, dass die – von der Sache, also von den Erfordernissen eines sachgerechten Mathematiktreibens her – notwendigen Fertigkeiten, Fähigkeiten und Haltungen zunächst auch *Unterrichtsgegenstand* sein und als solcher gezielt gelernt werden müssen. Das ruft erwartungsgemäß den skeptischen Hinweis einer auf das Zeitdeputat des Schuljahres bedachten Lehrperson auf den Plan: „Wann sollen wir denn das auch noch alles machen?!" Der Einwand wäre verständlich, wenn es sich wirklich um „zusätzliche" Aufgaben handeln würde. Man bedenke aber Folgendes:

- Keiner der genannten Aspekte kommt unverhofft oder neu auf die Agenda. Alle finden sich als formulierte Postulate in Bildungsstandards sowie in allgemeinen und/oder fachspezifischen Bildungs-, Rahmen- bzw. Lehrplänen – und das seit Langem.
- Alle oben genannten Aspekte sind zwar einerseits Bestandteile des Faches Mathematik und formulierte Postulate für einen zeitgemäßen Mathematikunterricht – und der Mathematikunterricht hat erklärtermaßen die Aufgabe, den Lernenden ein realistisches Bild des Faches zu vermitteln –, alle Aspekte weisen aber auch über den Mathematikunterricht hinaus. Da sie also auch für andere Fächer relevante Zielgrößen darstellen, können „Lernzielimporte/Lernzielexporte" helfen, Zeit zu sparen: Im Aufsatzunterricht wird es irgendwann Thema sein müssen, sich über Gütekriterien für bestimmte Textsorten Gedanken zu machen und an Texten entsprechend konkrete Spracharbeit zu unternehmen. Das kann an einem Erlebnisaufsatz über den letzten Klassenausflug sein; die gleichen Ziele lassen sich aber auch anhand eines mathematischen Aufsatzes thematisieren. Dass das Verfassen, Rezipieren und Redigieren von Texten ganz natürlich auch zum Mathematikunterricht dazugehört, lässt sich nicht zuletzt an der gestiegenen Anzahl fachdidaktischer Konzepte und Veröffentlichungen dazu in den letzten zehn Jahren belegen.
- Auch im Hinblick auf Allgemeinbildung sind alle oben genannten Aspekte relevant. Mathematikunterricht hat einen Beitrag zur allgemeinen Denkerziehung zu leisten (vgl. Winter 1995/1998). Und auch dies zieht keinen neuen Zeitbedarf nach sich, sondern ist ein seit Langem erklärtes Ziel von Rahmen-, Bildungs- oder Lehrplänen.
- Und nicht zuletzt wäre auch über eine unter Umständen notwendige veränderte Prioritätensetzung nachzudenken: Das Abarbeiten von endlosen, gleichförmigen Aufgabenplantagen, das Erledigen von Bergen an Arbeitsblättern (vgl. Bürostil-Unterricht; Bartnitzky 2009) mag in der Tat schneller vonstatten gehen und das Gefühl eines größeren „geschafften" Pensums am Ende eines Schuljahres suggerieren. Aber getreu dem Motto „Weniger ist mehr!" wäre sowohl den bildungspolitischen Vorgaben wie vor allem den Kindern und der Nachhaltigkeit sowie Substanz ihrer Lernprozesse ein weit-

aus besserer Dienst erwiesen, wenn man sich auf die fundamentalen Ideen des Fachs, auf inhaltsreiche Aufgabenumgebungen fokussiert, auf unnötigen „Schnickschnack“, sachfremde Verpackungsbemühungen und künstliches Aufpeppen verzichtet und dann mit mehr Muße auch tiefer in die Sachverhalte eindringen kann. Die Befürchtung, die Vorgaben der Lehrpläne damit nicht erfüllen zu können, ist unbegründet, denn erstens ist das nicht dadurch besser gewährleistet, dass man einem vermeintlichen Vollständigkeitsstreben nachjagend am Ende „das Schulbuch geschafft“ hat und zweitens haben wir den (vielfach zu belegenden) Verdacht, dass aus manchen Mathematikstunden noch eine Menge „Luft“ herausgelassen werden könnte, die sich summa summarum zu einem überraschenden Zeitpolster aufaddieren würde.

3.4 Anforderungen an die Lehrperson

Die vielbeschworene Hattie-Studie (Hattie 2009) hat auf breiter Basis gezeigt, was niemanden wirklich überraschen durfte, auch wenn das in großen überregionalen Tageszeitungen und Magazinen publizistisch gerne suggeriert wird (Abbildung 3.8): Gute Unterrichtsqualität hängt maßgeblich von der einzelnen Lehrperson ab.

Auch im Bericht der Hamburger Schulinspektion wird konstatiert: „Aktuell entfallen sieben Prozent der Unterschiede der Unterrichtsqualität einer einzelnen Unterrichtssequenz auf institutionelle Effekte […]. 93 Prozent der Unterschiede in der Unterrichtsqualität sind im individuellen Lehr-Lern-Setting

Illustration: Frederik Jurk/Sepia

Abbildung 3.8: Die Lehrerin als Superheldin

innerhalb einer Schule begründet" (BSB/IfBQ 2012, S. 22). Und ein Unterricht, der zeitgemäße Postulate wie den konstruktiven Umgang mit Heterogenität/Inklusion, natürlicher Differenzierung und substanziellen Lernumgebungen überzeugend einlösen möchte, ist um ein Vielfaches anspruchsvoller und anforderungsreicher für die Lehrkräfte als das klassische „Stundenhalten", das Rumpf wie folgt beschreibt: „Ein *Stoff* ist *durchzunehmen*, ein *Lernziel* zu *erreichen*, *Aufgaben* sind zu *bearbeiten*, *Probleme* sind zu *lösen*, die Lehrenden [...] fühlen sich durch vielartige Signale gedrängt, ‚im Stoff voranzukommen', mit diesem oder jenem Kapitel ‚fertig zu werden' – auf dass die Lernenden etwas ‚beherrschen', was dann auch abzuprüfen ist als *Lernleistung*, die ihrerseits nach Qualitätsmerkmalen in eine Rangtabelle einzutragen ist" (Rumpf 1996, S. 472 f.; Hervorhebung im Original).

Wohlgemerkt: Die hier angedeuteten Aspekte sind nach wie vor Bestandteile eines zeitgemäßen Unterrichts. Problematisch ist die vermeintliche Linearität des „Abarbeitens" der genannten Schritte, ausschließlich auf dem von der Lehrperson identifizierten Königsweg, der wenig Rücksicht auf abweichende Ansichten nimmt. Unterricht aber ist mehr als „die kürzeste Verbindung zwischen zwei Lernzielen, als die Produktion von Lernschnellwegen" (Rumpf 1972, S. 117).

Zeitgemäßer Mathematikunterricht stellt an die Lehrperson also Anforderungen, die gleichermaßen vielfältig und anspruchsvoll sind. Wir können und wollen in diesem Kapitel allerdings nicht versuchen, diese potenzielle Vielfalt umfassend zu entfalten. Stattdessen konzentrieren wir uns auf zwei ausgewählte Bereiche – *Fachkompetenz* und *Moderationskompetenz* – und zwar aus folgenden Gründen:

- Zeitgemäßer Mathematikunterricht muss (a) dem Anspruch der Sache (hier: der Mathematik, als Inhaltsbereich wie als Geisteshaltung; vgl. Freudenthal 1982) und (b) der *Individualität der Lernenden* sowie der *sozialen Verfasstheit des Lernens* gerecht werden.
- Beide Bereiche werden unseres Erachtens in der bisherigen Diskussion noch nicht konsequent genug in ihrer Bedeutung gewürdigt und berücksichtigt. Diese Einschätzung betrifft nicht so sehr die wissenschaftliche Absicherung und den Erkenntnisstand der Fachdidaktik, wohl aber den Rahmen zahlreicher Vorschläge zur Umsetzung eines „modernen" differenzierenden Unterrichts, wie sie z. B. in Lehrerzeitschriften oder auch Fortbildungsangeboten anzutreffen sind. Nicht wenige Versuche, die u. a. in Kapitel 2.3 benannten Grenzen der klassischen Inneren Differenzierung entweder aufzulösen, zu umgehen oder zu ignorieren, münden nicht selten in Fehlformen einer „differenzierten" Unterrichtspraxis (vgl. Bartnitzky 2009), u. a. weil der Anspruch der Sache und das Postulat des sozialen Lernens, welches auf Kommunikation über Sachen angewiesen ist, nicht hinreichend ernstgenommen oder fragwürdig umgesetzt werden. Gleiches gilt auch vor dem Hintergrund, dass beide Aspekte ganz zentral für das Begriffsverständnis von Substanziellen Lernumgebungen sind (vgl. Kapitel 4).

Im Folgenden wollen wir zu begründen versuchen, warum die genannten Kompetenzen größere Wertschätzung erfahren sollten und unabdingbar für eine gelingende Differenzierung im Mathematikunterricht sind. Dazu erläutern wir zum einen theoretische Argumente aus der fachdidaktischen und bezugswissenschaftlichen Literatur, an anderen Stellen dieses Bandes (z. B. Kapitel 5, 6 und 7) werden wir aber auch deutlich herausarbeiten, dass ein Unterricht auch in der Praxis in der Tat ganz anders aussehen wird, je nachdem ob und in welchem Ausmaß die postulierten Kompetenzen vorhanden sind.

3.4.1 Fachkompetenz

Wenn die Diskussion auf die erforderliche Fachkompetenz gerade von Grundschullehrkräften gelenkt wird, dann ist zu erwarten, dass gerade auf dieser Schulstufe, wo sich Lehrkräfte nicht unbedingt in erster Linie als Lehrperson für ein Fach verstehen, andere Rollenbilder in den Vordergrund gestellt werden (vgl. Gellert 1998/1999): Lehrerin für Kinder, Lernbegleiter, Lernberater, pädagogische Fachkraft usw. An verschiedenen Stellen wird vor der Gefahr eines zu weiten Ausschlags der vorrangig pädagogischen Orientierung des Selbstverständnisses zu Lasten der Inhalte gewarnt.

Wittmann (1996) sieht diese Gefahr beispielsweise in einer zu sehr methodenorientierten Diskussion über Unterricht und auch in der Grundschullehrerausbildung. Hier drehe sich „fast alles um Pädagogik, Psychologie usw. Fachliche Anforderungen werden hier einerseits trivialisiert und andererseits, sobald sie über ein bestimmtes Niveau hinausgehen, verteufelt, als wenn die Unterrichtstätigkeit überhaupt keine fachlichen, sondern nur erziehungswissenschaftliche oder allenfalls noch methodische Anforderungen stellen würde" (ebd., S. 3). Ein nachdrückliches Plädoyer für die Sache und entsprechende Forderungen an die Lehrperson wurden auch mehrfach von dem Sachunterrichts-Didaktiker Schreier propagiert: „Erwachsene müssen dafür sorgen, dass Kinder den Anspruch der Sache vernehmen" (Schreier 1993, S. 34). Seine Argumentationen können problemlos auch für die Mathematik reklamiert werden, weshalb wir hier einen längeren Auszug zitieren.

> „Die Kunst des Lehrens ist dazu da, den Anspruch der Sache zu vermitteln. Unbestritten, dass wir auch über die Heranwachsenden etwas wissen müssen, über ihre Art, die Dinge zu sehen, über ihre Vorlieben und Neigungen, über ihr Vorwissen wie über ihren Horizont. Unbestritten auch, dass die Ordnung der Darstellung zu bedenken ist: Die Sequenz der Ausfaltung eines verwickelten Sachverhalts, das Hin und Her von Frage und Antwort, von Zeigen und Wiederholen, das Arrangement des Unterrichts. Aber beides – die Ordnung des Vorgehens und der Bezug zu den Personen – bliebe leer ohne die Liebe zur Sache, ohne das dauernde Bemühen, ihr gerecht zu werden und damit der Veranstaltung namens Unterricht zu entsprechen. [...] Während meiner Jahre an einer amerikanischen Schule hörte ich manchmal eine Frage, in der die genannte Spannung angesprochen ist: Wenn ich Jimmy Mathematik beibringen will – muß

> ich dann Jimmy kennen oder muß ich die Mathematik kennen? Die Antwort lautete damals: Beide. Heute frage ich mich manchmal, ob nicht – gerade in der Grundschule – die Mehrzahl der Lehrenden wie folgt antworten würden: Vor allem muß ich Jimmy kennen, denn die Mathematik kenne ich. Die Verlagerung des pädagogischen Interesses weg von den Sachverhalten hin auf das Psychologische und das Methodisch-Didaktische erscheint mir bedenklich. Ich frage mich, wie Sachverhalte weitergegeben werden können von Menschen, die sich aufs Vermitteln verstehen, aber den Anspruch, um den es geht, womöglich kaum noch selber vernehmen: Wie soll jemand eine Sache für andere interessant machen, der an ihr kein Interesse hat? Mit diesem Bedenken erinnere ich an eine altbekannte Idee, die der römische Philosoph Plotin (3. Jh.) treffend bezeichnet hat: „Erziehung gleicht weniger dem Füllen eines Eimers mit Wasser und eher dem Entzünden eines Feuers." Durch das Bild vom Entzünden eines Feuers wird die Bedingung plausibel, dass der Entzündende selber das Feuer haben muß, das er weitergeben möchte. „Liebe zur Sache" wäre dafür eine andere Umschreibung."
>
> (Schreier 1995, S. 14 f.)

Und bereits knapp 25 Jahre früher – die Diskussion ist also keineswegs neu – greift Rumpf das Thema auf:

> „Der Inhalt taucht in der Erforschung der Unterrichts- und Erziehungsstile wie der Kontaktformen nur als etwas auf, anläßlich dessen bestimmte Einflußnahmen und Reaktionen ablaufen. So gewiß die psychologische und sozialpsychologische Seite des Unterrichts der Erforschung bedarf, so darf darüber nicht verschwinden die Frage nach den Veränderungen, die sich in der Sache abspielen, während sie Unterrichtsstoff wird. Die Sachlosigkeit der vorliegenden und in ihren Verdiensten nicht zu schmälernden Unterrichtsforschung scheint mir zu demonstrieren, dass die psychologische Analyse des Unterrichtsverhaltens von Lehrer und Schüler die Sachdimension des Unterrichts bislang vernachlässigt oder ausgeklammert hat – Bruners Bemerkung, in der Unterrichtsforschung wie in der Unterrichtspraxis seien die „in der Sache liegenden Anreize" über Gebühr vernachlässigt worden zugunsten äußerer Stimuli wie Belohnung und Bestrafung und Gages Forderung, künftig bei der Erforschung des Lehrerverhaltens auch die „kognitiven Gesetzlichkeiten des Sachgebiets zu berücksichtigen", diagnostizieren diesen Mangel." (Rumpf 1971, S. 72)

Über welche Fachkompetenzen sollte aber eine Grundschullehrkraft verfügen, um einen zeitgemäßen Mathematikunterricht erteilen zu können? Grundsätzlich und vorab sei gesagt, dass Fachkompetenz zum einen nicht derart eng verstanden werden darf, dass Lehrpersonen zu „souveränen Bescheidwissern" werden, „die wie ein Lexikon möglichst viel Fertigwissen gespeichert haben, um es dann anderen weiterzugeben" (Rumpf 1992, S. 29). „Gut in Mathe" zu sein, ist daher notwendig, aber noch lange nicht hinreichend. Auch der, wie Rumpf (1992) ihn nennt, autokratische Stundenhalter, der Spezialist für sorgfältig geplante, Aufgabenhürde für Aufgabenhürde zurücklegende Lernprozesse, die schließlich zeitgerecht in ein vorab festgelegtes Lernziel einmünden, ist nicht gemeint und gewollt. Und nicht zuletzt, das haben wir bereits oben erwähnt, ist auch Fachkompetenz im gewünschten Sinne nicht alles, was für einen zeitgemäßen Unterricht erforderlich ist. Vor diesem Hintergrund ist das Folgende einzuordnen.

Aber auch angesichts solcher Relativierungen besteht wohl ein Konsens über die nahezu selbstverständliche Forderung, dass jemand, der Mathematik unterrichtet, auch selbst *diese* Mathematik verstanden haben muss – diese Mathematik aber auch noch *darüber hinausgehende*, und zudem *tiefer* als es von den Lernenden erwartet werden kann. Aber bevor man versucht, dieses zu konkretisieren, gilt es noch ein vorgelagertes Phänomen zu bedenken, was sich gleichsam als bedingende Voraussetzung für dieses Verstehen mathematischer Konzepte auswirken kann: die „notwendige" Einstellung zu diesen Inhalten und Konzepten. Schreier (1995; s. o.) spricht von der erforderlichen „Liebe zur Sache" und meint damit die „zugleich konzentrierte und umfassende Sicht der Dinge" (Schreier 1993, S. 36). Winter weist bereits 1974 darauf hin, dass eine Verbesserung des Mathematikunterrichts „einen Lehrer erfordert, der selbst ein gewisses Maß an Begeisterung und fachdidaktischer Kompetenz einbringt (dem es also nicht genügt, ein Schulbuch abarbeiten zu lassen)" (Winter 1974, S. 421). Dies ist nicht selbstverständlich der Fall bei der Berufswahl des Grundschullehramts. Gemeint ist nicht, dass man hier in jedem Fall ein ausgesprochener „Fan" der Mathematik sein muss, sondern ein Phänomen am anderen Ende der denkbaren Einstellungsskala – ein Problemfeld, das in der Literatur unter dem Stichwort Mathematikangst *(math anxiety)* – auch auf Seiten von Lehrpersonen – erforscht wird (vgl. Iwers-Stelljes u. a. 2014; Lyons/Beilock 2012; Ma 1999; McAnallen 2010; Wood 1988).

Im Zusammenhang mit einer anonymen Umfrage (Iwers-Stelljes u. a. 2014) wurden in den Jahren 2011 und 2012 Erstsemester der Universität Hamburg des Lehramts Primar- und Sekundarstufe I zu Beginn der von ihnen zu belegenden Pflichtveranstaltung zur Einführung in die Mathematikdidaktik nach ihren spontanen Assoziationen zu Mathematik/Mathematikunterricht befragt (erbeten war die komprimierte Antwort in Form eines Substantivs, Adjektivs oder Verbs). Insgesamt gaben 23 % (!) der angehenden Lehrpersonen hochgradig angstbesetzte Termini an wie z. B.: Angst, Verzweiflung, Panik, Trauma, Stress, Frustration, Nervosität, Unsicherheit, Verwirrung, Ahnungslosigkeit, nervenaufreibend, schlimm, unheimlich, böse, unverständlich, kopfzerbrechend, pauken (vgl. auch Winter 2003). Solche Ängste können im Unterricht dazu führen – und zwar besonders im Kontext von gehaltvollen Lernumgebungen und heterogenen Lerngruppen mit ihren typischen Anforderungen – dass der Anspruch der Sache nicht hinreichend entfaltet wird oder die oft kreativen und ungewöhnlichen Lernwege und Argumentationen der Kinder nicht erkannt und in der Folge auch nicht so gewürdigt und eingebunden werden können, wie sie es verdient hätten. Der „quasi magische Kern" (Schreier 1995, S. 14), der in der Auseinandersetzung mit der Sache entfaltet werden sollte, kommt dann nicht zum Tragen und ist auch nicht in der Lage, „Faszination, Enthusiasmus, Interesse, Begeisterung, Aufregung, Betroffenheit, Erstaunen, Anteilnahme, Aufmerksamkeit anzustiften und die jungen Menschen vielleicht auf einen Weg zu bringen, auf dem sie den Anspruch einer reizvollen Sache vernehmen und ihm zu folgen beginnen" (ebd.). Hier muss eine Lehrperson auch Modell und Vorbild für die Lernenden sein.

Wenn also über erforderliche (Fach-)Kompetenzen von Lehrkräften nachgedacht werden soll, dann wäre bereits im Vorfeld einer Diskussion über zu fordernden konkreten inhaltlichen Kompetenzen im engeren Sinne (wie viel und welche Mathematik sollte beherrscht werden; vgl. KMK 2008) daran zu erinnern, dass von einer Lehrperson, die selbst Angst vor einem Fach hat, wohl kaum zu erwarten ist, dass sie in ihrer Klasse für eben dieses Fach Enthusiasmus und Begeisterung wecken wird. Im Gegenteil: Es ist von der Gefahr einer „Infektion" auszugehen, die zu einem Teufelskreis der Mathematik-Phobie führen kann. Dieser Teufelskreis kann nur im Rahmen der Lehrerausbildung durchbrochen werden (vgl. Mihalko; zit. in Wood 1988, S. 11). (Grundschul-)Lehrkräfte sollten also eine positivere Einstellung zum Fach Mathematik haben als es gesellschaftlich verbreitete Klischees suggerieren; und folglich sollte eine Lehrperson sich zumindest wohl damit fühlen (wenn sie es schon nicht mit Enthusiasmus tun sollte), Mathematik zu unterrichten (vgl. Wood 1988).

In der Grundschullehrerausbildung wird das erforderliche Fachwissen, zurückgehend auf Felix Klein (1924), als „Elementarmathematik vom höheren Standpunkt aus" charakterisiert. Die Grundschullehrkraft sollte also in der Lage sein, die zu unterrichtenden mathematischen Konzepte und Ideen von einer übergeordneten Perspektive aus zu verstehen, und das bedeutet vor allem, sich in ihren vielfältigen wechselseitigen Vernetzungen und unterschiedlichen Darstellungsweisen souverän bewegen zu können. Diese „Stufenerhöhung" bewusst zu machen, das fehlte Freudenthal an Kleins „Elementarmathematik vom höheren Standpunkt":

> „Ich habe einmal vorgeschlagen, ein Lehrbuch eines mathematischen Gebietes auf zwei Stufen zu schreiben – links und rechts denselben Gegenstand, links wie man ihn sich erarbeitet, rechts wie man ihn formalisiert, wenn man ihn sich erarbeitet hat. Diese Idee läßt sich beliebig verfeinern: man füge jeweils noch zwei Seiten hinzu, auf denen steht, wie der von mir Unterrichtete ihn sich erarbeitet, und wie er ihn nach der Erarbeitung formalisiert – aber es gibt ja noch viele weitere Stufen." (Freudenthal 1978, S. 73)

Im Ansatz ist ein solches Lehrbuch erkennbar in dem Band von Müller u. a. (2004). Es wäre ein den vorliegenden Rahmen sprengendes Unterfangen, die wünschenswerte Fachkompetenz durch Auflistung von Einzelinhalten beschreiben zu wollen. Denn erstens wurden dazu bereits an anderen Stellen Vorschläge gemacht (KMK 2005; KMK 2008; Bender u. a. 1999) und zweitens liegt es auf der Hand, dass es hierzu reichlich Diskussionsanlässe für und wider bestimmte Inhaltsbereiche geben könnte.

Wir versuchen uns also auf andere Weise einer Antwort zu nähern und greifen auf eine Forderung Freudenthals zurück, der die Beziehungshaltigkeit als fundamentales Charakteristikum der Mathematik betont: „Von der Mathematik, die man unterrichtet, habe ich [...] gefordert, sie sei *beziehungshaltig* [...]. Ich möchte auch an die Lehrerausbildung diese Forderung stellen" (Freudenthal 1978, S. 71 f.).

Ähnlich wie es im Unterricht nicht um die lineare Abarbeitung von Einzelinhalten gehen darf („Stundenhalten"), so sollte auch das Fachwissen der Lehrpersonen nicht als vorrangig additiv zusammengesetzte, isolierte Fakten verstanden und erworben sein, sondern die vielfältigen Beziehungen und strukturellen Relationen zwischen mathematischen Konzepten transparent und verfügbar machen. Man kann dies als logische Analogie zu jenen Lernumgebungen verstehen, die den Schülerinnen und Schülern im Rahmen gehaltvoller Lernumgebungen angeboten werden müssen. Denn auch dabei geht es ja nicht um das Abarbeiten unzusammenhängender Aufgaben-Plantagen, sondern um das Netzwerk von Mustern und Strukturen.

Könnte man davon ausgehen, dass die Grundschullehrperson die Inhalte der Mittelstufenmathematik (Klassen 5 bis 10) souverän beherrscht und ebenso jene Inhalte der elementaren Zahlentheorie, dann wäre in gewisser Weise schon eine tragfähige Grundlage gegeben. Unsere Erfahrungen in der Lehreraus- und -fortbildung zeigen aber, dass dies durchaus nicht selbstverständlich ist (man denke auch an die hohen Anteile fachfremd erteilten Mathematikunterrichts). Ein vielleicht wesentlicheres Problem sehen wir aber darin, dass unserer Erfahrung nach zwar die (formalen) Inhalte abrufbar sein können, als solche aber in strikt „subjektiven Erfahrungsbereichen" (Bauersfeld 1983a) voneinander isoliert stehen. Was in einer bestimmten „Schublade" abgelegt ist, wird nicht in Beziehung zu anderen Konzepten oder Kontexten erkannt und kann daher auch nicht flexibel in anderen Zusammenhängen genutzt werden. Dies aber wäre gerade im Rahmen von gehaltvollen Lernangeboten und substanziellen Problemstellungen oder Erkundungsaufträgen vonnöten. Denn „[s]peziell der Bereich der natürlichen Zahlen, um den es ja in der Grundschule im Wesentlichen geht, ist bereits derartig strukturiert und weist einen solchen Beziehungsreichtum auf, dass er einerseits ein hinreichend weites Betätigungsfeld für die verschiedensten intellektuellen Grundtätigkeiten liefert, die auch sonst (in der alltäglichen, beruflichen, öffentlichen und wissenschaftlichen Denkpraxis) eine bedeutsame Rolle spielen, und dass er andererseits nicht en passant, sondern nur in intensiver Auseinandersetzung erfaßt werden kann" (Winter 1974, S. 417).

Beziehungsreichtum und intellektuelle Grundtätigkeiten realisieren sich aber nicht von selbst, sie bedürfen vielmehr bewusster (metakognitiver) Anregung, damit sie zur Erweiterung und Vertiefung des „intellektuellen Werkzeugkastens" werden können. Und Lehrpersonen, die ihre Schülerinnen und Schüler dazu anleiten wollen, müssen zuvor auch selbst entsprechende Erfahrungen erlebt haben – eine Aufgabe der Lehrerbildung also.

3.4.2 Moderationskompetenz

Kinder dürfen durch Differenzierungsmaßnahmen nicht alleine gelassen werden, sich gegebenenfalls durch die individuelle (Zufalls-)Auswahl zu schlichter oder beliebiger Anforderungen permanent unterfordern und dann dadurch – bewusst oder unbewusst – wirklichen Anforderungen ausweichen. Die Fähigkeit, sich selbst in seinem Leistungsvermögen realistisch einzuschätzen und entsprechende Lernangebote auszuwählen, lernt man aber nicht von alleine oder automatisch dadurch, dass man häufig genug selbst auswählen darf. „Müssen wir heute wieder machen, was wir wollen, oder dürfen wir tun, was wir sollen?" ist so ein karikierender Satz über ein nachdenkenswertes Phänomen. „Entdeckendes Lernens" bedeutet nicht die Abwesenheit von Einflussnahme oder dass die Kinder spontan, assoziativ, ungeordnet und ziellos drauflosaufen und dabei (hoffentlich) irgendetwas entdecken. Sie benötigen eine angemessene, professionell begründete, didaktische Rahmung, um tatsächlich Lernchancen wahrnehmen zu können, die in einem tieferen Eindringen in den mathematischen Kern liegen. Und hier besteht eindeutig eine Verantwortung der Lehrperson (vgl. auch Kapitel 7), wobei sich die Freiräume für die Lernenden *innerhalb dieser Rahmung* ergeben können und müssen. Für eine solche Art der Lernbegleitung braucht die Lehrperson eine angemessene Moderationskompetenz, auf die wir im Folgenden näher eingehen werden.

Mathematische Gespräche oder Diskurse unter den Lernenden anzuregen und aufrecht zu erhalten, ist keine leichte Aufgabe – weder für die Lehrperson in ihrer Moderatorenrolle, noch für die Kinder, die eine stärker selbstgesteuerte Kommunikation auch erst lernen müssen und dazu Anspruch auf eine professionelle Begleitung durch die Lehrperson haben (vgl. Götze 2010a/b). „Ein solches Unterrichtsgespräch ist wohl das Schwierigste, wenn es wirklich gelingen soll. Es erfordert hohe Konzentration und die höchst anspruchsvolle Aufgabe, viele gleichzeitig zu interessieren und auf einem ihnen verständlichen Niveau zu agieren, ohne sie zu langweilen" (Schütte 2008, S. 182). Zwar sind Organisationsformen wie Gruppen- oder Partnerarbeit oder Mathekonferenzen weitgehend üblich, „Jedoch zeigen Untersuchungen, dass Lehrkräfte es häufig nicht schaffen, die Gesprächsleitung auch den Kindern zu überlassen. [...] Dies hat leider auch zur Folge, dass die Kinder eher passiv bleiben und das Frage-Antwort-Spiel der Lehrerin bzw. des Lehrers bereitwillig mitmachen, ohne aber sonderlich viel zu verstehen [...]. Dagegen zeigen andere Forschungsbefunde [...], dass eine behutsame Moderation und Begleitung der Gespräche der Kinder zu einem recht großen Lernfortschritt führen kann" (ebd., S. 13). Wir werden auf die Anforderungen einer Plenumsmoderation in Kapitel 7.6 noch ausführlich eingehen.

Unterschwellige Ängste vor dem „Frontalunterricht"?

„Wir haben die gemeinsamen Plenumsphasen hier weitgehend abgeschafft – zugunsten einer konsequenten Individualisierung des Lernens." – Mit diesem erläuternden Satz wurden wir kurz vor Betreten einer dritten Klasse auf das Geschehen vorbereitet, das wir dann während des folgenden Unterrichtsvormittags miterleben durften. Das Geschehen erinnerte (abgesehen vom kaum ausgeschöpftem mathematischem Substanzgehalt) sehr an die von Bartnitzky (2009) beschriebenen Phänomene eines Unterrichtsverständnisses, das einer Abschaffung des sozialen Lernens „zugunsten" einer Isolierung in Form individualistischen Lernens gleichkam. Bartnitzky nennt dies ein weiteres Missverständnis beim Prinzip der Individualisierung: Aus dem diagnostischen Befund der Verschiedenheit werde die didaktische Konsequenz gezogen, dass jedes Kind individuell und alleine lernt. Nach diesem Prinzip seien viele Materialien aufgebaut. Dabei verkürze diese Vereinzelung die didaktischen Möglichkeiten und bringe die Kinder um notwendige Anregungen und Lernchancen (vgl. ebd., S. 213).

Oberflächlich betrachtet machte die Klasse einen geschäftigen Eindruck: Man saß entweder über irgendeinem selbstgewählten Arbeitsblatt, „Erledigtes" wurde in Strichlisten abgehakt, einzelne Kinder „halfen" anderen usw. Dieser Unterricht konkretisierte und bestätigte die generelle Einschätzung, dass „‚individuelle Förderung' oftmals gleich gesetzt [wird] mit einer auf das einzelne Kind bezogenen, isolierten Bearbeitung von nach Schwierigkeitsgraden gestuften Rechenaufgaben bzw. Lernheften. Wenn in diesem Kontext ein Kind Schwierigkeiten beim Mathematiklernen zeigt, wird ihm häufig mehr Zeit für die Bearbeitung von Aufgaben zugesprochen. Hingegen wird eine inhaltlich spezifischere, das System des Mathematikunterrichts reflektierende und das einzelne Kind stärker in den Blick nehmende Förderung im regulären Unterricht kaum explizit aufgegriffen" (Häsel-Weide/Nührenbörger 2012, S. 6). Mathematische Gespräche und Diskurse, die über den Austausch von Rechenwegen und -ergebnissen hinausgehen und statt dessen auf eine Verständigung über mathematische Erkenntnisse und Zusammenhänge zielen, finden hingegen kaum statt, obwohl gerade dies von zentraler Bedeutung für die Begriffsbildung und das Mathematiklernen überhaupt wären (vgl. ebd. sowie Nührenbörger/Schwarzkopf 2010; Steinbring 2000).

Um kein Missverständnis aufkommen zu lassen: Die Beschäftigung mit (gehaltvollen) Arbeitsblättern – durchaus auch einmal alleine –, die Förderung der Bewusstheit des Lernens und von Arbeitstechniken, das gegenseitige Helfen – all dies entspricht guten Intentionen und wichtigen pädagogischen Anliegen. Wir wollen dies alles also gar nicht grundsätzlich kritisieren. Was wir für diskussionswürdig halten, ist aber jene „Beschwörung von Eigenverantwortlichkeit" (Felten 2010b), die zum Selbstzweck und dergestalt dogmatisiert wird, dass der Anspruch der Sachen ebenso dahinter verschwindet, wie das Recht der Kinder auf eine anregungsreiche Lernumgebung und ein gemeinsames „Ringen um die Sachen". Wir wollen z. B. bezweifeln,

- dass eine jenseits von „Lernlüsten" *begründete Auswahl* stattfinden kann, wenn z. B. – wie in der genannten Klasse beobachtet – Mira einen dicken Leitz-Ordner mit in Prospekthüllen eingetüteten, aus Arbeitsheften und

Schulbüchern herausgetrennten Seiten durchblättert (das Arbeiten mit einem Schulbuch ist in dieser Schule eher verpönt), so geschwind, dass kaum erkennbar ist, was die einzelnen Seiten enthalten, und ihre Nachbarin Lea hektisch blätternd fragt: „Was ist denn hier einfach …?" Irgendwann fährt Leas Hand dazwischen mit dem Ausruf „Das!" Woraufhin Mira das Blatt entnimmt und alleine an ihrem Platz „bearbeitet", was bedeutet, es unvollständig und zum Teil falsch auszufüllen, in den Ordner zurückzuheften und an einem großen Wandposter als „erledigt" abzuhaken;

- dass Kinder auf diese Weise von sich aus und – wenn nicht regelhaft so doch hinreichend oft – tiefer in den mathematischen Sachverhalt und seine relationalen Strukturen eindringen;
- dass diese Praxis[9] auch nur in Ansätzen das Postulat des „sozialen Lernens" (so, wie es an sich gemeint wäre; vgl. S. 86 f.) einlöst.

Wie aber kommt es zu derartigen Phänomenen, die kein Einzelfall sind, auch wenn das konkrete Beispiel vielleicht überdeutlich zeigen mag, dass „der plausible Trendbegriff ‚Individuelle Förderung' […] vor technokratischer Entartung nicht sicher [ist]" (Felten 2010a)? Gewiss lässt sich die Situation nicht monokausal erklären. Mehrere Facetten können dazu beitragen. Lehrkräfte, mit denen wir gesprochen haben, nannten häufig folgende Deutungshypothesen:

- eine nach eigenem Empfinden nicht hinreichende eigene Fachkompetenz (vgl. Kapitel 3.4.1): „Angst und Respekt vor diesen Aufgabenformaten", nannte eine Kollegin im Interview eines Erprobungsberichts als eine aus ihrer Sicht spezifische Schwierigkeit für eine breite Implementierung der Arbeit mit substanziellen Lernumgebungen und arithmetischen Aufgabenformaten;
- den Mangel an ihnen bekannten Alternativen inhaltlicher und/oder methodischer Art: Haben die Kolleginnen und Kollegen vielleicht auch das Gefühl, gar keine Differenzierung realisiert zu haben, wenn sie nicht in klassischer Weise (vgl. Kapitel 2) Arbeitsblätter und Lernkarteien einsetzen?;
- den organisatorischen Aufwand, den „angesagte" (z. B. in manchen Fortbildungen postulierte) Empfehlungen im Unterrichtsalltag bedeuten und der nicht selten die Frage nach dem Verhältnis von Aufwand und Effekt hervorruft;
- den Belastungsgrad durch behördlich verordnete, z. T. unzulänglich vorbereitete Maßnahmen, Projekte, Reformvorhaben, die immer weniger Kraft für das als „Kerngeschäft" verstandene Unterrichten lassen;
- die vor diesem Hintergrund empfundene (physische wie psychische) Entlastungsfunktion eines zumindest „modern" aussehenden Unterrichts, wie er oben exemplarisch beschrieben wurde, weil dieser mit angesagten Schlag-

9 Es war kein zufälliger Einzelfall an unserem Besuchstag, sondern programmatische Überzeugung (Schulprogramm), wie die Gespräche mit Lehrkräften der in der Öffentlichkeit als „Vorzeige-Schule" bekannten Einrichtung deutlich machen konnten.

wörtern belegt und öffentlichkeitswirksam (beispielsweise auf Elternabenden) beschrieben werden kann.

- die Befürchtung, sich anderenfalls dem (imaginären oder realen) Vorwurf ausgesetzt zu fühlen, „altmodischen Frontalunterricht" zu machen. In einer Fortbildungsveranstaltung formulierte eine Teilnehmerin Bedenken, ob diese Form der Unterrichtsgestaltung dem Trend zu kooperativen Lernformen widerspräche, da sie in der Phase der Ergebnissicherung Strukturen des Frontalunterrichts annähme und dies im Rahmen der Beurteilung des Unterrichts nach dem Standardfragebogen der Qualitätsanalyse negativ zu Buche schlagen würde[10].

Ein Plenum als Phase gemeinsamen Lernens wird oft vorschnell mit dem Schlagwort Frontalunterricht assoziiert. Und dieser wiederum gilt als *das* Merkmal eines überholten Unterrichtsverständnisses, mit dem man sich ungern identifiziert – zumindest nach außen hin und „offiziell". Dies mag dann auch die Ursache für eine – dann besonders betonte und übergebührliche – Abwertung von Plenumsphasen sein, wie wir sie oben zitiert haben, wo vermutlich das Kind mit dem Bade ausgeschüttet wurde.

In Plenumsphasen geht es aber um weit mehr als bloße Ergebnisvergleiche oder knappe Beschreibungen von Lösungswegen, wie wir sie aus traditionellen Phasen der „Sicherung und Lernkontrolle" bekannter Artikulationsschemata kennen. Und es geht auch um mehr als (nur) die abschließende Formulierung emotionaler Befindlichkeiten: Dass Kinder „gerne an den Aufgaben gearbeitet haben", dass ihnen „besonders gefallen hat, dass sie selbstständig arbeiten durften" und „dass sie handelnd aktiv waren", das alles sind *auch* relevante Rückmeldungen im Rahmen eines Abschlussplenums, es sollten aber nicht die einzigen und vorrangigen sein. Emotionale Ansprache im Sinne von Motivation *kann* auch aus der Sache entstehen und begründet werden.

Daher kommt einer sachgerechten Moderation eine besondere Bedeutung zu. Diese kann nur von Lehrpersonen mit fachlicher und fachdidaktischer „Übersicht" geleistet werden. Moderation bedeutet nicht Dominanz und Lenkung! Es geht nicht darum, dass die Lehrperson *ihren* Weg und *ihr* Lehrziel verfolgt und dazu gegebenenfalls auch bereits „Versatzstücke" aus Schülerbeiträgen aufgreift und einbaut (vgl. das Trichtermuster von Bauersfeld 1983b), die diesem Weg entsprechen (und *nur* diesem), was man gegebenenfalls durch Hilfsmittel wie Tippkarten zu unterstützen versucht (vgl. Kapitel 7.5; auch das Material von Trautmann 2003 in Kapitel 2.2.6). Solche gut gemeinten aber nicht unbedingt guten Hilfen haben entscheidenden Einfluss auf die Lernprozesse:

10 Eine interessante Frage: Mit welcher Einstellung und mit welchen Wertmaßstäben sehen und beurteilen die Teams von Schulinspektionen, die nicht ausnahmslos auch mit mathematikdidaktischen Expertinnen und Experten der Grundschule besetzt sind, solche Phasen?

- Sie weisen (mehr oder weniger suggestiv) den Weg zum erwarteten Ergebnis,
- sind häufig auf Eindeutigkeit ausgelegt (wo gerade Mehrdeutigkeit notwendig wäre), und
- sie umgehen das Stutzen der Kinder.

Demgegenüber sollte aber eine produktive Moderation im Auge haben, individuelle Konzepte der Lernenden in den Mittelpunkt zu stellen und zu ihrer Diskussion, Begründung und Überprüfung zu ermuntern. Hierzu sind geeignete Impulse wichtig, echte Fragen, bis hin zu fachlichen „Provokationen". Den Lernenden alle Steine aus dem Weg zu räumen, mag in guter Absicht geschehen, ist aber keine gute Praxis, denn die Mobilisierung von Kontroversen in fachlichen Diskursen, z. B. durch Anführen von Gegenbeispielen, durch den Aufbau von Widersprüchen und Ähnlichem, ist weitaus lernintensiver und verführt eher zum Nachdenken als die allzu glatt verlaufenden Inszenierungen des Hinterherdenkens.

In Kapitel 3.6 wird anhand zweier Unterrichtsbeispiele *(Welche Zahl passt nicht zu den anderen?* bzw. *Zahlenfolgen*) gezeigt, dass eine Aufgabenstellung je nach individueller Betrachtungsweise („Rahmung") nicht nur sehr unterschiedlich aufgefasst werden kann (von den Kindern und auch der Lehrperson), sondern unter Umständen auch sehr unterschiedliche Lösungswahrscheinlichkeiten bedeuten kann. Lehrpersonen können aufgrund ihrer Ausbildung auch Rahmungen aus ihrer fachwissenschaftlichen und/oder fachdidaktischen Interaktionspraxis aktivieren. Schülerinnen und Schüler bringen ihre Rahmungen aus vorausgegangenen Unterrichtserfahrungen, aber auch aus außerschulischen Bereichen ein (Schütte 2009). Man mag nun dazu tendieren, solche Situationen – man nennt sie *Rahmungsdifferenzen* – zu vermeiden und entweder bereits bei der Unterrichtsplanung oder in der konkreten Situation Vorsorge zu treffen, dass alle das gleiche unter einem Sachverhalt oder einer Fragestellung verstehen. Eindeutigkeit und Unmissverständlichkeit sind schließlich wertgeschätzte Merkmale. Es tut dieser grundsätzlichen Wertschätzung allerdings keinen Abbruch, wenn wir im vorliegenden Zusammenhang eine andere Empfehlung geben wollen. Rahmungsdifferenzen sind nämlich für Lernprozesse keine Hindernisse oder zu vermeidende Phänomene, sondern durchaus *wertvoll*, weil sie zum einen die subjektiven Konzepte der Lernenden ernst nehmen und zur Grundlage von Lernprozessen machen und zum anderen eine ideale Basis für wichtige fachliche Diskurse darstellen (vgl. Kapitel 7.6). Krummheuer (1992) hat unterschiedliche Rahmungsdifferenzen herausarbeiten können, die zum Teil ungünstig für den Fortgang der Interaktion und damit des Lernprozesses sein können (aufgeschobene sowie übergangene Rahmungsdifferenz, ebd., S. 71 ff.; zerstörerische Rahmungsdifferenz, ebd., S. 83 ff.). Die Wahrscheinlichkeit eines negativen Einflusses ist besonders dann zu erwarten, wenn Rahmungsdifferenzen nicht ausdrücklich thematisiert werden. Gleichzeitig liegt aber gerade darin auch der potenzielle Schlüssel für einen *lernförderlichen* Umgang mit Rahmungsdifferenzen. Die bewusste Thematisierung und Aushandlung unterschiedlicher Deutungen eines Sachverhaltes im Rahmen eines mathematischen Diskurses eröffnet die Chance für eine *koordinierte* Rahmungsdifferenz (ebd., S. 100 ff.). Diese

> „zeichnet sich dadurch aus, dass eine Koordination zweier Rahmungen stattfindet. Diese wird im Interaktionsverlauf zunehmend enger gestaltet, sodass sich die einzelnen Rahmungen gegen Ende soweit angenähert haben, dass sie sich kaum noch unterscheiden. Das Ergebnis ist eine interaktiv hervorgebrachte, als gemeinsam geteilt geltende Deutung, die die anfänglichen Rahmungen der Beteiligten überschreitet, sodass über einen hohen Grad subjektiver Überzeugtheit bei den Beteiligten die Bedingungen für einen kollektiven Lernprozess optimiert wurden." (Schütte 2009, S. 68)

Der Erziehungswissenschaftler Gudjons hat sich viele Jahre mit Unterrichtsmethoden, insbesondere auch dem Frontalunterricht, beschäftigt. Er schreibt zu einem veränderten Verständnis dieser Unterrichtsform: „Meine These ist, dass Frontalunterricht sinnvoll und unverzichtbar ist, wenn er erstens in Unterrichtsformen integriert ist, die Eigentätigkeit, Selbstverantwortung, Selbststeuerung und Kooperation der Lernenden fördern, und wenn er zweitens im Rahmen dieser Integration als wichtige Phase eigenständige didaktische Funktionen hat und drittens modern und professionell gestaltet wird" (Gudjons 2004, S. 23).

Die Bedeutung der Eigenaktivität ist auch in der Mathematikdidaktik unbestritten und breit ausgearbeitet in der Literatur zu finden. Die beiden weiteren Punkte von Gudjons sind als solche zunächst plausibel, bedürfen aber zweifellos noch einer Konkretisierung, da hierunter durchaus unterschiedliches verstanden werden kann. Der Autor deutet neue Rollen der Lehrperson an: „Instruieren, Anleiten, Führen, Unterweisen stehen gleichberechtigt neben zurückhaltendem Beraten, Helfen, Ermutigen und Unterstützen" (Gudjons 2004, S. 24). Aus mathematikdidaktischer Sicht wäre uns das zum einen zu wenig und zum anderen auch noch zu wenig konkret. Hier wäre also weiter, gezielt durch eine mathematikdidaktische Brille zu fragen: An welche didaktischen Funktionen wäre zu denken, und was bedeutet eine moderne und professionelle Gestaltung? Auf diese Fragen werden wir genauer in Kapitel 7.6 eingehen.

Fassen wir zusammen: Es geht keineswegs um die Wiederbelebung einer traditionellen Methode, sondern um ihre Adaption durch eine neue *Funktionsbestimmung* mit dem vorrangigen Ziel einer Wiederbelebung des *Sachanspruchs*. Denn es ist gerade die Plenumsphase „neuen Zuschnitts", die ein tieferes Eindringen in den mathematischen Kern überhaupt erst ermöglicht, denn Kinder werden und können kaum von sich aus tiefer in die Materie eindringen, weil es dazu eines Blickes vom höheren Standpunkt bedarf. Anders ausgedrückt: Hier ist eine professionelle Moderation durch die Lehrperson nicht nur faktisch unabdingbar, sondern auch weitaus besser möglich, als in den (aus anderen Gründen unentbehrlichen) Aktivitätsphasen der Kinder (einzeln oder in Kleingruppen). Eine sachgerechte Moderation in diesem Sinne gehört sicherlich zu den anspruchsvollsten Aufgaben des Unterrichtens, denn sie erfordert sowohl vertiefte fachliche Kompetenzen als auch ein Gespür für den richtigen Moment und den angemessenen Impuls – und dies jeweils im situativen Vollzug, also spontan und ohne die Zeit für lange Überlegungen.

Um die unterschätzte Bedeutung fachlicher Diskurse im Unterricht zu rehabilitieren, werden im Folgenden Begründungsaspekte aus der Fachdidaktik sowie aus der *Psychologie* und der *Soziologie* zusammengefasst.

Individuelles und soziales Lernen

Im Rahmen der sogenannten Kognitiven Wende hat sich die Psychologie in den 1970er- und 1980er-Jahren von einer bis dato vorherrschenden behavioristischen Orientierung (Stichwort: Reiz-Reaktions-Lernen) hin zu einem konstruktivistischen Verständnis entwickelt. Lernen wird nicht mehr als von außen determinierbar verstanden, sondern als konstruktiver Prozess des lernenden Individuums, das selbst, eigenaktiv Bedeutungen und Wissen generiert. In seiner konsequentesten Form, als sogenannter *radikaler Konstruktivismus*, lässt dies allerdings kaum Möglichkeiten für Beeinflussungen von außen und damit auch für den Unterricht zu. Ein gemäßigteres Verständnis, der *soziale Konstruktivismus*, versteht Lernen hingegen als einen Prozess, der zwar Bedeutungsgenerierung als einen kognitiven Akt des Individuum propagiert, wobei dieser aber von außen, durch sozialen Austausch, angeregt und beeinflusst werden kann. „Sowohl der radikale wie der soziale Konstruktivismus sind adäquate Lerntheorien für den Mathematikunterricht, aber die erstgenannte überbewertet die individuelle Perspektive auf Kosten sozialer Aushandlungsprozesse" (Ernest 1994, S. 327; Übersetzung GKr/PS). Im Zusammenhang mit dem Individualisierungsgedanken wird gerne mit konstruktivistischen Schlagworten operiert. Übersehen wird dabei leicht, dass Mathematiklernen in der mathematikdidaktischen Forschung durchaus „nicht mehr als ein ausschließlich individueller, mentaler Konstruktionsprozess des Kindes angesehen, sondern als ein Lernprozess, in dem die soziale Interaktion und Kommunikation mit anderen zentral für die Entwicklung des mathmatischen Wissens ist" (Schülke/Söbbeke 2010, S. 21).

Zur *Forscher-Metapher* und zu den Zielen des Mathematikunterrichts gehört es auch, den Lernenden ein authentisches Bild des Faches nahezubringen und typische Arbeitsweisen von Mathematikerinnen und Mathematikern erlebbar zu machen („learning to be mathematical"; Burton/Morgan 2000, S. 450). Daher muss der Unterricht auch die Fähigkeit fördern, Wissen und *Prozesse des Wissenserwerbs* im Sinne des sozialen Lernens und des *Aushandelns von Bedeutungen* „zur Sprache" zu bringen und an gemeinsamen *mathematischen Diskursen* teilzunehmen. Wenn hingegen bei „Gesprächsrunden" am Ende einer Stunde oder eines Unterrichtsvormittags im Wesentlichen emotionale Gestimmtheiten oder allgemein-organisatorische Beschreibungen über das Getane oder Erlebte zur Sprache kommen („Wie hat es euch denn gefallen?" oder „Und woran möchtest du beim nächsten Mal weiterarbeiten?"), dann entspricht dies einem eher reduktionistischen Verständnis dessen, was soziales Lernen an sich meint.

Abbildung 3.9: Gemeinsames Lernen

Aus soziologischer Sicht ist das *gemeinsame* Lernen von und miteinander, an gemeinsam geteilten Inhalten, eine *unverzichtbare Voraussetzung* für zeitgemäßes Lernen allgemein. Miller (2006, S. 200 ff.) sieht im sozialen Diskurs einen bedingenden Faktor für Lernprozesse; das bedeutet: Lernen *kann* sich nur dann in wünschenswerter Weise (effektiv und nachhaltig) ereignen, wenn die Lernenden (unter sachkundiger und fachdidaktisch professioneller Moderation der Lehrperson) in einen argumentativen Austausch treten – und zwar über die Prozesse der Wissensgenerierung und nicht erst und nur über die fertigen Produkte. Miller unterscheidet grundsätzlich zwei Typen des Wissens und Lernens:

- **Kumulatives Wissen:** Beispiele für diesen Typ sind etwa das Vokabellernen oder das Auswendiglernen eines Gedichtes. In einem zeitgemäßen Mathematikunterricht sind solche Fälle eines Faktenlernens eher unterrepräsentiert. Natürlich gibt es nach wie vor und zurecht zu automatisierende Grundfertigkeiten (das Einspluseins, das Einmaleins, die Algorithmen), aber auf die Breite der inhaltlichen und vor allem allgemeinen mathematischen Kompetenzen der Bildungsstandards hin gesehen (KMK 2005) stellen diese Bereiche einen eher kleinen Anteil dar. Tatsache ist aber, dass ein solches kumulatives Wissen durchaus vom Individuum alleine (monologisch) gelernt werden kann. Hier zeigt sich auch eine Verbindung zum traditionellen Unterrichtsverständnis: Ein fertigkeitsdominierter Unterricht, der zudem primär auf inhaltliche Lernziele fokussiert, ist so gesehen weniger auf argumentative Diskurse angewiesen. Umgekehrt kann man daraus lernen: Ein Unterricht, der zwar heute im modernen Gewand daherkommt, Individualisierung aber mit isoliertem Lernen verwechselt (jedes Kind macht irgendetwas anderes, Plenumsphasen werden abgeschafft) und sich im Wesentlichen auf Fertigkeitsschulung begrenzt, statt die allgemeinen mathematischen Kompetenzen ausdrücklich zu fördern, folgt genau jener Dominanz (und den Beschränkungen) eines kumulativen Lernens und ist daher, entgegen seiner äußeren Anmutung, eher ein sehr konservativer und rückschrittlicher Unterricht. Interessant erscheint übrigens auch die Tatsache, dass selbst dieses kumulative Lernen oft nur dann effektiv und nachhaltig stattfinden kann, wenn zuvor strukturelles oder fundamentales Wissen (s. u.) stattgefunden hat!

- **Strukturelles/fundamentales Wissen** demgegenüber kann notwendiger Weise nur im sozialen Austausch mit anderen, also im Rahmen argumentativer Diskurse stattfinden. „Nur in kollektiven Argumentationen entwickeln sich für die daran Beteiligten diskursive Kontexte der Entdeckung neuer Überzeugungen und neuen Wissens [...] und zwar durch Momente gegenseitiger Differenzen, des Missverstehens und der Irritation" (Schülke/Söbbeke 2010, S. 21; vgl. auch Schülke 2013).

In diesem Sinne muss im Unterricht die Sache zur *Sprache* kommen, und die *Sache* muss zur Sprache kommen. Es geht also darum, überhaupt darüber zu reden (Betonung auf *Sprache*); zum anderen um die Inhalte (die *Sache*) und nicht irgendetwas, über das geredet wird. Beides miteinander in fruchtbare Verbindung zu bringen, ist eine der besonderen und besonders anspruchsvollen Aufgaben der Lehrperson, die solche argumentativen Diskurse sach- und kindgerecht moderiert – mathematisch wie sprachlich gehaltvoll und lernwirksam (vgl. Kapitel 7.6). „Der argumentative Widerstreit zwischen verschiedenen Mathematisierungen und das Ringen um ein gemeinsames Problemverständnis sind wichtiger als der glatte Unterrichtsverlauf, der direkt zu einer Lösung führt" (Voigt 1994, S. 12). Wie lässt sich dieses Ansinnen aber im Unterricht umsetzen und vor allem erst einmal lernbar machen?

Geäußerte und verinnerlichte Gespräche

Hollenstein (1996) macht bereits durch den Titel seines Arbeitspapiers (kognitive Aspekte sozialen Lernens) deutlich, dass „soziales Lernen" nicht nur die affektive Seite von Lernprozessen meint (vgl. Kapitel 2.3), sondern essenziell eine kognitive Komponente hat: „So wie Aebli (1980) in Anlehnung an die Genesis schreibt: ‚Am Anfang war die Tat ... und nicht das Wort', könnte man Wertsch die Aussage ‚Am Anfang war das Sprechen über die Tat' in den Mund legen. Sprechen über ... ist äußerlich wahrnehmbare Reflexion und zugleich Denken in ursprünglicher Form" (Hollenstein 1996, S. 3; Hervorhebung im Original). Damit ist Kommunikation auch eine unerlässliche Voraussetzung für das Lernen. „Nicht das Individuum, sondern die Gruppe, der thinktank, wird als schöpferische Einheit gesehen" (Hollenstein 1997, S. 243). Bedeutungen werden also im Rahmen kollektiver Deutungs- und Aushandlungsprozesse aufgebaut. Bachtin (nach Hollenstein 1996, S. 8 f.) unterscheidet dabei zwei grundsätzliche Genres von Stimmen:

- **Autoritative Stimmen:** Sie gehen von festliegenden Bedeutungen einer Äußerung aus. Dies kann z. B. die „offizielle" Deutung sein, wie sie ein Schulbuch suggeriert oder wie sie von der Lehrperson erwartet und gegebenenfalls in Form des Trichtermusters (Bauersfeld 1983b) interaktiv „hergestellt" wird. Sachbildern in Schulbüchern wird z. B. häufig eine eindeutige Bedeutung unterstellt, wenn nach dem „passenden Zahlensatz" gefragt wird. Eindeutigkeit wird unterstellt, ist aber de facto oft nicht vorhanden, wie die Arbeiten von Voigt (1990 und 1993) oder Neth/Voigt (1991) immer wieder gezeigt haben. Die Kommunikationen mit autoritativen Stimmen sind univocal. Sie tangieren die Tiefenstruktur der Bedeutungen nicht, und wollen dies auch nicht, da die Bedeutung für fixiert erachtet wird. Informationen werden gemäß dem Sender-Empfänger-Modell übertragen, welches bei üblichen Störungen des Übertragungskanals (von solchen Störungen gibt es im Unterricht eine Menge) entsprechendes Nachsteuern erforderlich macht, damit die angestrebte Bedeutung hergestellt wird.

- **Innerlich überzeugende Stimmen:** Diese sind nichtautoritativ, stets mehrstimmig (s. o.), dialogisch ausgerichtet, setzen die Veränderbarkeit von Bedeutung (also Lernen) voraus und streben diese auch an – entweder durch verinnerlichte oder durch externe, mit anderen Mitlernenden oder lehrenden Personen geführte Dialoge.

> „Ich behaupte nun, dass nichtautoritative Lösungsvorschläge Aufforderungscharakter zum Weiterspinnen des Fadens aufweisen. Aus dieser Sicht gewinnt die alte, gestaltpsychologische Aussage neue Bedeutung, wonach das Ganze mehr als die Summe der Teile sei: Wie in einer Diskussion zwischen Individuen Wissen entsteht, das in den Gesprächsteilnehmerinnen und -teilnehmern isoliert nicht entstehen würde, so gewinnt das Zusammenspiel der Stimmen im Geist eines Menschen eine Qualität, die in der Summe der Einzelstimmen nicht zu finden wäre." (Hollenstein 1996, S. 9)

Ein Individuum, das in effektiver Weise „alleine" lernen kann, hat das soziale Interagieren in seine individuell ablaufenden Denkprozesse *verinnerlicht*, als *inner speach*. Es „simuliert" gleichsam intern Dialoge, an dem verschiedene Stimmen und ihre unterschiedlichen Perspektiven in einem kommunikativen Zusammenspiel beteiligt sind. Hollenstein beschreibt diese Metapher des inneren Gesprächs anhand des „Orchestermodells" aus einem sprachdidaktischen Ansatz von Baer u. a. (1994) in Form von neun Stimmen (Ausführungsinstanzen/Agenten), die jeweils spezifische und im Folgenden genannte Aufgaben oder Funktionen übernehmen:

- Analyse der Problemstellung und Klärung der Ziele;
- Neues Zusammenbauen bekannter Sachverhalte (verantwortlich für die semantische Struktur; diese Stimme ist stark auf die Kooperation mit den anderen Stimmen angewiesen);
- Sprachliche Codierung (verantwortlich für die syntaktische Struktur; logische Abfolge der Gedankengänge und adäquate Formulierung);
- Externe Repräsentation (Darstellung des Ergebnisses in Form von Skizzen, Texten oder anderen Darstellungsformen);

- Kritische Evaluation (diese Stimme mahnt zur permanenten Prüfung, z. B. auch gegenüber antizipierbaren, vorweggenommenen Einwänden anderer Stimmen);
- Sachklärung;
- Befindlichkeit des Individuums;
- Internale Repräsentation der Inhalte;
- Exekutive (koordiniert die Aktivitäten der verschiedenen Stimmen).

Im Unterrichtsmodell von Baer u. a. (1994) werden diese Stimmen (Aufgaben) des Szenarios zwecks Förderung der metakognitiven Bewusstheit zunächst von *verschiedenen Schülern konkret als Rolle übernommen.* „Durch Wechseln der Rollen und zunehmende Verkleinerung der Spielgruppe – ein Mitspieler verkörpert mit jedem Durchgang mehr Stimmen – wird das Modell systematisch verinnerlicht" (Hollenstein 1996, S. 13). Eine vorrangige Verantwortung der Lehrperson im Unterricht bestünde darin, auf der Grundlage ihres mathematischen Fachwissens die Lernprozesse dergestalt zu moderieren und zu *orchestrieren*, dass sie der Vielstimmigkeit des Dialogs zur Geltung verhilft und Mehrdeutigkeiten und Deutungsdifferenzen nicht vorschnell einer verordneten, „univocalen" Eindeutigkeit zuführt (vgl. Wertsch 1991, S. 76 ff.).

Wir wollen dieses Orchester-Modell zur Verdeutlichung mit einer anderen verbreiteten Praxis kontrastieren: Zahlreichen methodischen Empfehlungen für die Unterrichtsgestaltung aus der pädagogischen Literatur ist häufig eine gewisse *Inhaltsfreiheit* gemeinsam. Bei Biethan u. a. (2012) z. B. finden sich Anregungen für eine Palette von neun, als Mindeststandard bezeichneten Methoden für Lehr-Lernsituationen: Lehrervortrag, Unterrichtsgespräch, Denken – Austauschen – Besprechen, Kontrolle im Tandem, Gruppenpuzzle, Nummerierte Köpfe, Drei-Schritte-Interview, Lernen an Stationen, Projektunterricht. Auf den zusammenfassenden Tipp-Seiten zu jeder Methode finden sich durchgängig eher allgemein-organisatorische Ratschläge: „In der Besprechungsphase ist es wichtig, dass jeder und jede Lernende damit rechnet, sich äußern zu müssen („Verbindlichkeit"). Zunächst bestimmen Sie, welche Lernenden antworten sollen. Erst danach öffnen Sie das Gespräch für die Lernenden, die sich melden" (ebd., S. 18).

Vergleichen wir exemplarisch die Methode der „nummerierten Köpfe" mit dem oben genannten „Orchestermodell" von Baer u. a. (1994), welches *fachliche* Spezifika in den Blick rückt: Bei den „nummerierten Köpfen" erhalten die Gruppenmitglieder eine Nummer, vergleichbar mit den „Stimmen/Agenten" bei Baer u. a. (1994). Mit diesen Nummern wird den Lernenden, ebenso wie im Orchestermodell, eine spezifische „Verantwortung für die Qualität der Zusammenarbeit zugewiesen" (Biethan u. a. 2012, S. 23). Eine tabellarische Gegenüberstellung (Tabelle 3.2) macht deutlich, worin die Unterschiede und damit Anforderungen an eine Konkretisierung bestehen können:

Auch zu anderen Methoden bei Biethan u. a. (1994) bleiben die Hinweise ähnlich vage: Zur Sicherung und Reflexion der Aktivitäten im Rahmen des Lernens an Stationen heißt es dort lediglich: „Am Ende werden die Ergebnisse vorgestellt und gesichert, wenn nicht durch geeignete Instrumente eine Selbstkontrolle vorgenommen werden konnte (z. B. Expertensystem). Offen gebliebene Fragen werden abschließend geklärt. [...] Reflexion: In der Form eines moderierten Erfahrungsaustauschs werden der Arbeitsprozess und die Ergebnisse hinsichtlich der Ziele reflektiert" (ebd., S. 28). Das muss noch nicht zwingend eine inhaltliche Verarbeitung im Sinne eines tieferen Eindringens in den Sachverhalt sein, es kann auch als bloße produktorientierte „Lernkontrolle" gedeutet werden, ganz im Sinne von Bachtins „autoritativen Stimmen" (s. o.). Mühelos wäre also eine Unterrichtspraxis vorstellbar, die zwar diese Empfehlungen *formal* plausibel konsequent umsetzt – und dennoch, aus anderer Perspektive, einen bedenklich inhaltsarmen und konservativen Mathematikunterricht repräsentieren würde. Das bedeutet: Die Konkretisierung unter Ausblendung inhaltlicher Komponenten sowie fachspezifischer und fachdidaktischer Postulate („Stricken ohne Wolle") ist prinzipiell möglich – und damit in der Folge eine an sich überholte Unterrichtspraxis, die sich gleichwohl in modernem Gewand wiedererfindet und zu legitimieren versucht.

Eine Methode als solche ist also nicht bereits der „Zauberstab" für zeitgemäßen Unterricht. Und die „Adaption" allgemeiner Methoden, die tatsächlich die

„Nummerierte Köpfe" (Biethan u. a. 2012)	**„Stimmen/Agenten"** (Baer u. a. 1994)
Zuständigkeiten	
Zeit kontrollieren	Problemanalyse und Zielklärung
verantwortlich für Lautstärke	verantwortlich für semantische Struktur durch Kooperation mit anderen Stimmen
schreiben	sprachliche Codierung (Logik der Gedankenfolge, adäquate Formulierungen)
verantwortlich für das Material	externe Repräsentation (vielfältige Darstellungsformen)
darauf achten, dass jede/r mitarbeitet	kritische Evaluation (u. a. gegenüber antizipierbaren Einwänden)
kontrollieren, dass jede/r präsentieren kann	Sachklärung
das Recht haben, die Lehrkraft zu fragen, wenn die Gruppe nicht weiterkommt	Befindlichkeit des Individuums
	internale Repräsentation der Inhalte
	Exekutive (Koordination aller Stimmen)

Tabelle 3.2: Vergleich der Zuständigkeiten zweier Methodenmodelle

Spezifika des Faches ernst nehmen und ihre Wirkung zur Entfaltung kommen lassen, ist keine unaufwendige Selbstverständlichkeit ohne besondere Ansprüche. Insofern ist den Hinweisen im Vorwort wie in der Einleitung von Biethan u. a. (2012) nur zuzustimmen: „Methodenkompetenz ist ein wichtiger Baustein pädagogischer Professionalität und soll nicht auf die Kenntnis der in dieser Broschüre beschriebenen Methoden reduziert werden" (ebd., S. 03) bzw. „Methoden im Unterricht haben keinen Selbstzweck, sondern sie führen dann zu optimalen Lernprozessen, wenn sie funktional angewendet und von der Lehrkraft beherrscht werden" (ebd., S. 08). Und dies erfordert, wie wir gesehen haben, vor allem eine fachdidaktisch begründete Umsetzung.

Der Austausch von unterschiedlichen Deutungen über Inhalte sollte also als ein natürlicher, d. h. selbstverständlicher Bestandteil des Mathematikunterrichts verstanden werden (vgl. Nührenbörger 2009a, S. 147; Nührenbörger/Schwarzkopf 2010). Unter anderem auch im Rahmen des dialogischen Lernens bei Gallin/Ruf (1990) bzw. Ruf/Gallin (1998a/b) ist diese Forderung fest verankert, z. B. durch den programmatischen Einsatz eines Lernjournals/Portfolios namens „Reisetagebuch":

> „Ihr unterrichtsmethodisches Vorgehen ist ganz auf das Ermöglichen von Kommunikationsprozessen ausgelegt. Intra- und interpersonelle Kommunikation ist der einzige Zweck des Reisetagebuches; sei es, dass Lernende singuläre Begrifflichkeiten austauschen können und damit den Lernprozess von der Ebene des Singulären auf diejenige des Divergenten oder gar Regulären verschieben. Aber das Reisetagebuch stellt zugleich einen zeitunkritischen Kommunikationskanal zur Lehrperson dar. Anhand des Reisetagebuchs wird bei Gallin/Ruf systematisch Metakognition getrieben. Lernprozesse werden aufgrund der persönlichen Aufzeichnungen zurückverfolgt, betrachtet und bewertet. Dabei führt die Schülerin innere Gespräche mit Tagebuchstimmen, die noch mitten ‚im Sumpf der Begriffsklärung' stecken, und Stimmen, die den Prozess aus der sicheren Warte des abgeschlossenen Prozesses überblicken."
>
> (Hollenstein 1996, S. 11)

Als Resümee kann an diesen Überlegungen deutlich werden: Soziales Lernen, verstanden als Ort oder Instanz der Generierung von Bedeutung und Wissen im Rahmen kommunikativer Austauschprozesse *(think-tank),* ist Voraussetzung für individuelles Lernen. Individuelles Lernen, sofern man darunter nicht isoliertes, beliebiges und vordergründiges Lernen versteht, ist insofern *deutlich anspruchsvoller* als soziales Lernen, da es eine erfolgreiche, d. h. effektive Orchestrierung vielfältiger Stimmen (Aufgaben) voraussetzt, die im Individuum als *inner speech* wirksam und – das ist alles andere als trivial, selbstverständlich oder „automatisch mitgelernt – *von ihm* selbst koordiniert werden können. Es kann sehr aufschlussreich sein, diese Überlegungen einmal damit zu konfrontieren, was es bedeuten mag, Kinder – und erst recht solche mit Lernschwierigkeiten – einem „konsequent individualisierten" Lernen zu überlassen, wie es auf S. 82 f. beschrieben wurde …

Individuelles und gemeinsames Lernen im genannten Sinne eignen sich nicht dazu, polarisierend gegeneinander ausgespielt zu werden. „Jedes Kind konstruiert für sich selbst eigene Sinndeutungen über mathematische Zusammenhänge. Zugleich handelt es diese aber stets mit anderen Kindern oder den Lehrpersonen innerhalb der Kultur des Mathematikunterrichts aus. Dementsprechend stellt kollektives Lernen – gerade im Hinblick auf den Aufbau eines konzeptuellen Verständnisses – einen wertvollen und auch *notwendigen Baustein* mathematischer Lernprozesse dar" (Nührenbörger 2007, S. 245; Hervorhebung GKr/PS). Und dies gilt sowohl für leistungsstärkere als auch für leistungsschwächere Kinder!

> „Die interaktive Konstruktion neuen, fundamentalen Wissens vollzieht sich je nach Perspektive im Spannungsfeld eines vorausschauenden Erkennens und vertiefenden Durchdringens. Das Mitdenken mit einem Partner, der über mehr schulmathematische Erfahrungen verfügt, kann ein Anstoß sein, vorausgreifend im Hinblick auf die ‚Zone der nächsten Entwicklung' zu lernen, sich von einem ausschließlichen Blick auf die Anzahl einer Menge zu lösen und vielmehr erste Einsichten in Beziehungen und Strukturen zu gewinnen. Zugleich kann die im Austausch mit einem Partner, der über weniger schulmathematische Erfahrungen verfügt, angestoßene ‚reflexive Betrachtung' bereits vorhandenen eigenen und ‚fremden' Wissens dazu führen, neue Einsichten auf mathematische Zusammenhänge im aktuellen Lernprozess zu gewinnen."
> (Nührenbörger 2007, S. 246 f.)

Das Zitat, welches aus der Forschungsarbeit im jahrgangsübergreifendem Unterricht resultiert, macht auch deutlich, dass die Interaktion im Mathematikunterricht keine Einbahnstraße von den Wissenden zu den (noch) Nichtwissenden ist; vielmehr profitieren beide Seiten bzw. alle Teilnehmenden einer Interaktion über mathematische Inhalte vom wechselweisen Reflektieren in der Weise, dass das bisherige individuelle Wissen potenziell umgedeutet werden kann und damit substanziell durch die Interaktion profitiert.

Das Nachdenken über Mathematik, die *mathematische Reflexion*, wurde jüngst auf der Basis von Arbeiten Freudenthals (1983) und Steinbrings (2005) im Rahmen einer Dissertation auch begriffstheoretisch elaboriert:

> „Als mathematische Reflexion verstehen wir somit eine kognitive Aktivität, einen Denkprozess im Sinne eines Standpunkt- bzw. Perspektivwechsels, auf dessen Grundlage Umdeutungsprozesse stattfinden. Altes, bekanntes mathematisches Wissen und vertraute Vorgehensweisen werden noch einmal neu bzw. bewusst durchdacht und in den Blick genommen, geprüft und um- bzw. neu gedeutet. [...] Mit der Annahme, dass die Entwicklung mathematischen Wissens eine Zielsetzung der Anregung reflexiven Denkens darstellt, ist reflexives Denken folglich nicht ein bloßes alltägliches Nachdenken über etwas bzw. ein Wiederholen, Erinnern, Aufgreifen oder Anführen bekannter Inhalte"
> (Schülke/Steinbring 2010, S. 863; Übers.: dies. o. J.; vgl. auch Schülke 2013).

Mathematische Reflexion, wie sie für das Lernen von Mathematik als existenziell verstanden wird, ist also mehr als die Kinder aufzufordern zu beschreiben, was sie getan haben, und die Frage, ob das noch jemand anders, mit eigenen Worten wiederholen könne.

Vor dem in diesem Kapitel entfalteten theoretischen Hintergrund stellen sich nun zwei Fragen (vgl. Hollenstein 1996, S. 13), denen wir dann im Kapitel 7.6 genauer nachgehen werden, um Handlungsvorschläge zu unterbreiten:

EINLADUNG ZUR REFLEXION

1.) Wie kann Unterricht für die Lernenden nicht als univokale Informationsübermittlung, sondern als gemeinsam erlebter kreativer Diskurs erlebbar gemacht werden, der Bedeutungserwartungen nicht autoritativ durchzusetzen versucht, sondern der als innerlich überzeugend wahrgenommen werden kann?
2.) Wie können Lehrpersonen die Lernenden in der Verinnerlichung von mehrstimmigen, dialogischen Denkweisen und -gewohnheiten im Bereich des individuellen mathematischen Arbeitens unterstützen und fördern? Wie können Haltungen wie z. B. die akzeptierte Notwendigkeit zu kommunizieren oder die Grundlegung eines als selbstverständlich verstandenen Begründungsbedürfnis (vgl. Winter 1983) gefördert werden?
3.) Wie können in der Unterrichtssituation mathematische Reflexionen (im Sinne Schülkes 2013) durch die Lehrperson initiiert, aufrecht erhalten und gefördert werden?

3.5 Didaktische Einordnung

In diesem Abschnitt wollen wir die theoretischen Ausführungen der vorangegangenen Abschnitte ein Stück weit konkretisieren und auch bezogen auf die Umsetzbarkeit einer Natürlichen Differenzierung didaktisch einordnen.

An vielen Stellen des Mathematikunterrichts ist das Konzept einer Natürlichen Differenzierung in besonderer Weise geeignet und lässt sich erfahrungsgemäß gut realisieren, selbst wenn das Heterogenitätsspektrum sehr groß ist:

- **Einführung in neue Zahlenräume bzw. Zahlenraumerweiterungen:** Hierzu liegen entsprechende didaktische Vorschläge und zahlreiche Erfahrungsberichte vor (vgl. z. B. Wittmann/Müller 1990; Scherer 1995; Nührenbörger 2004). Entscheidend ist, dass durch das ganzheitliche Angebot des Zahlenraums in natürlicher Weise leichte, zum Teil bekannte, aber auch anspruchsvollere, neue Zahlen und Anforderungen gegeben sind, die allen Schülerinnen und Schülern einen Zugang ermöglichen.
- **Entwicklung individueller Rechenstrategien:** Auch hier liegt es auf der Hand, dass Schülerinnen und Schüler gemäß eines konstruktivistischen Lernverständnisses eigene Wege konstruieren müssen, die durchaus unterschiedliche Niveaus und einen unterschiedlichen Grad an Schematisierung repräsentieren können (vgl. z. B. Selter 1994; Spiegel 1993; Treffers 1983).

- **Produktives Üben, speziell der Einsatz offener Aufgaben:** Die Kriterien von (Übungs-)Aufgaben haben wir bereits in Kapitel 3.2 illustriert und dabei das Kriterium der „Offenheit" als zentral herausgestellt. Aber auch bei anderen Übungstypen (vgl. die Matrix bei Wittmann 1992, S. 180f.) handelt es sich in der Regel nicht um isolierte Aufgaben, sondern um beziehungsreiches Üben mit unterschiedlichen Zielen, die den Schülerinnen und Schülern wiederum unterschiedliche Zugangs- und Bearbeitungsniveaus bieten. Das produktive Üben ist auch deshalb so hervorragend geeignet, weil sich hier in besonderer Weise die Vernetzung allgemeiner und inhaltsbezogener Kompetenzen realisieren lässt (vgl. Wittmann/Müller 2008).
- **Komplexe Situationen im Bereich des Sachrechnens und der Geometrie:** Auch hierzu existieren konzeptionelle Vorschläge, wie z. B. der Umgang mit Sachtexten (Erichson 1991/2003) oder offenen Situationen (Eggenberg/Hollenstein 1997; Hollenstein/Eggenberg 1998) oder entsprechendes für geometrische Inhalte (vgl. z. B. Hagstedt 2000; Wollring 2000).

In anderen Phasen eines Lehrgangs ist das Konzept einer Natürlichen Differenzierung nicht durchgängig umzusetzen. Dies bedeutet jedoch nicht, dass Natürliche Differenzierung nur sporadisch zum Einsatz kommt (vgl. etwa Krämer 2011 und Kapitel 3.3), vielmehr sollte das Potenzial einer Natürlichen Differenzierung wann immer möglich genutzt werden. An drei Beispielen wollen wir differenziert die *eingeschränkten* Möglichkeiten einer Natürlichen Differenzierung andeuten:

- **Automatisierungsübungen:** Nehmen wir an, zum Ende des zweiten Schuljahres sollen gezielte Übungen durchgeführt werden, um die 6er-Reihe zu automatisieren. Dann lassen die genauere Betrachtung dieser Einmaleinsreihe und dieser festgelegte Pool an zu übenden Aufgaben nur wenig Spielraum für die Umsetzung einer Natürlichen Differenzierung. Die vorangegangenen Etappen des Einmaleinslehrgangs haben aber idealerweise in einer ganzheitlichen Weise stattgefunden und den Schülerinnen und Schülern individuelle Wissenskonstruktionen ermöglicht (vgl. z. B. Scherer 2005b; Selter 1994).
- **Einführung bestimmter Verfahren:** Auch bei der Einführung z. B. der schriftlichen Addition im dritten Schuljahr werden die Lernenden nicht aufgefordert, diesen Algorithmus zu erfinden, sondern dieses Verfahren wird vorgestellt und soll von den Kindern verstanden werden (vgl. z. B. Wittmann/Müller 2013, S. 83). Dennoch sollte auch hier das Konzept einer Natürlichen Differenzierung zum Tragen kommen, denn die Schülerinnen und Schüler werden bei dieser Einführung das Verfahren unterschiedlich weitgehend verstehen und mit ihrem vorhandenen Wissen verknüpfen (bzw. Verbindung zu unterschiedlichen halbschriftlichen Rechenstrategien; vgl. z. B. Scherer/Steinbring 2004a). Die Lehrperson sollte den Schülerinnen und Schülern diese Unterschiedlichkeit zugestehen, sie aufnehmen und den Austausch der Schülerinnen und Schüler untereinander anregen.

- **Leistungsfeststellung bzw. Leistungsbeurteilung:** Auch in diesen Phasen mag man auf den ersten Blick die Realisierung einer Natürlichen Differenzierung als besonders schwierig bis unmöglich ansehen. Hierzu wären jedoch die konkreten Formen für die Feststellung oder Beurteilung von Leistungen genauer in den Blick zu nehmen. Bereits vor geraumer Zeit vollzogen sich weitreichende Veränderungen bei der Konzeption von Testaufgaben und Erhebungsmethoden zur Leistungsfeststellung (vgl. Van den Heuvel-Panhuizen 1994/1996): Im Zuge des Paradigmenwechsels im Verständnis von Lehren und Lernen sollten auch Leistungsbewertungen kompetenzorientiert erfolgen und z. B. auch offene Formate oder Eigenproduktionen ermöglichen. Auch für Leistungsbewertungen im alltäglichen Mathematikunterricht ist mittlerweile ein breiteres Spektrum an Formen festzustellen: So gibt es einerseits Variationen des klassischen Formats der Klassenarbeit, andererseits werden auch neue Formate wie Forscherhefte, Lernjournale etc. zur Bewertung genutzt. Sundermann/Selter (2006) halten hierzu fest, „dass die häufig gängige Praxis, Leistungsfeststellung und Leistungsbeurteilung nahezu ausschließlich auf Klassenarbeiten zu gründen, die von allen Kindern zur gleichen Zeit mit den gleichen Aufgabenstellungen geschrieben werden, nicht haltbar, ja von ministerieller Seite häufig auch gar nicht erwünscht ist" (ebd., S. 150). Insgesamt müssen sich also das Konzept der Natürlichen Differenzierung und die Notwendigkeit der Leistungsfeststellung und -bewertung nicht ausschließen, sie können sich vielmehr in produktiver Weise ergänzen.

Skepsis wird hin und wieder auch in folgender Hinsicht geäußert: Bei einer Natürlichen Differenzierung würden die Kinder zwar tatsächlich viel und unter Umständen auch mehr *rechnen*, aber sie würden nicht alle von alleine so erwartbar auf ein Forschungsergebnis kommen wie sie ein Rechenergebnis erzielen könnten. Dadurch entstünde das Gefühl, nicht richtig „voran zu kommen", das Aufgabenpensum bzw. das Buch nicht zu „schaffen". Bei traditionellen Differenzierungsformen hingegen gäbe es im Prinzip *ein* Ergebnis für alle, das man gut, relativ diskussionslos und vor allem (zeit-)ökonomisch vergleichen könne. Hier scheint uns weniger ein Problem bei den Kindern oder dem Konzept der Natürlichen Differenzierung ursächlich zu sein; vielmehr wäre hier ein Umdenken bezüglich der Haltungen und Einstellungen der entsprechenden Lehrpersonen erforderlich, und zwar aus folgenden Gründen:

- Erstens ist es kein Problem, sondern normal, dass Kinder unterschiedlich schnell und unterschiedlich tief in mathematische Zusammenhänge eindringen. Heterogenität ist *Fakt*, man kann sie vielleicht beklagen (wir halten sie eher für eine Chance), aber nicht umgehen – mit *keinem* didaktischen Konzept.
- Zweitens, was bedeutet „vorankommen"? Nirgendwo steht geschrieben, dass ein Schulbuch im Laufe eines Schuljahres zu „schaffen" sei, womit vermutlich die Thematisierung (wie auch immer!?) jeder enthaltenen Seite gemeint ist. Das Schulbuch ist ein *Leitmedium*, jedes Buch – unabhängig von seiner objektiven Güte – kann mehr oder weniger hilfreich sein, je nachdem, wie

man es einsetzt. Schulen oder Lehrpersonen, die gänzlich ohne Schulbuch arbeiten, machen deswegen noch nicht zwangsläufig schlechten Unterricht. Entscheidend ist doch alleine: Entspricht dieser Unterricht den KMK-Bildungsstandards (KMK 2005) und den Bildungs- oder Lehrplänen des jeweiligen Bundeslandes. Letztere sind übrigens ebenso wie die Schulbücher „nur" nachrangige Ableitungen, Konkretisierungen, Umsetzungsempfehlungen der *Bildungsstandards*. Wer deren Kernaussagen und Grundphilosophie als Maßstab für seinen Unterricht sachgerecht umsetzt, ist „auf der sicheren Seite", völlig unabhängig davon, ob das Schulbuch „geschafft" wurde. Und mit einem sachgerechten Einsatz von substanziellen Lernumgebungen und Natürlicher Differenzierung hat man mit Sicherheit mehr, tiefgreifenderes und höherwertiges für das Mathematiklernen im Sinne der Bildungsstandards getan als mit den traditionellen Unterrichtsverständnis oder einer klassischen Inneren Differenzierung.

Als letzten Punkt wollen wir auf die Skepsis bezüglich der Eignung einer Natürlichen Differenzierung mit Blick auf besondere Konstellationen im Mathematikunterricht eingehen: Schülerinnen und Schüler mit einer Rechenschwäche und solche mit sonderpädagogischem Förderbedarf im inklusiven Unterricht. Auch wenn diese beiden Themen nicht im Fokus dieses Buches liegen, so wollen wir dazu kurz Stellung nehmen.

Ein häufiger Einwand ist, dass die Eignung einer Natürlichen Differenzierung nicht für alle Schülerinnen und Schüler gelten mag, sondern lediglich für die sogenannten „Besserbegabten". Diese Ansicht sollte jedoch sehr vorsichtig und keineswegs pauschal behandelt werden: Schwierigkeiten beim Rechnen müssen nicht automatisch Schwierigkeiten beim Entdecken von Zusammenhängen, beim allgemeinen Problemlösen etc. bedeuten (vgl. Scherer 1999, S. 294 f).

Die in Kapitel 3.1 unter Punkt 3. ausgeführte mögliche Anpassung an spezielle Gegebenheiten einer Klasse wird im Zuge einer zunehmend heterogeneren Schülerschaft unabdingbar (Radatz 1995). Will man nicht für jedes Kind ein spezielles Angebot machen (was auch nicht wünschenswert ist, da es zu einer Isolierung der Kinder führen kann und auch mit Blick auf die Unterrichtsorganisation nicht ökonomisch ist), sind genau solche natürlich differenzierenden Lernangebote erforderlich. D. h. insbesondere bei extremen Leistungsunterschieden (z. B. in Integrationsklassen) besteht die Möglichkeit, dass alle Kinder an ein und derselben Aufgabe arbeiten, wobei das soziale Lernen nicht vernachlässigt wird. Mit Blick auf die zukünftigen veränderten Rahmenbedingungen in Grundschulen, dass nämlich lernschwache Kinder immer häufiger in der Grundschule verbleiben und dort eine besondere (sonderpädagogische) Förderung erfahren sollen, gewinnt dieser Aspekt an Bedeutung.

Sicherlich wird es immer Phasen im Unterricht geben, in denen Schülerinnen und Schüler eine Einzelförderung für bestimmte Inhalte benötigen, bei vielen Inhalten bieten sich aber z. B. offene Aufgaben an, die besondere Möglichkeiten bieten (etwa durch die Wahl des Zahlenmaterials, des Zahlenraums oder auch der Operationen; vgl. auch Kapitel 6.3.1). Zudem sollte die Lehrperson die Möglichkeiten verschiedener Repräsentationsebenen in die Gestaltung der Lern- und Unterrichtsprozesse miteinbeziehen, wie etwa beim Format des Rechendreiecks, bei dem die Kinder selbst wählen können, ob sie auf anschaulicher oder symbolischer Ebene arbeiten wollen (vgl. z. B. Scherer 2005a, S. 182 ff.).

3.6 Ein Beispiel zur Konkretisierung

In diesem Abschnitt wollen wir die zuvor ausgeführten Anforderungen zur Umsetzung einer Natürlichen Differenzierung (Kapitel 3.2 bis 3.5: Anforderungen an die Aufgabenangebote, Anforderungen an die Lernenden, Anforderungen an die Lehrperson, Anforderungen an die Unterrichtskultur) an einer Aufgabenstellung von Klavir/Herskovitz (2008) konkretisieren und illustrieren. In der Aufgabe geht es um Zahlbeziehungen sowie um Muster und Strukturen (vgl. auch KMK 2005, S. 9 ff.; MSW 2008a), und sie kann aus unserer Sicht ab Ende des zweiten Schuljahres eingesetzt werden: *„Welche der Zahlen 15, 20, 23 und 25 passt nicht zu den anderen? Begründe deine Entscheidung!"* Die Autoren charakterisieren die Besonderheit dieser Aufgabe wie folgt:

> „Die Bedeutung offener Problemstellungen liegt zunächst und vor allem in der Tatsache, dass sie mit dem Vorurteil brechen, dass jedes Problem genau eine richtige Lösung hat. Darüber hinaus ermöglichen sie es allen Kindern, am gleichen Problem, aber auf ihrem je individuellen Fähigkeitsniveau zu arbeiten. Der größte Vorteil derartiger Problemstellungen aber liegt in der Tatsache, dass man dabei verschiedenste Strategien erlernen und nutzen kann, wodurch sich das mathematische Wissen vertieft und das kreative mathematische Denken der Lernenden entwickelt." (Klavir/Herskovitz 2008, S. 1; Übersetzung GKr/PS)

Hier wird deutlich, dass dieser Aufgabentyp die Kriterien für die Umsetzung einer natürlichen Differenzierung erfüllt (vgl. Kapitel 3.1): Die Aufgabenstellung beinhaltet ein breites Spektrum mathematischer Aktivitäten und ist als Lernangebot für alle ohne weitere Variation in verschiedenen Jahrgangsstufen und für unterschiedliche Leistungsniveaus einsetzbar. Die Differenzierung ergibt sich in natürlicher Weise *aus der Sache* heraus.

EINLADUNG ZUR REFLEXION

Bevor Sie weiterlesen, durchdringen Sie zunächst selbst die Aufgabenstellung und notieren, welche Entscheidungen und Begründungen Ihnen spontan in den Sinn kommen.

Hinsichtlich der *Anforderungen an die Lernenden* ist das Besondere dieser Aufgabenstellung im Vergleich zur Arbeit an substanziellen Aufgabenformaten, wie etwa Zahlenketten oder Rechendreiecken (Kapitel 5 und 6), dass die Schüler die jeweilige Struktur *selbst* konstruieren müssen, d. h. das jeweilige mathematische Thema und Konzept selbst wählen. Diese Bezüge variieren in der Regel in Abhängigkeit vom Schuljahr und innerhalb eines gewählten Themas. Mit der zugehörigen Struktur gibt es mehrere Entscheidungsmöglichkeiten sowie für eine bestimmte Entscheidung unterschiedliche Niveaus der Argumentation. Der Fokus ist dabei entweder auf das Spezielle einer Zahl gerichtet oder auf Gemeinsamkeiten dreier Zahlen.

Die Offenheit von Aufgabenstellungen im Mathematikunterricht erweitert in der Regel auch das Spektrum des mathematischen Inhalts und stellt entsprechende *Anforderungen an die Lehrperson* bezüglich der eigenen fachlichen Durchdringung.

Wir wollen im Folgenden eine Analyse nach zugrundeliegenden mathematischen Inhalten vornehmen und anschließend reflektieren, welche Formulierungen auf Schülerniveau zu erwarten sind.

EINLADUNG ZUR REFLEXION

Versuchen Sie zunächst, ihre obigen Lösungen nach mathematischen Zusammenhängen zu kategorisieren und diese gegebenenfalls tabellarisch zu erfassen.

Insgesamt könnte eine Tabelle der folgenden Art entstehen, und möglicherweise haben Sie beim Ordnen und Strukturieren Ihrer ersten spontanen Lösungen weitere Lösungen gefunden (Tabelle 3.3):

	15	20	23	25
Stellenwert	Zehnerstelle 1, Zehnerstelle ungerade	Einerstelle 0, d. h. unbesetzt, Einerstelle gerade	Einerstelle kein Vielfaches von 5	
Teilbarkeit/ Multiplikation	durch 3 teilbar, Ergebnis <1 bei Division durch 20	durch 2 teilbar, durch 4 teilbar, durch 10 teilbar, durch 2 und 20 teilbar	nicht durch 5 teilbar, Primzahl	Quadratzahl
Teileranzahl/-summe		mehr als vier Teiler, abundante Zahl, gerade Teiler		Teilersumme prim, Teilersumme nicht durch 2 teilbar
Zerlegung in (Prim-)Faktoren		Primfaktor 2	nicht Primfaktor 5, nur einen Primfaktor	
Figurierte Zahlen	Dreieckszahl	Rechteckszahl		Quadratzahl
Quersummen	Quersumme nicht prim	Quersumme nicht im Muster der anderen (5,6,7), Quersumme als Ziffer in der Ausgangszahl enthalten	Quersumme durch 5 teilbar	
Zahlenmuster/-folgen		passt nicht in Muster der Einerstellen 5-3-5	passt nicht in Additionsfolge 15-20-25	
Weitere Zahl-eigenschaften		gerade Zahl	Primzahl, Ziffer 3,	a.
			Ziffern sind aufeinanderfolgende Zahlen	

Tabelle 3.3: Mathematische Kontexte und Konzepte zur Aufgabe Zahlbeziehungen

Zu zwei der genannten Themen seien nachfolgend die mathematischen Hintergründe für die vier Zahlen noch genauer aufgelistet:

Primfaktorzerlegung:
$15 = 3 \cdot 5$
$20 = 2 \cdot 2 \cdot 5$
$23 = 23$
$25 = 5 \cdot 5$

Teilersummen (in Klammern jeweils Teilermengen):
$T_{20} = \{1, 2, 4, 5, 10, 20\}$
echte Teilersumme (ohne die Zahl selbst) $1 + 2 + 4 + 5 + 10 = 22$ (abundante Zahl: echte Teilersumme ist größer als die Zahl selbst)

$T_{15} = \{1, 3, 5, 15\}$
echte Teilersumme: $1 + 3 + 5 = 9$ (defiziente Zahl: echte Teilersumme ist kleiner als die Zahl selbst)

$T_{23} = \{1, 23\}$
echte Teilersumme: 1 (defiziente Zahl)

$T_{25} = \{1, 5, 25\}$
echte Teilersumme: $1 + 5 = 6$ (defiziente Zahl)

Eine alternative Kategorisierung nehmen Klavir und Herskovitz (2008) vor, die in ihrer Analyse die Typen von Argumentationen von Fünftklässlern in den Fokus nehmen, etwa ob ikonische Darstellungen für die Erklärung genutzt wurden, ob Eigenschaften von Zahlen genannt oder mathematische Operationen wie die Quersummenbildung vorgenommen wurden.

EINLADUNG ZUR REFLEXION

1. Reflektieren Sie nun, welche Entscheidungen und Begründungen auf Schülerniveau in welchem Schuljahr der Grundschule zu erwarten sind, und überlegen Sie hierzu konkrete Formulierungen!

2. Überlegen Sie auch, welche Leitideen der Bildungsstandards und welche Anforderungsbereiche bei dieser Aufgabe zum Tragen kommen. Differenzieren Sie dabei, welche Art der Bearbeitung in welchem Schuljahr den jeweiligen Anforderungsbereich bestimmen kann.

Ausführungen zur unterrichtlichen Umsetzung

Wenn für Grundschulkinder der Aufgabentyp an sich zunächst geklärt werden soll, dass bei mehreren gegebenen Objekten eines nicht zu den anderen passt, dann kann man dies durchaus an einer mathematik-unspezifischen Variante tun (vgl. Abb. 3.10), z. B. mittels der folgenden vier Bilder:

Abbildung 3.10: Welches Bild passt nicht zu den anderen?[11]

Entscheidungen der Kinder könnten z. B. sein

- Der Ball passt nicht, da es sich bei allen anderen um Lebensmittel handelt.
- Der Saft passt nicht zu den anderen, da der erste Buchstabe bei allen anderen ein B ist.
- Das Brot passt nicht zu den anderen, da es nicht gelb ist.
- Die Banane passt nicht zu den anderen, da alle anderen Wörter genau vier Buchstaben haben.

Auf diese Weise werden Grundschulkinder dafür sensibilisiert, dass es für die Aufgabe mehr als eine richtige Lösung gibt und dass erst eine bestimmte, selbst vorzunehmende *Rahmung* (vgl. dazu S. 86 f.), die recht unterschiedlich fokussiert sein kann (Farbe, Buchstaben, Kontext etc.), die jeweilige Entscheidung begründet. Auch für die mathematische Variante existieren unterschiedliche Rahmungen, hier verschiedene mathematische Themengebiete. Ein nicht unbedeutender Vorteil: Führt man im Unterricht zunächst die allgemeine, „zahlenfreie" Variante mit den obigen Bildern ein, kann das Prinzip der Aufgabenstellung sehr deutlich werden, und gleichzeitig nimmt man noch keinen mathematischen Inhalt vorweg, der allzu suggestiv wirken und die Schülerinnen und Schüler verleiten könnte, sich nur auf einen mathematischen Bereich zu konzentrieren.

Wir möchten an dieser Stelle noch ein weiteres Beispiel einfügen, um die Bedeutung der jeweiligen Rahmung noch einmal zu illustrieren. An verschiedenen Stellen dieses Buches haben wir auf „Muster und Strukturen" als eine der zentralen Leitideen für den Mathematikunterricht hingewiesen (vgl. auch KMK 2005) bzw. entsprechende Beispiele für den Mathematikunterricht konkretisiert.

11 Im Download-Material finden Sie die vergrößerten und farbigen Abbildungen zum unterrichtlichen Einsatz. Die Abbildungen Ball, Saft und Banane sind gelb.

Als eine gängige Aufgabenform werden *Zahlenfolgen* eingesetzt, die einerseits fortzusetzen sind, deren Aufbauprinzip andererseits zu beschreiben und zu begründen ist.

Gegeben sei nun diese Folge, die Sie vor dem Weiterlesen zunächst selbst erkunden sollten und deren Aufbauprinzip Sie beschreiben sollen:

8 3 1 5 9 6 7 4 10 2[12]

Sicherlich haben Sie eine Zeit lang die verschiedenen mathematischen Grundoperationen durchgespielt und mit festen oder sich stetig verändernden Abständen experimentiert. Vielleicht haben Sie abwechselnde Operationen oder auch Kombinationen von Operationen erprobt. Vermutlich sind Sie aber zu keiner Lösung gekommen und vermuten, dass vielleicht auch keine Lösung existiert.

Wir gehen davon aus, dass Sie bei Ihren Lösungsversuchen eine mathematische, hier arithmetische Rahmung vorgenommen haben, und möchten nun aber eine andere Rahmung einbringen (zur Bedeutung von *Rahmungsdifferenzen* für den Lernprozess vgl. S. 86f.). Zur Verdeutlichung schreiben wir dazu die Zahlen der Folge in Worten und heben jeweils noch den Anfangsbuchstaben hervor:

acht **d**rei **e**ins **f**ünf **n**eun **s**echs **s**ieben **v**ier **z**ehn **z**wei

Vermutlich *sehen* sie jetzt (mit einer veränderten Rahmung) das Muster sofort, dass nämlich die einzelnen Zahlwörter in eine alphabetische Reihenfolge gebracht wurden.

Insgesamt ist für den Mathematikunterricht festzuhalten, dass es unterschiedliche Rahmungen gibt (mathematische und nicht-mathematische) sowie verschiedene Rahmungen innerhalb der Mathematik. Für die Lehrperson ist es einerseits wichtig, bei der Konzipierung von Aufgaben bzw. der eigenen Durchdringung von Aufgaben die grundsätzliche Möglichkeit unterschiedlicher Rahmungen zu berücksichtigen und auch bei der konkreten Unterrichtsdurchführung offen zu bleiben für individuelle Rahmungen der Schülerinnen und Schüler (vgl. auch das Beispiel der unterschiedlichen Sortierideen von Lehrerin und Kindern in Kapitel 5.2.2).

Kehren wir nach diesem kleinen Exkurs nun zurück zur ursprünglichen Aufgabe „Welche Zahl passt nicht zu den anderen?" Für den Unterricht empfehlen wir das Arbeitsblatt aus Abbildung 3.11, das die Schülerinnen und Schüler zunächst individuell bearbeiten können.

12 Die Zahlenfolge ist zu finden unter www.matheboard.de, und wir verdanken den Hinweis einer Teilnehmerin in einem unserer Lehrerfortbildungskurse.

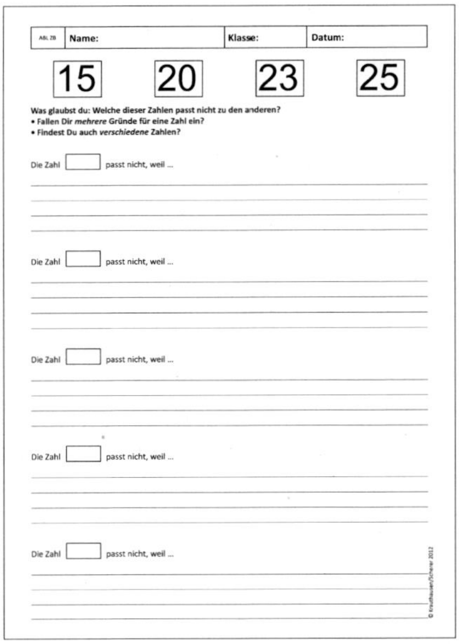

ABL ZB	Name:	Klasse:	Datum:

15 20 23 25

Was glaubst du: Welche dieser Zahlen passt nicht zu den anderen?
• Fallen Dir *mehrere* Gründe für eine Zahl ein?
• Findest Du auch *verschiedene* Zahlen?

Die Zahl ☐ passt nicht, weil ...

Die Zahl ☐ passt nicht, weil ...

Die Zahl ☐ passt nicht, weil ...

Die Zahl ☐ passt nicht, weil ...

Die Zahl ☐ passt nicht, weil ...

Abbildung 3.11: Eingesetztes Arbeitsblatt zu Zahlbeziehungen

Für die Reflexionsphase bietet sich ein tabellarisches Tafelbild mit Spalten für die vier Zahlen. In dieser Tabelle können nun die Argumente gesammelt werden. Das Sammeln von Argumenten kann entweder völlig frei erfolgen oder aber Zahl für Zahl *„Hat sich noch jemand für die 20 entschieden?"* und *„Warum?"* bzw. *„Mit welchem Argument?"*.

Die Formulierungen der Schüler für einen bestimmten mathematischen Inhalt können sehr unterschiedlich ausfallen, was wir exemplarisch an der Entscheidung für die Zahl 23 illustrieren wollen (siehe Abb. 3.12 bis 3.14):

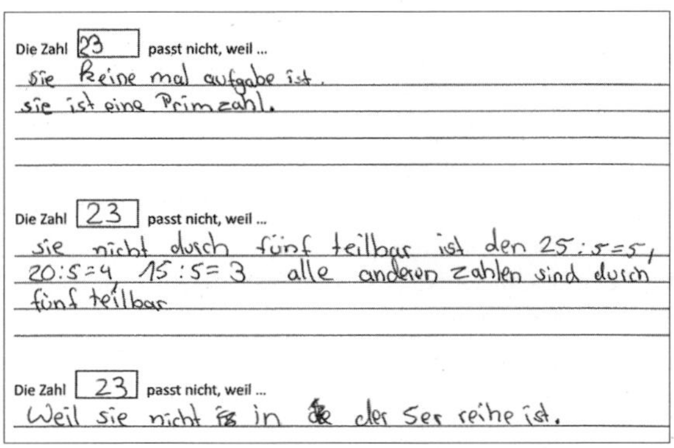

Die Zahl 23 passt nicht, weil ...
sie Keine mal aufgabe ist.
sie ist eine Primzahl.

Die Zahl 23 passt nicht, weil ...
sie nicht durch fünf teilbar ist den 25:5=5, 20:5=4 15:5=3 alle anderen zahlen sind durch fünf teilbar

Die Zahl 23 passt nicht, weil ...
Weil sie nicht in der 5er reihe ist.

Abbildung 3.12: Carolins (4. Klasse) Begründungen für die Zahl 23 bezüglich der Teilbarkeit allgemein bzw. der Teilbarkeit durch 5

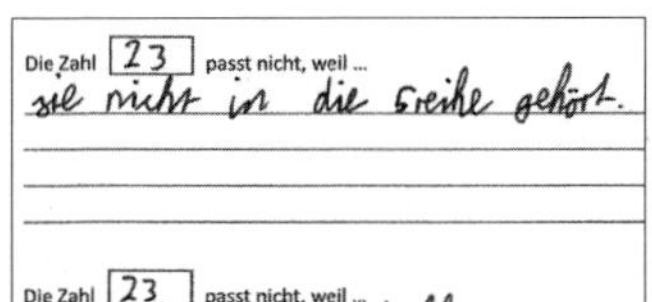

Die Zahl 23 passt nicht, weil ...
sie nicht in die 5reihe gehört.

Die Zahl 23 passt nicht, weil ...
sie nicht durch 5 teilbar ist.

Abbildung 3.13: Pauls (4. Klasse) Begründungen für die Zahl 23 bezüglich der Teilbarkeit durch 5

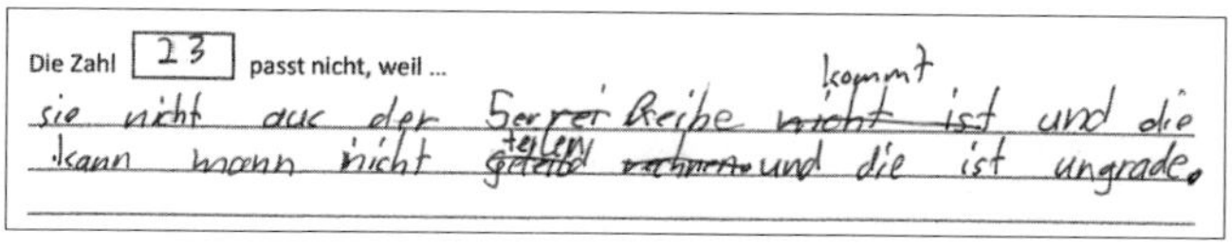
Die Zahl 23 passt nicht, weil ...
sie nicht aus der 5er Reihe kommt und die kann mann nicht teilen und die ist ungrade.

Abbildung 3.14: Justins (4. Klasse) Begründungen für die Zahl 23 bezüglich der Teilbarkeit allgemein bzw. der Teilbarkeit durch 5 und durch 2

Neben den in Tabelle 3.3 aufgelisteten Argumenten haben in unseren Erprobungen Grundschulkinder noch weitere kreative Entscheidungen getroffen:

- Die 15 passt nicht, da die passende Additionsfolge die 16 beinhalten müssten: 16 –> + 4 –> 20 –> + 3 –> 23 –> + 2 –> 25.
- Die 20 passt nicht, denn sie hat die meisten Faktoren/Teiler (1, 2, 4, 5, 10, 20) im Vergleich zu 15 (1, 3, 5, 15), 23 (1, 23) und 25 (1, 5, 25).
- Die 20 passt nicht, denn Quersumme 2 passt nicht in die Muster(folge): 5, 6, 7 der anderen.
- Die 20 passt nicht, denn sie hat die kleinste Quersumme.
- Die 20 passt nicht, denn sie ist die einzige Zahl, die auch in ihrer Quersumme eine ihrer Ausgangsziffern hat.
- Die 25 passt nicht, denn sie hat die größte Quersumme.

Dabei sind die Argumente, dass etwas nicht passt, weil es ein Extrem darstellt (z. B. größte Quersumme) natürlich von ganz anderer Qualität als eine vorhandene bzw. nicht vorhandene mathematische Eigenschaft.

Eine (durchaus anspruchsvolle) Option für die Reflexionsphase wäre, die Schüler selbst erkennen zu lassen, ob sie das gleiche Argument gewählt haben wie ihre Mitschüler, jedoch nur anders ausgedrückt (was wiederum Lernziel-Ex-/-Importe mit dem Sprachunterricht eröffnet): *„Wer hat das Gleiche wie Lars entdeckt, nur anders notiert?"*

Wenn die Schüler in der Arbeits- und im Folgenden auch in der Reflexionsphase gewisse mathematische Inhalte nicht von sich aus gewählt haben, kann ein entsprechender allgemeiner Hinweis gegeben werden: *„Denkt auch einmal an Multiplikation und Division."* oder *„Denkt auch einmal an Quersummen."* Das Untersuchen des jeweiligen mathematischen Inhalts kann dann wieder von allen Schülern vorgenommen werden. Oder die Lehrperson eröffnet eine Herausforderung durch eine „Umkehrung" der Aufgabenstellung: *„Für mich passt die 20 nicht. Welche Begründung könnte ich dafür wohl im Kopf haben ...?"*

Wir hoffen, dass wir mit diesen ersten Konkretisierungen bereits vielfältige Möglichkeiten für die Umsetzung einer Natürlichen Differenzierung und damit für die individuellen Lern- und Bearbeitungsmöglichkeiten für Schülerinnen und Schüler aufzeigen konnten. Im folgenden Kapitel wollen wir einen bestimmten Typ von Lernumgebungen genauer vorstellen, um dann in den Kapiteln 5 und 6 ausführliche Konkretisierungen folgen zu lassen.

4 Natürliche Differenzierung bei arithmetischen Aufgabenformaten

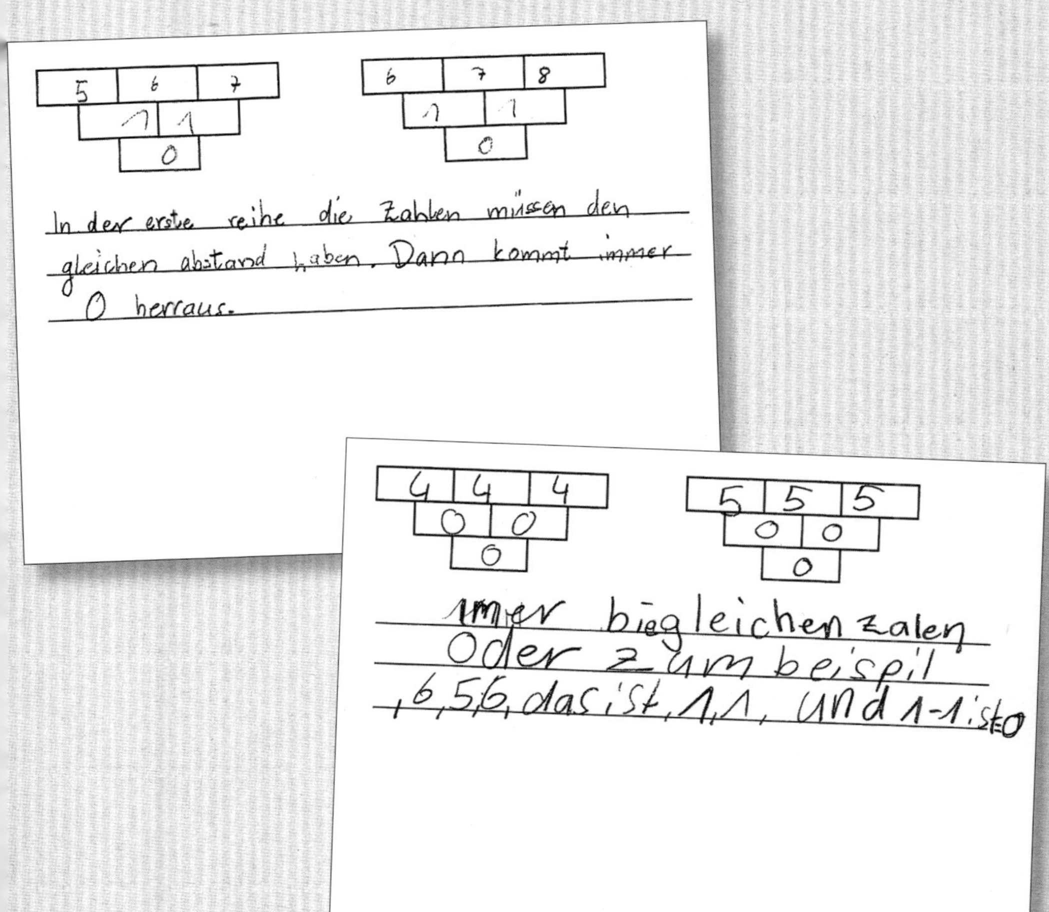

4.1 Substanzielle Lernumgebungen und Aufgabenformate

Die in Kapitel 3 skizzierten charakteristischen Merkmale einer natürlichen Differenzierung lassen sich besonders gut dann gewährleisten, wenn sie im Rahmen sogenannter substanzieller Lernumgebungen realisiert werden (abgekürzt: SLU). Diese wurden von Wittmann (1995, S. 528; vgl. auch ders. 2001, S. 2) wie folgt definiert:

1. **Sie repräsentieren zentrale Ziele, Inhalte und Prinzipien des Mathematikunterrichts.**
   SLU sind also u. a. dadurch gekennzeichnet, dass der mathematische Inhalt eine wesentliche Rolle spielt (etwa durch die Verkörperung fundamentaler Ideen). Das Kriterium fordert die Implementierung verschiedener Ziele, Inhalte und Prinzipien der entsprechenden Lehrpläne und Standards für die jeweilige Schulstufe (vgl. z. B. KMK 2005; NCTM 2000). Es betrifft die mathematische Substanz, z. B. hinsichtlich des Entdeckens von Mustern und Strukturen. Die Verantwortung für den entsprechenden didaktischen Rahmen liegt dabei bei der Lehrperson. SLU erlauben naturgemäß, sowohl prozessbezogene als auch inhaltsbezogene Kompetenzen integrativ zu verfolgen.
   Das Grundschulniveau stellt dabei kein geschlossenes Biotop dar, vielmehr sollte die Lehrperson auch die weiterführenden Schuljahre im Blick haben. Die zukünftigen Lernprozesse der Schülerinnen und Schüler werden sich um so bruchloser vollziehen, je besser die zukünftigen mathematischen Inhalte mit den Grundschulinhalten verbunden sind.
2. **Sie bieten Schülern reichhaltige Möglichkeiten für mathematische Aktivitäten.**
   Der mathematische Inhalt kann dabei von den Schülerinnen und Schülern selbst entdeckt und bearbeitet werden und somit die Forderung erfüllen, Mathematiklernen als konstruktiven Prozess zu erfahren (vgl. z. B. MSW 2008a, S. 15). Die mathematischen Aktivitäten sind dabei nicht auf eine bestimmte Schulstufe festgelegt, sondern im Sinne der fundamentalen Ideen auf verschiedenen Stufen möglich (vgl. Bruner 1970). An dieser Stelle wird auch noch einmal deutlich, warum das Fachwissen der Lehrperson sich nicht nur auf die Inhalte der Grundschulmathematik beschränken darf. Wenn Schülerinnen und Schüler Mathematik betreiben bzw. sich mit substanzieller Mathematik auseinandersetzen sollen, dann muss die Lehrperson den jeweiligen mathematischen Hintergrund, etwa einer SLU, vom höheren Standpunkt aus selbst verstanden haben (vgl. Freudenthal 1978, S. 63 bzw. die Konkretisierungen in Kapitel 5.1. und 6.1).
3. **Sie sind flexibel und können leicht an die speziellen Gegebenheiten einer bestimmten Klasse angepasst werden.**
   Die genannte didaktische Flexibilität bedeutet insbesondere auch, dass sich eine SLU an die spezifischen Bedingungen einer (heterogenen) Lerngruppe

anpassen lässt (weitere Erläuterungen in Krauthausen/Scherer 2007, S 196 ff.). Nicht zuletzt bietet sich hier auch ein ökonomischer Vorteil: SLU bieten eine Vielfalt an offensichtlichen mathematischen Fragestellungen (vgl. etwa Kapitel 5 und 6), und Heterogenität kann hier sowohl als Herausforderung als auch als fruchtbare Quelle gesehen werden. Die Offenheit liegt in der Sache (gemeint ist also hier nicht die organisatorische Offenheit) und erlaubt somit eine Passung für alle Schülerinnen und Schüler. Da SLU ein Mindestmaß an Komplexität aufweisen (vgl. auch Kapitel 3.1), existieren unterschiedliche Zugänge und Lösungswege für die jeweiligen Aufgabenstellungen. Festzuhalten bleibt hier noch einmal, dass alle Schülerinnen und Schüler an der gleichen Aufgabe arbeiten und nicht vorab niveaudifferenzierte Aufgaben gestellt werden (vgl. auch Kapitel 2.1.2 und 2.2.6).

4. **Sie integrieren mathematische, psychologische und pädagogische Aspekte des Lehrens und Lernens in einer ganzheitlichen Weise und bieten daher ein weites Potenzial für empirische Forschungen.**
Dieses Kriterium verdeutlicht noch einmal, dass Mathematik nicht nur abstrakt oder anwendungsfrei ist. Vielmehr hat Mathematik und Mathematiklernen auch mit Empfindungen zu tun: Ästhetik und Schönheit werden häufig im Zusammenhang mit Mathematik genannt und können z. B. im Mathematikunterricht der Grundschule beim Entdecken von Mustern, auch bei SLU, erfahren werden. SLU haben ein hohes Potenzial für kognitive Aktivierung, sie fordern und unterstützen individuelle Denk- und Lernwege sowie verschiedene Darstellungsformen. Sie knüpfen an Vorwissen an und fordern den Austausch und die Kommunikation über Mathematik. Dadurch lösen SLU in natürlicher Weise Postulate der Mathematikdidaktik, aber eben auch der Pädagogik und Psychologie ein. So bieten SLU ein Feld der empirischen Forschung, nicht nur für Wissenschaftlerinnen und Wissenschaftler, sondern auch für Lehrpersonen und Studierende.

Eine SLU ist nicht identisch mit einer Unterrichtsstunde oder einer vorab festgelegten Unterrichtseinheit. Sie kann sich über eine 45-Minuten-Einheit oder über mehrere Unterrichtsstunden erstrecken, über mehrere Tage verteilt oder in verschiedenen Schuljahren spiralig wieder aufgegriffen werden – jeweils flexibel angepasst an den jeweiligen Inhalt, die Rahmenbedingungen und die Lernprozesse der Kinder.

Wenn die ausgewählte Lernumgebung den Kriterien einer SLU entspricht, sind qua Definition vielfältige Problemfragen nahe liegend. Dabei wird nicht zuletzt auch das Spektrum der Übungstypen ausgenutzt (vgl. Wittmann 1992). Ebenso lassen sich in natürlicher Weise alle drei Anforderungsbereiche der Bildungsstandards repräsentieren (vgl. KMK 2005, S. 13).

Das Schwergewicht der Entwicklung und damit auch der Forschung zu natürlich differenzierenden Lernumgebungen auf Seiten der Fachdidaktik liegt im deutschsprachigen Raum bisher eindeutig auf arithmetischen Übungs- oder Aufgabenformaten und Problemstellungen. Die bekanntesten wollen wir an dieser Stelle kurz auflisten (zu weiteren Formaten sei insbesondere auf Wittmann/Müller 1990/1992 verwiesen):

- **Zahlenmauern** mit den erforderlichen Operationen Addition und Subtraktion und bereits vom ersten Schuljahr an einzusetzen (vgl. Krauthausen 1995; Scherer 1997a). Zu ergänzen ist an dieser Stelle auch noch die Variation der *Minusmauern*, die Absolutbeträge von Differenzen in den Fokus nimmt (vgl. Krauthausen 2006/2009).
- **Zahlenketten** basierend auf der Fibonacci-Folge (vgl. Kapitel 5)
- **Wer trifft die 50?** Ein additives Format, in dem der Mittelwert eine wichtige Rolle spielt (vgl. Steinbring 1995; Scherer/Steinbring 2004b)
- **Rechendreiecke** (vgl. Kapitel 6) bzw. deren geometrische Erweiterungen der Vierfeldertafeln (Floer/Möller 1985) oder *Rechen-n-Ecke* (Schmidt 2009/2010; vgl. auch Kapitel 6.3.2)
- **Zauberdreieck** und **Magische Quadrate**, in denen vielfach das problemorientierte Arbeiten im Zentrum steht (vgl. Metzner 2002; Floer/Schipper 1991; Leutenbauer 1980; Siegel 1990)
- **Mal-Plus-Häuser** als eines der wenigen Formate, die Multiplikation und Division bereits in den Aufbau des Formats integrieren (vgl. Verboom 2002; Valls-Busch 2004)
- **Einmaleins-Sterne**, die den Rechendreiecken ähneln, aber eine multiplikative Struktur aufweisen (vgl. Verboom 2002)
- **Würfelzahlenquadrate**, als Format, in dem auch das stochastische Element eine Rolle spielt (Spiegel 1978; Wesseling 2005)

Der Begriff des *Aufgabenformats* wird in aktuellen Publikationen sehr heterogen benutzt, zum Teil synonym mit SLU, zum Teil für alle möglichen „modern" ausschauenden Übungsaufgaben. Daher scheint es sinnvoll, den Begriff als Fachterminus deutlicher zu charakterisieren, um die Kommunikation eindeutiger zu machen. Ein Aufgabenformat besteht aus einer immer gleich dargestellten (formatierten) Grundform, die als Vorlage für unterschiedliche Frage- und Problemstellungen dient und dazu unterschiedlich „befüllt" werden kann. Wie von einem Vorlagenblock kann man immer gleichbleibende Grunddarstellungen als *Leerformate* abrufen (für Zahlenmauern 3er-, 4er- oder 5er-Mauern; Rechendreiecke, Mal-Plus-Häuser etc.). Zur *Formatierung* gehört neben der Grundform-Darstellung noch eine stets *gleichbleibende Regel*. Bei Zahlenmauern gilt *immer* die Regel: Die Summe benachbarter Steine steht im Stein darüber. Man *kann* andere Regeln vereinbaren (z. B. Multiplikation statt Addition als Operation), aber dann sollte das am besten auch im Namen deutlich werden, z. B. spricht man dann von Mal-Mauern. Oder es geht um Unterschiedsbildung statt Addition, dann aber spricht man von Minus-Mauern oder im speziellen Fall von Null-Mauern (vgl. Krauthausen 2006/2009). Die formatierte Darstellung und die vereinbarte Regel haben den Vorteil, dass sie für alle Kinder leicht verständlich, schnell zugänglich und bald routiniert handhabbar sind. Die Vielfalt der möglichen Frage- und Problemstellungen, die ein Aufgabenformat erlaubt, greift stets auf diese bald vertrauten Grundvereinbarungen zurück und bedeutet damit von Fragestellung zu Fragestellung keinen neuen Einarbeitungsaufwand. Das Verhältnis von Aufgabenformaten zu substanziellen Lernumgebungen könnte man so charakterisieren, dass Aufgabenformate eine „Teilmenge" von SLU darstellen. Also nicht jede SLU ist zwingend ein Aufgabenformat, aber ein Aufgabenformat erfüllt stets die konstituierenden Merkmale einer SLU.

Für den Unterricht wird das Konzipieren solcher arithmetischer Lernumgebungen dadurch erleichtert, dass hierbei innermathematische Muster und Beziehungen thematisiert werden, die durch *die Natur der Sache* zu vielfältigen Übungsaktivitäten und Forschungsfragen anregen. Zu den eventuell vermissten Realitätsbezügen sei nur kurz gesagt: Diese haben ihre Berechtigung im Unterricht, sind aber kein Dogma. Im Gegenteil: Innermathematische Fragestellungen sind ihnen bei bestimmten Zielen des Mathematikunterrichts überlegen (vgl. auch das Begriffspaar Anwendungs- und Strukturorientierung; KM 1985). Auch ist inzwischen vielfach belegt, dass innermathematische Fragestellungen keineswegs die Motivation der Kinder beeinträchtigen (und oft sogar unerwartet erhöhen). Ein Grund dafür mag darin gesehen werden, dass Realitätsbezüge unter Umständen auch ablenkend wirken können, wenn für Kinder hier andere Aspekte als ausgerechnet die mathematische Struktur interessanter sind. Bei innermathematischen Problemstellungen hingegen liegt es auf der Hand, dass hier fachliche Strukturen oder Strategien des Problemlösens im Vordergrund stehen. Die Muster, Strukturen oder Beziehungen sind unverstellt und primär erkennbar.

Daneben gibt es aber auch Vorschläge für geometrische Lernumgebungen sowie für substanzielle Lernumgebungen im Bereich des Sachrechnens, wie etwa

- *Tangram* (Wittmann 1997; Gross 2011)
- *Würfelnetze* (Radatz/Rickmeyer 1991; Prediger/Scherres 2012).
- *Beschreiben von Größen* (vgl. Hirt/Wälti 2008)
- *Einkaufsaktivitäten* (vgl. Hirt/Wälti 2008; Scherer 2003)

(zu weiteren Lernumgebungen vgl. Hengartner u. a. 2006; Hirt/Wälti 2008; Nührenbörger/Pust 2006)

4.2 Einordnung in andere Terminologien

Ähnlich wie zum Begriff der Natürlichen Differenzierung existieren auch zu SLU bzw. allgemein zu Lernumgebungen durchaus verschiedene Definitionen oder Begriffsverständnisse, dies kann zum Teil Unklarheiten und auch Missverständnisse auslösen.

Das allgemeine Bestreben, Aufgabenangebote zu verbessern, hat zu zahlreichen „modernen" Schlagworten geführt, deren bloße Nennung manchmal bereits als Gütemerkmal suggeriert wird: Gute Aufgaben, große Aufgaben, substanzielle Aufgaben, diskursive Aufgaben, substanzielle Aufgabenformate, substanzielle Lernumgebungen. Diese Diskussion wird auch international geführt und hat vergleichbare Begriffe zutage gebracht: good tasks, rich tasks, rich problems, big ideas etc. (vgl. Fosnot/Dolk 2001; Griffin 2009). Nicht immer wird offengelegt (oder gar explizit „definiert", wie bei Wittmann 1995/2001 im Falle der SLU), was mit dem jeweiligen Begriff gemeint ist. Und nicht immer sind die Begriffsbestimmungen so konkret, dass sie eine zuverlässige Abgrenzung zu nicht Gemeintem ermöglichen. Im Lehrplan Mathematik Grundschule für Nordrhein-Westfalen findet sich etwa der Begriff der ergiebigen Aufgaben: „Ergiebige Aufgaben haben eine zentrale Bedeutung für den Unterricht. Sie beinhalten differenzierte Fragestellungen auf unterschiedlichem Niveau, ermöglichen verschiedene Lösungswege und fördern die Entwicklung grundlegender mathematischer Bildung" (MSW 2008a, S. 55). In der zugehörigen Handreichung des MSW wird der Begriff der guten Lernaufgaben eingebracht und wie folgt definiert: „Gute Lernaufgaben

- sind herausfordernd auf unterschiedlichem Anspruchsniveau
- fordern und fördern inhalts- und prozessbezogene sowie übergreifende Kompetenzen
- knüpfen an Vorwissen an und bauen das zu erwerbende Wissen kumulativ (vernetzt) auf
- sind in sinnstiftende Kontexte eingebunden
- sind vielfältig in den Lösungsstrategien und Darstellungsformen
- stärken das Könnensbewusstsein durch erfolgreiches Bearbeiten" (MSW 2008b, S. 13 f.).

Mit einem traditionellen Verständnis von innerer Differenzierung (vgl. Kapitel 2.1 und 2.2) könnte man sich z. B. durchaus einen Unterricht vorstellen, der zwar die genannte Forderung *formal* realisiert, gleichwohl überhaupt noch nicht den zeitgemäßen Postulaten einer SLU oder einer natürlichen Differenzierung entspräche. In diesem Sinne kann es also durch unklare Begriffsbestimmungen zu Missverständnissen und überholten Realisierungsformen kommen. Auch in den Bildungsstandards müssen die dort genannten großen Aufgaben nicht unbedingt einer Natürlichen Differenzierung entsprechen: „Es werden hier sogenannte „große Aufgaben" vorgestellt, die der Leistungsheterogenität von Grundschülern dadurch Rechnung tragen, dass sie im gleichen inhaltlichen Kontext ein breites Spektrum an unterschiedlichen Anforderungen und Schwierigkeiten abdecken. Dadurch können die Aufgabenbeispiele zugleich als Muster für einen differenzierenden Unterricht fungieren, in dem alle Kinder am gleichen Inhalt arbeiten, aber nicht unbedingt dieselben Aufgaben lösen" (KMK 2005, S. 13). Vielmehr könnten hier Teilaufgaben für unterschiedliche Anforderungsbereiche, die u. a. vorab festgelegt werden, eher im Sinne einer Klassischen Inneren Differenzierung eingesetzt werden.

Hirt und Wälti (2008) heben auf die Offenheit der Aufgaben ab, und das Arbeiten an gleichen Aufgaben wird verdeutlicht: „In Lernumgebungen können langsam und schnell Lernende innerhalb des gleichen fachlichen Rahmens integriert gefördert werden. Dank der Offenheit und der Reichhaltigkeit der Aufgaben und Arbeitsanweisungen regen sie zum eigentätigen Mathematik-Treiben an und lösen Fachgespräche aus." (ebd., S. 12). Eingebracht wird hier auch der Aspekt des Kommunizierens über die Aufgaben und deren Bearbeitung und Lösung, was der entsprechenden prozessbezogenen Kompetenz Rechnung trägt (vgl. KMK 2005, S. 7 f.; auch Nührenbörger 2009a/b).

Anderenorts versteht man unter Lernumgebungen „Aufgabenstellungen, die sowohl die Heterogenität der Schüler/innen berücksichtigen und einen Zugang für alle Kinder bieten als auch das aktiventdeckende Lernen begünstigen. Solche Aufgaben sind auf unterschiedlichen Verständnis- bzw. Abstraktionsebenen lösbar und fordern das Entwickeln persönlicher Denkwege und Darstellungsformen heraus" (Gebert u. a. 2009, S. 4).

Auch hier wird Lehrkräften vermutlich der Unterschied zu einer tradierten Praxis gar nicht evident: Denn auch ein Lernangebot etwa zum Üben des Einmaleins mit verschiedenen Arbeitsblättern, vorab konzipiert für als unterscheidbar angenommene Leistungsniveaus, lässt sich in die obige Definition problemlos einordnen, ermöglicht aber keineswegs Natürliche Differenzierung, sondern repräsentiert klassische Innere Differenzierung. Ähnlich „traditionelle" Deutungen lassen sich gegebenenfalls auch für andere vergleichbare Begriffe finden (s. o.).

Eine weiter gefasste Begrifflichkeit findet sich etwa bei Krämer (2011; Abbildung 4.1), in der neben den fachlichen Aspekten auch organisatorisch-methodische Aspekte miteinbezogen werden.

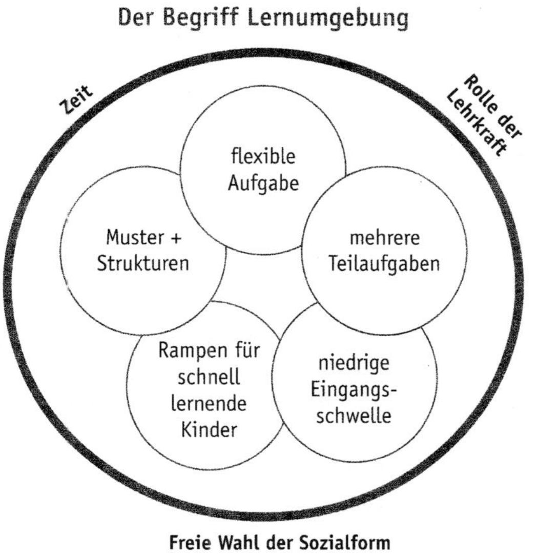

Abbildung 4.1: Begriff der Lernumgebung

Auch Bartnitzky (2013) unterscheidet bei Lernumgebungen im weiteren Sinn die Gestaltung von Raum und Zeit, Material und Medien sowie die pädagogische Arbeit und im engeren Sinn das fachbezogene Anregungspotenzial. Und auch bei Wollring (2009) wird der Terminus der Lernumgebung weiter gefasst und „beschreibt im Wesentlichen eine Arbeitssituation als Ganzes [...] Eine Lernumgebung ist im gewissen Sinne eine natürliche Erweiterung dessen, was man im Mathematikunterricht traditionell eine ‚gute Aufgabe' nennt. Eine Lernumgebung ist gewissermaßen eine flexible Aufgabe oder besser, eine flexible große Aufgabe. Sie besteht aus einem Netzwerk kleinerer Aufgaben, die nach bestimmten Leitgedanken zusammengebunden werden" (ebd., S. 13). In der Folge unterscheidet er sechs Leitideen zum Design von Lernumgebungen:

L1 Gegenstand und Sinn, Fach-Sinn und Werk-Sinn;
L2 Artikulation, Kommunikation, Soziale Organisation;
L3 Differenzieren;
L4 Logistik;
L5 Evaluation;
L6 Vernetzung mit anderen Lernumgebungen.

Eine weitere Facette findet sich etwa bei Büchter/Leuders (2005, S. 9 ff.): Hier werden gute Aufgaben entsprechend ihrer unterschiedlichen Funktionen untersucht, und bezüglich offener Aufgaben findet sich ein entsprechendes Klassifikationsschema (ebd., S. 92 ff.). Bei Sundermann/Selter (2006, S. 74 ff.) werden Aufgabentypen hinsichtlich verschiedener Kriterien eingeordnet (Informativität, Offenheit, Prozessbezug), dort u. a. mit Blick auf deren Rolle bei der Leistungsfeststellung und -beurteilung.

Insgesamt wollen wir mit dieser kurzen Skizzierung einerseits das vorhandene (durchaus uneinheitliche und mitunter verwirrende) Begriffsspektrum illustrieren, andererseits dabei verdeutlichen, dass daher die Lehrperson die jeweiligen Aufgabenangebote und Lernumgebungen selbst kritisch beleuchten und auf ihre Einsatzmöglichkeiten und Tragfähigkeit hin beurteilen muss.

4.3 Zur unterrichtlichen Umsetzung

Die Diskussion um „gute" Aufgaben und eine sachgerechte Aufgabenkultur hat in der Mathematikdidaktik seit einigen Jahre Konjunktur (z. B. Hirt/Wälti 2008; Leuders 2008; Ruwisch/Peter-Koop 2003; Walther 2011). Zahlreiche überzeugende und nachahmenswerte Beispiele wurden inzwischen publiziert. Diese Entwicklungen waren sicherlich notwendig, aber vergessen werden darf darüber nicht, dass geeignete Lernumgebungen und „gute" Aufgaben nicht selbstwirksam sind. Selbst wenn gute Aufgaben ausgewählt werden, kann der Unterricht dennoch abseits wünschenswerten Lernens und Lehrens ablaufen – und damit weder das Potenzial der Aufgaben ausschöpfen noch den Lernenden gerecht werden. Es ist also noch etwas anderes erforderlich, was häufig mit dem Begriff der Lernkultur umschrieben wird (vgl. Griffin 2009 sowie Kapitel 3.3), in die das (oft unbewusste) Bild von Mathematik(-unterricht) seitens der Lehrkraft wie der Schüler eingehen. Außerdem haben die folgenden Aspekte einen nicht zu unterschätzenden Einfluss.

Wenn wir zusammenfassend festhalten, dass geeignete Lernumgebungen und Aufgaben die folgenden Ziele verfolgen sollen (vgl. Freudenthal 1973; KMK 2005; Lappan/Phillips 2009, S. 8 f.; NCTM 2000; van den Heuvel-Panhuizen 1996, S. 105 ff.), dann erscheinen uns SLU dazu in besonderer Weise geeignet:

- fördern ein tragfähiges Verständnis von Mathematik und fundamentalen Ideen
- unterstützen ein angemessenes Bild von Mathematik
- helfen allgemeine und übertragbare Problemlösestrategien zu entwickeln
- fördern Fähigkeiten des Argumentierens und Begründens
- üben mathematische Fähigkeiten und Fertigkeiten
- ermöglichen einen produktiven Umgang mit Heterogenität
- etablieren eine geeignete Unterrichtskultur für das Mathematiktreiben

In Kapitel 5 und 6 werden wir an den Formaten *Zahlenketten* und *Rechendreiecke* unterrichtliche Umsetzungen im Detail konkretisieren und reflektieren. In diesem Abschnitt wollen wir vorab exemplarisch auf die oben genannten Punkte des Übens mathematischer Fertigkeiten sowie auf die Förderung des Argumentierens und Begründens genauer eingehen.

Problemlösen, Strukturen, Muster und Argumentieren stehen im Zentrum von SLU, was wir in den Kapiteln 5 und 6 genauer ausführen werden. Gleichzeitig wird das Üben der Rechenfertigkeiten nicht vernachlässigt (vgl. Pagni 2002, S. 30). Vielfältige Projekterfahrungen und Unterrichtsbeobachtungen haben gezeigt, dass die Schülerinnen und Schüler mindestens genauso viele, wenn nicht mehr Aktivitäten zum Üben der Rechenfertigkeiten durchführen als bei klassischen Schulbuchaufgaben (vgl. Krauthausen/Scherer 2010a; Scherer/Krauthausen 2010). Der Grund dafür kann darin liegen, dass das Rechnen mehrerer Beispiele oftmals erst das Muster oder eine Beziehung zeigt, sodass das Berechnen mehrerer Aufgaben für die Schülerinnen und Schüler sachlich notwendig und nützlich erscheint – anders als bei isolierten Aufgaben, bei denen es unter Umständen eher darum geht, ein Pensum abzuarbeiten.

Bei auftretenden Mustern und Entdeckungen innerhalb einer SLU-Aufgabenstellung ist nicht nur das Beschreiben, sondern auch das Begründen gewünscht: Hypothesen müssen formuliert werden, und die Argumentationen müssen unter Umständen durch weitere zu berechnende Beispiele gestützt werden. Die Schülerinnen und Schüler üben also ihre Rechenfertigkeiten, verfolgen aber dabei höhere Lernziele. Dies alles repräsentiert produktives Üben (im Gegensatz zu reiner Reproduktion; vgl. Wittmann/Müller 1990/1992).

Von Vorteil ist bei SLU, dass die Formate in der Regel einfache Regeln aufweisen, sodass für alle Kinder ein leichter Zugang gegeben wird. Zudem ermöglicht das längerfristige oder wiederholte Arbeiten an einem Format die Konzentration auf die jeweilige mathematische Aufgaben- und Problemstellung, und es müssen nicht immer neue Regeln und Darstellungsformen erlernt werden.

Argumentieren und Begründen wird nahezu zwangsläufig bei problemorientierten Aufgabenstellungen gefordert. Im Bereich der SLU lassen sich problemstrukturierte Fragestellungen aus der innermathematischen Struktur der Sache ableiten und den Kindern anbieten. *Standardfragen*, die ihrerseits eine Niveaudifferenzierung ermöglichen, aber grundsätzlich immer allen Kindern offen stehen, lauten:

- Was fällt auf?
- Kannst du das erklären? Warum ist das so?
- Findest du weitere Beispiele?
- Findest du alle Beispiele? Wie viele Beispiele kann es geben?
- Kannst du beweisen, dass es nicht mehr geben kann?

Konsequentes Modellverhalten der Lehrperson führt übrigens bald dazu, dass Kinder beginnen, sich diese Fragen selbst zu stellen (Frage- und Begründungsbedürfnis; vgl. S. 68). Das Potenzial für Natürliche Differenzierung liegt hier darin, dass die Kinder unterschiedlich weit bei diesen Fragen vordringen werden. Sie sind aber auch nicht hierarchisch zu verstehen, denn für die Begründung eines Musters oder einer Lösungsstrategie können auch sehr anschauliche Darstellungen gewählt werden. Schwache Rechner sind nicht immer auch schwache Problemlöser (vgl. Scherer 1999, S. 294 f.).

Für alle diese Anregungen gilt: Die Lehrperson muss jeweils vor Ort und in Kenntnis ihrer konkreten Lerngruppe entscheiden, welche Fragestellungen aus dem oft umfangreichen grundsätzlichen Pool, den ein Aufgabenformat bietet, sie aufgreifen möchte (vgl. Kapitel 7.2). Auch müssen die jeweils relevanten Voraussetzungen bedacht werden, ob und welche Hilfen anzubieten wären (oder auch bewusst noch nicht; vgl. Kapitel 7.5). Diese und weitere Planungsüberlegungen fallen ausdrücklich in die Zuständigkeit der Lehrperson (vgl. Kapitel 7), wenn sie die notwendige fachliche Rahmung professionell vornehmen will, um darin den Kindern Freiräume für mathematische Aktivitäten auf vielfältigen Niveaus zu ermöglichen.

5 Beispiel Zahlenketten

Was geschieht, wenn du die erste Startzahl um 1 erhöhst? Probiere aus!

1	100	101	201
2	100	102	202
3	100	103	203
4	100	104	204
5	100	105	205
6	100	106	206
7	100	107	207
8	100	108	208
9	100	109	209
10	100	110	210
11	100	111	211

Was fällt dir auf? Erkläre!

Das das ergebnis immer um 1
erhöbert wirt

5.1 Fachlicher Hintergrund

Das Aufgabenformat „Zahlenketten" nutzt das Bildungsgesetz der Fibonacci-Folge, lässt aber Freiheiten bei der Wahl der Startzahlen (vgl. z. B. Price u. a. 1991, S.12; Scherer 1996; Scherer/Selter 1996; Selter/Scherer 1996). Zahlenketten können in verschiedenen Varianten, d. h. als Ketten unterschiedlicher Länge eingesetzt werden.

Folgende Regel liegt dem Format zugrunde (hier eine Variante mit vier Kettengliedern): Zu wählen sind zwei beliebige[13] Zahlen (Startzahlen), die nebeneinander notiert werden. Rechts daneben wird deren Summe gebildet. Zum Schluss werden die zweite und die dritte Zahl addiert und als „Zielzahl" rechts daneben notiert, z. B.

2 **10** 12 **22** oder **8** **4** 12 **16**.

Eine Zahlenkette besteht also aus nebeneinander stehenden Zahlen, wobei mit Ausnahme der ersten beiden, frei zu wählenden Startzahlen, eine Zahl jeweils die Summe der beiden vorherigen Zahlen darstellt. Für den Primarbereich, aber auch generell zur Begrenzung von Lösungsmengen bei Fragestellungen der Art „Wie viele …?" (s. u.), empfiehlt sich die Beschränkung auf positive ganze Startzahlen (einschl. der Null).

Ausgehend von dieser Rechenvorschrift bieten sich zahlreiche Aktivitäten an, von denen sich im Mathematikunterricht der Grundschule die Aufgabenstellung, eine vorgegebene Zielzahl zu erreichen, besonders bewährt hat. Exemplarisch sei diese Problemstellung für die Skizzierung des mathematischen Hintergrunds herangezogen. Hierzu erweist sich die Formalisierung (Algebraisierung) als hilfreich; zu einem Startzahlpärchen (a, b) ergibt sich bei einer viergliedrigen Zahlenkette die folgende Darstellung:

$$a \quad b \quad a+b \quad a+2b$$

Bei längeren Zahlenketten würden sich die folgenden Zielzahlen ergeben:

$$\ldots, 2a+3b, 3a+5b, 5a+8b, 8a+11b, \ldots$$

Bei den Koeffizienten der Summanden handelt es sich jeweils um aufeinanderfolgende Zahlen der Fibonacci-Folge. Weil diese stets teilerfremd sind, haben die entsprechenden Gleichungen für jede erdenkliche Zielzahl beliebig viele ganzzahlige Lösungen (vgl. Selter/Scherer 1996, S. 58). Da in der Grundschule jedoch nur nicht-negative Lösungen zugelassen werden sollten, gibt es jeweils nur eine begrenzte Anzahl.

13 Bei der Fibonacci-Folge sind beide Startzahlen mit 1 vorgegeben: 1, 1, 2, 3, 5, 8, 13, … (weitere Ausführungen zu Fibonacci-Zahlen und zahlentheoretischen Überlegungen vgl. z. B. Scheid 1991).

Betrachten wir die Problemstellung, bei einer viergliedrigen Kette die Zielzahl 50 zu erreichen (vgl. Kapitel 5.2), so ergibt sich für die Zielzahl a + 2b = 50.[14] Die Umformung dieser Gleichung liefert die Beziehung:

$$b = \frac{50 - a}{2}$$

An diesem algebraischen Term lassen sich folgende Eigenschaften der ersten Startzahl ableiten:

- Die Startzahl a muss gerade sein, da andernfalls auch der Zähler 50 – a ungerade wäre und somit b, die Hälfte von 50 – a, keinen ganzzahligen Ausdruck liefert.
- Die Startzahl a muss zudem kleiner als 50 sein, da ansonsten b negativ würde.

Somit könnten für a die Werte 50, 48, 46, ..., 2 und 0 eingesetzt werden, und es ergeben sich insgesamt die folgenden 26 Lösungen (Tabelle 5.1):

Startzahl a	**Startzahl b**		**Zielzahl**	**Startzahl a**	**Startzahl b**		**Zielzahl**
50	0	50	50	24	13	37	50
48	1	49	50	22	14	36	50
46	2	48	50	20	15	35	50
44	3	47	50	18	16	34	50
42	4	46	50	16	17	33	50
40	5	45	50	14	18	32	50
38	6	44	50	12	19	31	50
36	7	43	50	10	20	30	50
34	8	42	50	8	21	29	50
32	9	41	50	6	22	28	50
30	10	40	50	4	23	27	50
28	11	39	50	2	24	26	50
26	12	38	50	0	25	25	50

Tabelle 5.1: Lösungen für viergliedrige Zahlenketten mit Zielzahl 50

14 Als lineare diophantische Gleichung ließen sich die beiden Unbekannten über Restklassenbetrachtungen zwar direkt ausrechnen (vgl. Krauthausen 1998b, S. 125), aber das Beispiel zeigt, dass auch über *inhaltliche Deutungen* der erhaltenen Beziehung relevante Eigenschaften der Startzahlen erschlossen werden können.

Weitere Fragestellungen, die in Kapitel 5.2 in der unterrichtlichen Umsetzung beleuchtet werden (vgl. auch Krauthausen/Scherer 2007, S. 173), können mithilfe des obigen algebraischen Ausdrucks bereits fachlich genauer betrachtet werden. Die Algebraisierung eines Aufgabenformats liefert also nicht nur zielgerichtet und unabhängig von Spezialfällen allgemeingültige Aussagen über die enthaltenen Muster und strukturellen Beziehungen, sondern sie hat zudem einen für die Unterrichtsvorbereitung nicht zu unterschätzenden zeitökonomischen Effekt, da sie von einer rein probierenden Vorgehensweise zahlreicher Beispielfälle entbindet:

B

Wann ist die Zielzahl gerade, wann ist sie ungerade?
Der Term $a + 2b$ zeigt, dass die Startzahl a verantwortlich für gerade oder ungerade Zielzahlen ist. Ist a gerade, so ist auch die Zielzahl gerade. Und analog: Ist a ungerade, so ist auch die Zielzahl ungerade. Die Startzahl b ist für die Parität der Zielzahl nicht relevant, da b immer verdoppelt wird und somit der Term 2b immer gerade ist, unabhängig davon, ob b gerade oder ungerade ist.

Was geschieht, wenn man die erste (zweite) Startzahl um 1, 2, …, n erhöht/erniedrigt?
Das Erhöhen der ersten Startzahl a liefert die gleiche Erhöhung/Verminderung bei der Zielzahl:

$$(a \pm n) + 2b = a + 2b \pm n$$

Das Erhöhen der zweiten Startzahl hingegen wirkt sich doppelt aus:

$$a + 2 \cdot (b \pm n) = a + 2b \pm 2n$$

Was geschieht, wenn man beide Startzahlen um 1, 2, ... n erhöht/erniedrigt?
Konsequenterweise ergibt sich hier eine Veränderung um das 3-fache der Ausgangsveränderung:

$$(a \pm n) + 2 \cdot (b \pm n) = a + 2b \pm n \pm 2n = a + 2b \pm 3n$$

Was geschieht, wenn beide Startzahlen gleich sind?
Bei identischer Wahl der Startzahlen ergibt sich ein Vielfaches von 3:

$$a + 2a = 3a$$

5.2 Mögliche Unterrichtsreihe

Nachfolgend wird der Aufbau einer möglichen Unterrichtsreihe, die wir in verschiedenen Klassenstufen mehrfach erprobt haben, kurz vorgestellt und begründet:

1. Stunde:	Einführung bzw. Wiederholung; Berechnen vorgegebener Beispiele zur Sicherung des Regelverständnisses
2. Stunde:	Offene Aufgaben
3./4. Stunde:	Erreichen einer vorgegebenen Zielzahl
5. bis 8. Stunde:	Weitere Forschungsaufträge (z. B. Untersuchen operativer Beziehungen oder problemstrukturierte Übungen)

Zur Begründung: In einer ersten Unterrichtsstunde zur Lernumgebung Zahlenketten sollte es zunächst um die sorgfältige Einführung des Formats gehen. Gegebenenfalls handelt es sich lediglich um eine Auffrischung, wenn das Format bereits zu einem früheren Zeitpunkt behandelt wurde. Eine schülergemäße Formulierung könnte sein:

B

Denke dir zwei Startzahlen und schreibe sie nebeneinander. Rechts daneben notiere ihre Summe. Wiederum rechts daneben schreibe die Summe der beiden vorangehenden Zahlen. Verfahre noch einmal so und notiere diese letzte Summe als Zielzahl.

Nach einer kurzen Einführung durch einige Beispiele an der Tafel können die Schülerinnen und Schüler ein Arbeitsblatt mit *vorgegebenen* Startzahlen bearbeiten (vgl. im Download-Material Kapitel 9.1.1; Arbeitsblatt 1.1 bzw. 1.1R). Vorrangiges Ziel hierbei ist die Sicherung des Regelverständnisses. Bedacht werden sollte, dass die Übung der Rechenfertigkeiten hier ein eher untergeordnetes Ziel darstellen kann, sodass z. B. beim Einsatz im vierten Schuljahr das Zahlenmaterial innerhalb des Hunderterraumes liegen kann. Auf dem gleichen Arbeitsblatt sind zudem Leerformate zu füllen, um Zahlenketten weiter mit selbst gewählten Zahlenbeispielen und nach eigenen Ideen zu erproben. Am Ende dieser ersten Stunde können die Schülerinnen und Schüler sich gegebenenfalls auch schon über erste Entdeckungen bei Zahlenketten austauschen.

Der Einsatz offener Aufgaben kann dann in einer zweiten Unterrichtsstunde zum zentralen Thema gemacht werden. Hierzu werden entweder Blanco-Arbeitsblätter zur Verfügung gestellt (vgl. Kapitel 9.1.1, Arbeitsblatt 1.2) oder aber die Wahl eigener Zahlenketten findet bereits mit einer bestimmten Steuerung statt (vgl. Kapitel 5.3.1). Auch diese Aktivitäten dienen einerseits der weiteren Sicherung der Zahlenkettenregeln, bieten darüber hinaus die Möglichkeit, das

Format auf dem jeweils eigenen Niveau weiter zu erforschen. Mehrfach hat sich in unseren Erprobungen gezeigt, dass die Schüler durch die spezifische Wahl ihrer Beispiele Phänomene und Beziehungen entdeckt haben, die in der eigentlichen Unterrichtsplanung erst zu einem späteren Zeitpunkt als expliziter Forschungsauftrag vorgesehen waren (vgl. Kapitel 5.3.1).

In weiteren Unterrichtsstunden können nun verschiedene Forschungsaufträge behandelt werden (vgl. im Download-Material Kapitel 9.1.2 bzw. 9.1.3). In der Regel existiert keine festgelegte Reihenfolge, allerdings erleichtert unter Umständen die Einsicht eines bestimmten Zusammenhangs die Lösung einer anderen Fragestellung. Auf etwaige Zusammenhänge zwischen bestimmten Problemstellungen werden wir in Kapitel 5.3.2 und 5.3.3 genauer eingehen.

5.3 Diskussion ausgewählter Aufgaben und Problemstellungen

Die folgenden Anregungen resultieren sowohl aus theoretischen Erwägungen als auch aus Erfahrungen mit vielfältigen praktischen Erprobungen.

5.3.1 Offene Aufgabe zu Zahlenketten

Gerade bei offenen Aufgaben ohne spezifische Vorgaben haben Schülerinnen und Schüler die Möglichkeit, auf ihrem eigenen Niveau zu arbeiten (vgl. auch Krauthausen/Scherer 2011b). Uns interessierte dabei, inwieweit diese didaktisch intendierte Offenheit von den Schülerinnen und Schülern tatsächlich genutzt wird. Eine erste Einsatzmöglichkeit stellt ein Blanco-Arbeitsblatt ohne weitere Fokussierung dar (vgl. Kapitel 9.1.1, Arbeitsblatt 1.2 im Downloadmaterial).

In den beobachteten Schulklassen konzentrierten sich die Schülerinnen und Schüler sehr stark auf ihr eigenes Arbeitsblatt, und es fanden sich recht individuelle Ergebnisse beim Erfinden der eigenen Zahlenketten, sowohl hinsichtlich der Anzahl der Aufgaben – zum Teil füllten sie mehr als ein Arbeitsblatt aus – als auch hinsichtlich der Aufgaben an sich und des gewählten Zahlenmaterials.

Exemplarische Erprobung in einer Klasse 4: Von den 25 Schülerinnen und Schülern bearbeiteten lediglich zwei Jungen nur ein erstes Arbeitsblatt und wählten damit nur elf eigene Zahlenketten, das entspricht aber immerhin 22 Aufgaben und sagt zudem noch nichts über den gewählten Schwierigkeitsgrad aus. Alle anderen Schülerinnen und Schüler nahmen sich ein zweites Arbeitsblatt und berechneten bis zu 29 selbst gewählte Zahlenketten.

In einer Klasse 2 ergab sich ein etwas anderes Bild: Hier bearbeitete ein Drittel der 21 Kinder nur das erste Arbeitsblatt. Immerhin fünf der Schülerinnen und Schüler notierten aber 29 eigene Zahlenketten. Diese Beobachtungen sind evtl. ein Spiegelbild der vorherrschenden Unterrichtskultur und auch auf die individuellen Vorerfahrungen und Leistungen der Schülerinnen und Schüler zurückzuführen. In einem Unterricht, in dem möglicherweise eher geschlossene und fest umrissene Arbeitsaufträge vorherrschen, werden die Schülerinnen und Schüler vermutlich auch nur das erste vorgegebene Blatt ausfüllen. Daneben hängt es sicherlich auch von der jeweiligen Schülerpersönlichkeit ab: Wenn Schüler lediglich die Minimalanforderungen des Unterrichts erfüllen wollen, dann werden sie sich nicht unbedingt weitere Arbeitsblätter zur Bearbeitung holen.

Die konkreten Aufgaben ließen ein breites Spektrum erkennen, wobei die folgenden Kategorien nicht trennscharf sind:

- **Größe der Startzahlen**

Über die vierte Klasse gesehen variierte das Zahlenmaterial für die Startzahlen

2	2	4	6
24	32	56	88
66	0	66	66
0	111 111111	111111111	222 222222

Abbildung 5.1: Zahlenketten mit großen Zahlen in Klasse 4

von Zahlen bis maximal 10 bis hin zu Zahlen im Millionenraum und darüber hinaus (größte Aufgabe: 0; 111 111 111; 111 111 111; 222 222 222; Abbildung 5.1). Auch individuell variierte das Spektrum bei vielen Kindern sehr weit; lediglich zwei Schüler blieben fast ausschließlich im 100er-Raum und knapp darüber hinaus.

Erwartungsgemäß war der gewählte Zahlenraum der meisten Zweitklässler kleiner. Viele der Kinder blieben im offiziell thematisierten Zahlenraum bis 100. Es gab aber durchaus Ausflüge in die „unbekannten" Zahlenräume bis 1000, 10 000, 100 000, aber auch in den Millionenraum:

1000	10000	1100	2100
10000	20000	30000	50000
29	19	48	67
90000	100000	190000	290000
0	100	100	200
11	12	23	35

2	2	4	6
3	3	6	9
20.000	20.000	40.000	60.000
60.000	60.000	120.000	180.000

Abbildung 5.2 und 5.3: Zahlenketten von Zweitklässlern, die über offiziell thematisierte Zahlenräume hinausgehen

- **Besondere Startzahlen**
  Viele Kinder wählten besondere Zahlenwerte, z. B. Aufgaben mit Null, glatte 10er-, 100er-, 1000er- oder 5er-Zahlen als Startzahlen oder aber auch Zahlen mit gleichen Ziffern (Vielfache von 11, 111, 1111, ...). Bei mehreren Zweitklässlern trat hier eine Besonderheit zum Rechnen mit der Null auf:

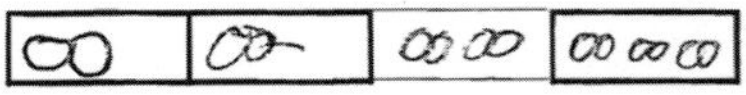

Abbildung 5.4 und 5.5: Besondere Verwendung der Null bei Zweitklässlern (so von ihnen vorgelesen)

- **Beziehungen zwischen den Startzahlen**
  Interessant war auch, dass die Schüler mit dem Verhältnis der beiden Startzahlen experimentierten: Sie wählten zum Teil annähernd gleich große Zahlen, aber kombinierten auch eine besonders große Startzahl mit einer besonders kleinen. Sie wählten ihre Zahlen darüber hinaus so aus, dass etwa glatte 10er oder 100er bei der dritten Zahl erreicht wurden.
  Beziehungen wurden aber nicht nur zwischen den Startzahlen deutlich, sondern auch zwischen den einzelnen Ketten:
- **Beziehungen zwischen den Ketten**
  Die Schüler, dabei viele der Zweit- und Viertklässler, erprobten z. B. gleiche Startzahlen oder aufeinanderfolgende Startzahlen.
  Einige Schüler untersuchten bereits gezielt operative Variationen (Konstanz der Summe, vgl. Abbildung 5.7, oder gleichzeitiges Erhöhen beider Startzahlen um 1).

Unverzichtbar (vgl. Kapitel 3.4 und 7.6) erscheint uns eine Reflexionsphase am Ende der Stunde, in der Schülerinnen und Schüler ihre Prozesse und Produkte vorstellen können. Hier haben sie vor allem auch die Möglichkeit, ihre jeweilige Wahl zu beschreiben und begründen (z. B. besonders große Zahlen; kleine Zahlen; gleiche Startzahlen; Auftreten von Mustern etc.; vgl. Pflege der mündlichen Ausdrucksfähigkeit). Betrachten wir exemplarisch die Reflexionsphase am Ende der Stunde im vierten Schuljahr. Einige Viertklässler stellten jeweils eine ihrer Zahlenketten vor und begründeten ihre Wahl (Abbildung 5.6).

- *Patrick* begründet die Auswahl seiner Kette mit den Startzahlen 8 und 196, weil beim Ergebnis 400 herauskommt und er das eigentlich nicht wollte.
- *David* mag seine Zahlenkette mit den Startzahlen 8 und 1930, weil hinten zwei Achten sind und dazwischen eine kleinere Zahl.
- *Lars* findet seine Kette mit den Startzahlen 123 und 123 *„toll, weil die Startzahlen in der Reihenfolge sind"*, bei der dritten Zahl ein Unterschied von 2 zwischen den Ziffern entsteht und bei der Zielzahl wiederum ein konstanter Unterschied, nur mit 3.

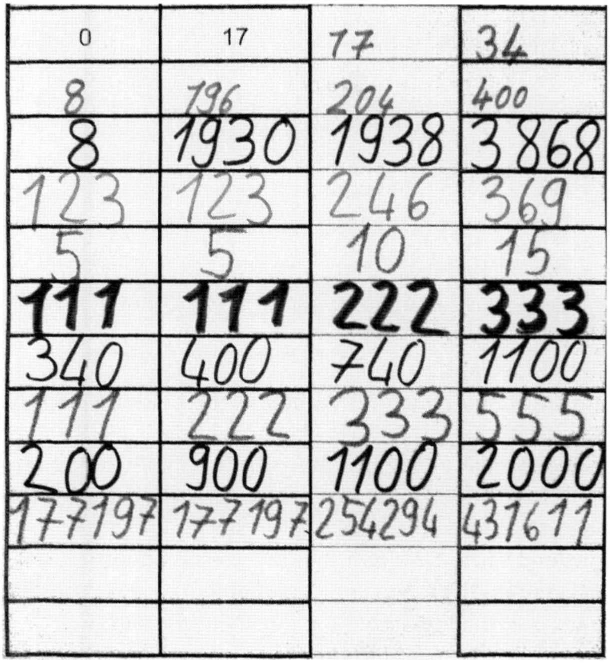

0	17	17	34
8	196	204	400
8	1930	1938	3868
123	123	246	369
5	5	10	15
111	111	222	333
340	400	740	1100
111	222	333	555
200	900	1100	2000
177197	177197	254294	431611

Abbildung 5.6: Sammeln der Zahlenketten an der Tafel (Klasse 4)

- *Sarah* wählt eine ihrer Ansicht nach *„relativ einfache Aufgabe"* aus mit den Startzahlen 5 und 5.
- *Julius* findet an seiner Kette mit den Startzahlen 111 und 111 gut, *„dass immer genau das gleiche [Muster; GKr/PS] entsteht"*.
- *Jenny* wählte ihre Kette mit den Startzahlen 340 und 400 aus, weil etwas *„mit Tausend herauskommt"*.
- *Carsten* stellt seine Kette mit den Startzahlen 111 und 222 vor, ohne diese spontan zu kommentieren. Die Lehrerin versucht kurz, die Beziehung zu Julians Kette (111/111) herzustellen. Diese Auffälligkeit kann jedoch nicht in allgemeiner Form beschrieben werden.
- *Defne* gefällt an ihrer Kette mit den Startzahlen 200 und 900 das Ergebnis 2000 *(„nicht tausend, sondern zweitausend")*.
- *Erik* stellt seine Kette mit den Startzahlen 177197 und 177197 vor, die schon beim Aufschreiben von den anderen Kindern als *„besonders riesig"* bewundert wird. Auf Nachfrage wird deutlich, dass Erich Spaß am Rechnen mit besonders großen Zahlen hat.

Zwei Kinder dieser vierten Klasse stellten auch ihre operative Variation vor (Abbildung 5.7).

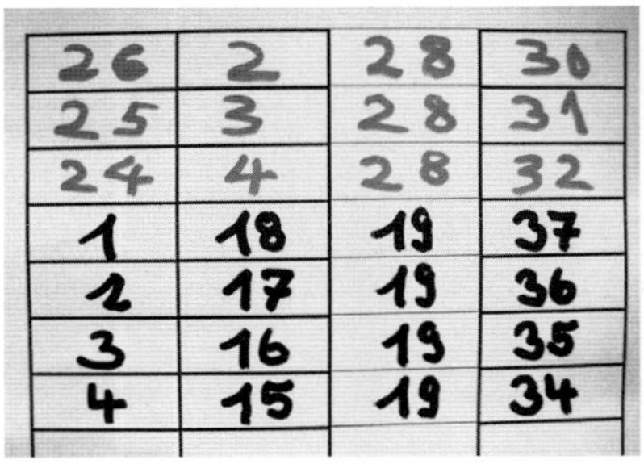

Abbildung 5.7: Operative Beziehungen (Klasse 4)

Linus und Nora setzten die Konstanz der Summe um (gegensinnig die Erhöhung und Verminderung gewählt). Die Veränderung der Zielzahl um 1 wurde erkannt, darüber hinaus die Konstanz bei der dritten Zahl. An dieser Stelle wurde noch nicht vertieft auf den Unterschied dieser beiden Variationen eingegangen.

Hier bestünde auch die Möglichkeit, die Beispiele der Schüler als Forschungsauftrag für alle aufzunehmen. D. h. die von uns zu einem späteren Zeitpunkt geplanten Forschungsaufträge (z. B. gleiche Startzahlen) könnten durchaus von den Schülern selbst gefunden und bearbeitet werden (ebenso wie auch weitere Forschungsaufträge), was dann eine entsprechende Flexibilität der Lehrperson voraussetzt.

Allgemeines Fazit zu diesem Aufgabentyp

Insgesamt zeigte die Aufgabenauswahl ein sehr breites Spektrum nach recht unterschiedlichen Kriterien und mit breit gestreutem Zahlenmaterial. Vordergründig könnte man einwenden, dass einige Schüler das Zahlenmaterial nicht ihrem Leistungsstand (etwa dem Zahlenraum bis zu einer Million im vierten Schuljahr) angemessen auswählten. Jedoch ist zu berücksichtigen, dass dies einerseits im Rahmen einer offenen Aufgabe zugestanden werden sollte und damit auch hilfreiche Hinweise zum Leistungsstand bzw. allgemein zum Umgang mit offeneren Situationen geben kann. Andererseits haben die oben genannten Kategorien der Aufgabenauswahl auch gezeigt, dass besondere Zahlen, etwa im Sinne operativer Variationen, nicht zwangsläufig an großen Zahlen durchgeführt werden müssen – und eher auch gar nicht sollten, damit durch die bloßen Rechenanforderungen nicht unnötig viel kognitive Energie absorbiert wird, die hier vorrangig für das primär intendierte Beschreiben, Erklären und Begründen von Mustern wünschenswert wäre.

Ein Ziel ist schließlich auch, dass die Schüler ihre Wahl bereits mit einer größeren (metakognitiven) Bewusstheit treffen. Daher haben wir für die weiteren Erprobungen das entsprechende Arbeitsblatt für selbst gewählte Aufgaben bei der Lernumgebung „Rechendreiecke" geändert (vgl. Abbildung 6.6; vgl. auch im Download-Material Kapitel 9.2.1, Arbeitsblatt 1.2).

5.3.2 Problemorientierte Aufgabe zu Zahlenketten: Erreichen einer festen Zielzahl

In einer weiteren Unterrichtsstunde ging es um eine problemorientierte Aufgabenstellung, nämlich eine bestimmte vorgegebene Zielzahl, hier 50, zu finden (Abbildung 5.8; vgl. auch im Download-Material Kapitel 9.1.2, Arbeitsblatt 2).

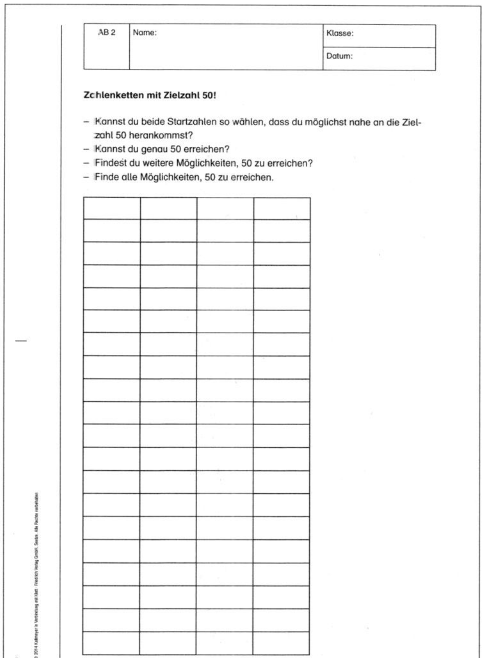

AB 2 | Name: | Klasse: | Datum:

Zchlenketten mit Zielzahl 50!

- Kannst du beide Startzahlen so wählen, dass du möglichst nahe an die Zielzahl 50 herankommst?
- Kannst du genau 50 erreichen?
- Findest du weitere Möglichkeiten, 50 zu erreichen?
- Finde alle Möglichkeiten, 50 zu erreichen.

Abbildung 5.8: Arbeitsblatt zu einer problemorientierten Aufgabe[15]

Ganz bewusst wurde für diese Aufgabenstellung der „kleine" Zahlenwert 50 gewählt. Dieser sollte einerseits für Zweitklässler (am Ende des zweiten Schuljahres) eine nicht zu hohe rechnerische Anforderung stellen und damit allen Kindern die Möglichkeit geben, diese Problemstellung zu bearbeiten. Andererseits geht es nun vorrangig um das Entwickeln von Lösungsstrategien und das Erkennen von Mustern und weniger um das Trainieren der Rechenfertigkeiten. Insofern hat dieser Zahlenwert 50 auch für Viertklässler seine Berechtigung. Das soll-

15 Alle verkleinert gesetzten Arbeitsblätter befinden sich im Download-Material (Kapitel 9) in Originalgröße.

te gegebenenfalls auf der Meta-Ebene auch mit den Schülern diskutiert werden, die ja nicht selten voll Stolz auch jene großen Zahlen handhaben, die in anderen Zusammenhängen benutzt werden. So bemerkte eine Viertklässlerin bei einer der Rechendreiecksstunden, dass dieses Format schon von den Erstklässlern bearbeitet wird, jedoch mit kleineren Zahlenwerten wie 3 und 5. Dies griff eine Lehrerin auf und kommentierte: *„Diese Zahlen [im 100er-Raum] sind eigentlich auch für Euch noch recht leicht, aber du weißt ja vom letzten Mal, wir fangen erst mal mit so etwas an, damit ihr euch an dieses Format gewöhnt und dann gucken wir mal, was wir daraus machen können."* Grundsätzlich wäre also bei der Wahl des Zahlenmaterials immer zu bedenken, welche Ziele bei einer Aktivität im Vordergrund stehen.

Für die oben genannte Problemstellung gibt es mehrere Lösungen (vgl. Kapitel 5.1). Darüber hinaus wurde der Arbeitsauftrag bewusst so formuliert, dass auch näherungsweise Lösungen, die dann zur exakten Lösung verhelfen können, erwünscht sind (vgl. Abbildung 5.8). Zusätzlich wurden die Schüler ausdrücklich auf das Probieren hingewiesen, das als eine Phase des mathematischen Arbeitens durchaus wertgeschätzt werden sollte. Auch wurden sie gebeten, möglichst nicht zu radieren. Dieser Appell wurde im Verlauf der Bearbeitung nicht immer konsequent bzw. immer weniger beachtet, da das Suchen der exakten Lösung für die Kinder sehr dominant war. Über die Gründe lässt sich spekulieren, man kann es aber als einen Anlass verstehen, auch das Gespräch darüber zum Unterrichtsinhalt zu machen, weil es hierbei um Arbeitstechniken und Gepflogenheiten des Mathematiktreibens geht, die charakteristisch für das Fach sind: Denn auch (zunächst oder endgültig) falsch erscheinende Lösungsversuche können in der Zusammenschau gleichwohl wertvolle Hinweise für eine erfolgreichere Vorgehensweise enthalten. Das reflexhafte Ausradieren kann somit wertvolle Hinweise zunichtemachen.

Die Lösung der genannten Aufgabe kann mit ganz unterschiedlichen Zugangsweisen auf unterschiedlichen Niveaus erfolgen. In beiden Klassen sollten die Kinder zunächst individuell nach Lösungen suchen. Neben den Leerformaten zum Probieren gab es sogenannte „Treffer-Ketten" (vgl. im Download-Material Kapitel 9.1.2; Arbeitsblatt 2.T), größere Leerstreifen, in die exakte Lösungen für die 50 eingetragen wurden. Diese Trefferketten wurden aber noch nicht vorgestellt, sondern lediglich individuell gesammelt.

In einer Klasse 2 wurde nach einer neunminütigen Einzelarbeit ein ca. siebenminütiger Austausch in den Tischgruppen initiiert, nachdem geklärt war, dass jede Tischgruppe mindestens eine exakte Lösung gefunden hatte. Erst nach diesem Austausch wurden die Trefferblätter ausgeteilt und gefundene Lösungen übertragen.

Bei der Durchführung konnten wir auch hier ein individuelles Vorgehen der Kinder feststellen, allerdings fand sich eine deutlichere Beachtung der Mitschülerinnen und Mitschüler (*„Wie viele Lösungen hast du schon?"*). Dies kann – positiv besehen – Ansporn für die Suche nach weiteren Lösungen sein. Es kann aber unter Umständen auch Druck auslösen, weil man selbst noch nicht so viele Lösungen gefunden hat. Hier ist die Rolle der Lehrperson wichtig, um der Individualität der Schüler gerecht zu werden und allen die Möglichkeit zu geben, ihre Ergebnisse, Entdeckungen und allgemeinen Erkenntnisse einzubringen. Gegebenenfalls ist in einer solchen individuellen Arbeitsphase (oder auch in der späteren Plenumsphase) Unterstützung bzw. Intervention durch die Lehrperson erforderlich (vgl. Hirt u. a. 2008; Krauthausen/Scherer 2010a; Prediger/Scherres 2012). Geeignete Vorschläge für Interventionen der Lehrperson im Sinne von Hinweisen für die Schülerinnen und Schüler finden sich etwa bei Hirt u. a. (2008, S. 18): „Vergleiche diese Zahlen."; „Ordne die Ergebniszahlen der Größe nach."; „Verändere eine Zahl oder eine Rechnung systematisch und schaue, was passiert."; „Berechne weitere Beispiele."; „Versuche zu begründen."; „Vergleicht Eure Ergebnisse."

Das Sammeln der Lösungen sollte methodisch so organisiert werden, dass alle Schüler zur Gesamtlösung beitragen können. Das Aufhängen der Treffer-Ketten an der Tafel wird dann zunächst zufällig und unübersichtlich sein – ein guter Anlass, die Kinder zu ermuntern, sich Möglichkeiten zu überlegen, wie man den Überblick behalten könnte, u. a. auch um plausible Gewissheit zu erlangen, dass man wirklich alle Lösungen gefunden hat.

Der Zufall kann, wie in einer anderen Erprobungsklasse geschehen (Abbildung 5.9), dazu führen, dass die an der Tafel gesammelten Trefferketten eine Konstellation ergeben, die kaum ein Muster erkennen lässt und daher auch schwerlich Hinweise für das Sortieren ermöglicht. Die gefundenen Trefferketten weisen hier größere Lücken zu benachbarten Lösungen auf (vgl. Tabelle 5.1).

20	20	40	60	100
50	0	50	50	100
41	6	47	53	100
5	30	35	65	100
47	2	49	51	100

Abbildung 5.9: Gesammelte Trefferketten an der Tafel

Der Vorschlag in einer anderen vierten Klasse, in der viele Lösungen an der Tafel gesammelt wurden, war das *Sortieren* nach Größe der ersten Startzahl, was zur

Bestätigung aller Lösungen führte. Wichtig in diesem Zusammenhang ist erneut (auf der Meta-Ebene), sich bewusst zu machen, dass Sortieren (wobei verschiedene Sortierkriterien mal mehr, mal weniger zielführend sein können) ein hilfreiches Werkzeug sein kann, gegebenenfalls auch bei anderen Problemstellungen.

Für Zweitklässler war diese Aufgabenstellung bei unseren Erprobungen anspruchsvoller und zeitaufwendiger, aber auch sie fanden fast alle Lösungen. Ihre spontanen Sortiervorschläge waren zum einen das Betrachten der ersten Startzahl und dabei Kategorien mit 40er-, 30er-Zahlen usw. vorzunehmen und zum anderen die Lösungen danach zu sortieren, ob die erste Startzahl größer war als die zweite oder umgekehrt. Bei der Suche nach Vollständigkeit, also beim Suchen aller Lösungen machte ein Zweitklässler den Vorschlag, die beiden Startzahlen jeweils zu vertauschen. Dies wurde leicht an einer konkreten Aufgabe widerlegt. Die Schüler entdeckten aber beim Suchen weiterer Lösungen, dass die erste Startzahl immer gerade ist.

Fazit: Gegebenenfalls wäre als Revision für eine Klasse 2 zu überlegen, den Zahlenwert für die Zielzahl noch kleiner zu wählen (z. B. Zielzahl 20, vgl. im Download-Material Kapitel 9.1.2, Arbeitsblatt 2R), um allen Schülern das Entwickeln von Problemlösestrategien zu ermöglichen und dies nicht durch die Rechenanforderungen zu erschweren oder zu verhindern. Diese Variante wurde zum Beispiel von Hemmer (2001) erfolgreich erprobt (vgl. auch Scherer 1996).

Dass die Äußerungen der Schülerinnen und Schüler nicht immer direkt verständlich sind, möchten wir an einem kurzen Unterrichtsausschnitt illustrieren (Klasse 4). Die Klasse hatte das Sortieren nach der Größe der ersten Startzahl (s. o.) erfolgreich durchgeführt, und die Lehrerin reflektierte nun noch einmal über die Lösungsstrategie zum Finden aller Lösungen. Carsten erklärte sein Vorgehen am Tafelbild (Abbildung 5.10):

50	0	50	50
48	1	49	50
46	2	48	50
44	3	47	50
42	4	46	50
40	5	45	50
38	6	44	50

Abbildung 5.10: Tafelbild (Original und Nachbildung)

Carsten: Also ich hab das immer so gemacht, hab, ich hab die 50 genommen.
Lehrerin: Hm [*zustimmend*].

Carsten: Und dann hab ich halt das von der Null abgezogen, das sind 50 und wenn man, also 50, 0, 50, 50. Und dann hab ich 50 – 1 – 1 sind 48 + 1 sind 49, wieder + 1 sind 50. Und dann 50 – 2 – 2 sind 46, dann 46 + 2 sind 48 + 2 sind 50. Und dann – 3 – 3 sind ähm 4 und 5.

Lehrerin: 44.

Carsten: 4 genau 44. Und dann drei sind 47 und 47 + 3 sind 50. Und dann hab ich …

Lehrerin: Hm [*zustimmend*]. Ähm, Carsten, du hast eben grade gesagt, du hast gesagt, bei der letzten 50 äh, – 3 – 3. Wie kommst du da drauf?

Carsten: Weil ich, man muss, es geht ja, so 50 Zahlen, und wenn man – 1 – 1, muss man das ja zweimal ähm, zweimal abziehen die 1 und 3 und 2, damit man ja auf das Ergebnis kommt und das Ergebnis + das nochmal rechnen kann, weil man rechnet ja zweimal um auf 50 zu kommen und dann rechnet man ja auch zweimal minus rechnen.

Lehrerin: Ja, sehr schön. Ähm, der Carsten hat das natürlich weiter gemacht. Ich hab jetzt nur diese vier Beispiele aufgeführt. Jetzt kann man systematisch weitermachen. Julia, bis wohin?

Julia: Ähm, bis Null und 27.

Lehrerin: Bis Null …

Carsten: Also 26.

Im Verlauf wird deutlich, dass Carsten vermutlich rückwärts vorgegangen ist (Abziehen 1, 2, 3, … von 50) und die mehrfachen Schritte der Zahlenkette betrachtete. Auf Nachfrage der Lehrerin war er in der Lage, sein Vorgehen auch ausgehend von der Startzahl zu erklären, und es wurde deutlich, wie das Verfahren fortgeführt werden kann. Im Anschluss wurde in der Klasse noch das letzte Glied dieser Folge geklärt (vgl. auch Tabelle 5.1).

Generell sollte die Lehrperson offen bleiben für Deutungen oder Vorgehensweisen, die von ihrer eigenen abweichen können. In einer Erprobung mit 5er-Ketten beispielsweise lenkte die Lehrerin die Aufmerksamkeit der Klasse auf die beiden Startzahlen und dort erkennbare Muster. Die Schülerinnen und Schüler fokussierten aber im Rahmen des Sortierens stark auf die jeweils mittlere Zahl der 5er-Kette und das dort erkennbare Muster – ein Vorgehen, das ebenso zielführend sein konnte. Entsprechende Ansätze wurden aber von der Lehrerin alle sehr schnell unterbrochen, um wieder auf die Startzahlen umzuleiten.

5.3.3 Operativ strukturierte Aufgaben zu Zahlenketten

Im Folgenden werden operative Veränderungen der Startzahlen genauer beleuchtet. Dies kann in separaten Forschungsaufträgen erfolgen oder in einer Zusammenstellung verschiedener Aufträge, um die Unterschiede der jeweiligen Veränderung in den Fokus zu rücken. Auf den Arbeitsblättern 3.1 bis 3.3 in Kapitel 9.1.3 im Download-Material sind die folgenden Fragestellungen angeboten:

- Was geschieht, wenn du gleiche Startzahlen wählst? Probiere aus!
- Wann entstehen gerade Zielzahlen? Wann entstehen ungerade Zielzahlen? Probiere aus!
- Was geschieht, wenn du die erste Startzahl um 1 erhöhst? Probiere aus!

Die Lösungen hierzu sind bereits in Kapitel 5.1 angegeben. Alternativ können weitere Forschungsaufträge auf einem Arbeitsblatt zusammengefasst werden (vgl. im Download-Material Kapitel 9.1.3, Arbeitsblatt 3.4), um die spezifischen Unterschiede von erster und zweiter Startzahl genauer in den Blick zu nehmen und diese Erkenntnisse für eine problemorientierte Fragestellung (4) zu nutzen:

1) Was geschieht, wenn du die erste Startzahl um 2, 3, ... erhöhst?
2) Was geschieht, wenn du die zweite Startzahl um 1, 2, 3, ... erhöhst?
3) Was geschieht, wenn du beide Startzahlen um 1, 2, 3, ... erhöhst?
4) Wie kannst du eine Veränderung der Zielzahl um 7 in einem Schritt erreichen? Probiere aus!

Die folgenden Dokumente stammen aus einem vierten Schuljahr, und die Schülerinnen und Schüler hatten bislang in zwei Unterrichtsstunden Zahlenketten behandelt, basierend auf den Arbeitsblättern in Kapitel 9.1: Arbeitsblatt 1.1 (Einführung), Arbeitsblatt 1.2 (offene Aufgaben) und Arbeitsblatt 2 (Erreichen der Zielzahl 50).

Marie versuchte sich an den Fragestellungen (Abbildung 5.11) mit kleinen und einfachen Zahlen (Zahlenraum bis 10; 1 für die zweite Startzahl), was für derartige Aufgaben eine geschickte Strategie darstellt (vgl. auch Kapitel 6.3.2; Untersuchen von Rechendreiecken mit geraden und ungeraden Außenzahlen). Sie begann mit der Fragestellung 1) und untersuchte für die Erhöhung der ersten Startzahl direkt die Erhöhung um 3. Ihre Entdeckung formuliert sie an den konkreten Zahlen. Hier wird noch kein allgemeines Muster formuliert im Sinne von Carsten (Abbildung 5.12) und Julia (Abbildung 5.13). Carstens und Julias Formulierungen sind nicht an konkrete Zahlenbeispiele gebunden, sondern sollen für beliebige Zahlen gelten. Zudem repräsentieren sie auch die Erkenntnis für beliebige Erhöhungen.

Maries Beispiele, die sie als 2) kennzeichnet, repräsentieren Fragestellung 3, nämlich die Erhöhung beider Startzahlen um den gleichen Wert. Hier wählt sie die Erhöhung um 1 und kommentiert schon in allgemeinerer Form, dass die 3er-Reihe entsteht. Da sie mit den Startzahlen 1 begonnen hat und die Erhöhung um 1 untersucht, entsteht natürlich exakt diese Einmaleinsreihe. Unklar bleibt, ob Marie die Allgemeingültigkeit bewusst ist, dass beliebige Vielfache von 3 entstehen, unabhängig von den gewählten Startzahlen und unabhängig von der gewählten Erhöhung. Bezogen auf die Fragestellung 4 (bei ihr als 4), dann 3) gekennzeichnet) liegt die Vermutung nahe, dass sie die Fragestellung abweichend verstanden hat. Sie verändert nicht irgendeine Zielzahl um 7, sondern will die Zielzahl 7 verändern. Zudem scheint sie die Formulierung „in einem Schritt" als eine Veränderung um 1 bei der Zielzahl aufzufassen und verändert ihre Zielzahl immer um −1. Einmal mehr wird deutlich, dass die sprachlichen Anforderungen im Mathematikunterricht eine nicht unerhebliche Rolle spielen und dies bei der Beurteilung von Schülerleistungen zu berücksichtigen ist. Für den Einsatz dieser konkreten Fragestellung wäre zu überlegen, die konkrete Aufgabe vorab an einem Beispiel zu klären, z. B. an der Tafel ist die Zahlenkette 7, 10, 17, 27 notiert. Was bedeutet nun Veränderung der Zielzahl um 7? Ich soll versuchen, eine Zahlenkette mit Zielzahl 20 oder mit Zielzahl 34 zu erhalten. Wie muss ich die Startzahlen verändern, um dies in einem Schritt zu erzeugen?

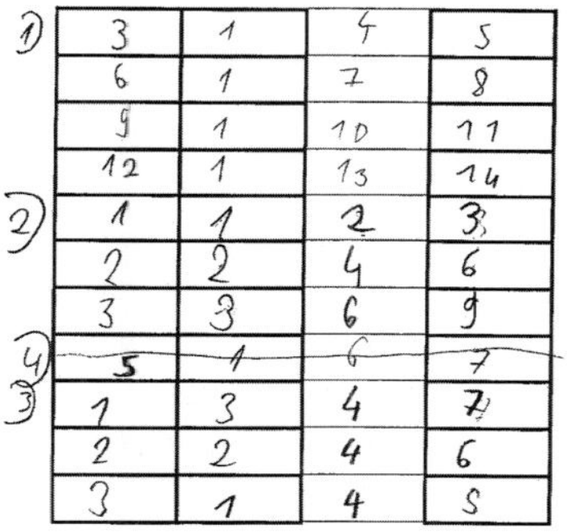

Abbildung 5.11: Maries Beispiele und Kommentare

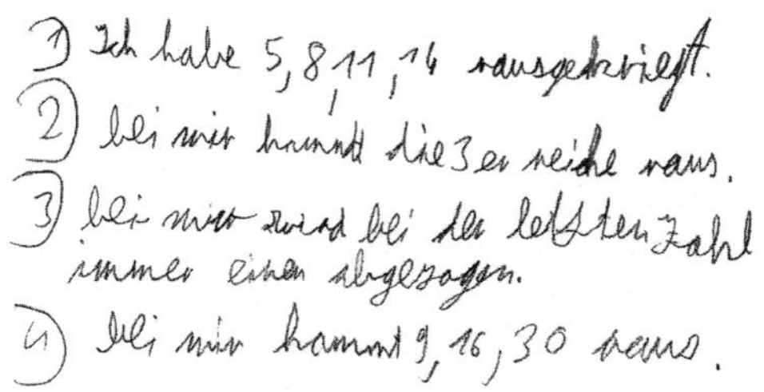

Abbildung 5.12: Carstens Kommentare

Julia befasst sich mit den ersten drei Fragestellungen und wählt für die erste gleich eine Erhöhung um 5. Die Vermutung liegt nahe, dass sie andere Erhöhungen mental durchspielt und so zu ihrer allgemeinen Erkenntnis (Abbildung 5.12, siehe auch oben) kommt. Für Fragestellung 3 wählt sie eine Erhöhung um 2 und kommt konsequenterweise zu einer Erhöhung der Zielzahl um 6. Für Fragestellung 2 wählt sie eine Erhöhung um 2 und folgert an einem Beispiel direkt die Veränderung der Zielzahl um 3. Auch hier kann vermutet werden, dass sie gedanklich weitere Beispiele untersucht und das allgemeine Muster erkennt.

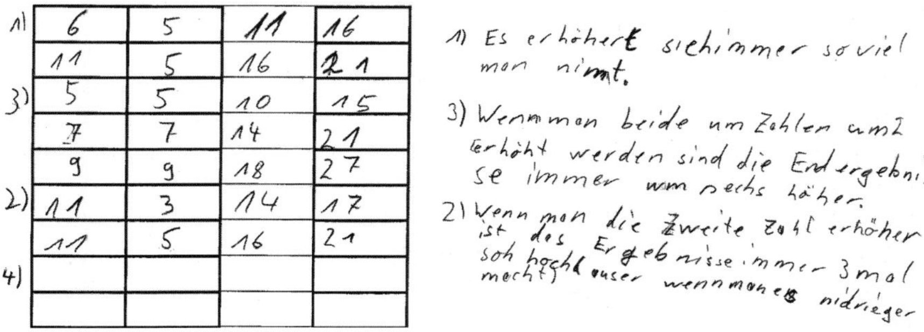

Abbildung 5.13: Julias Beispiele und Kommentare

An dieser Stelle wollen wir noch auf eine weitere, grundschulgemäße Form des Begründens und Beweisens eingehen, sogenannte inhaltlich-anschauliche Beweise (vgl. Wittmann/Müller 1988).

Die oben diskutierten operativen Variationen sind auch auf anschaulichem Niveau zu bearbeiten, z. B. durch Legen von Plättchen (vgl. Wittmann 1994; vgl. auch Scherer/Selter 1996). Bei der Frage „Was geschieht, wenn man die zweite Startzahl um 1 erhöht?" ergibt sich aus der Zahlenkette

2	7	9	16

durch Hinzulegen zunächst eines Plättchens bei der zweiten Startzahl

2	7 ●		

die folgende ausgerechnete Zahlenkette:

2	7 ●	9 ●	16 ●●

Das Erhöhen der zweiten Startzahl um 1 bewirkt also eine Erhöhung der Zielzahl um 2. Diese Darstellung weist dabei bereits einen allgemeinen Charakter auf, denn an Stelle der hier gegebenen Zahlen könnten beliebige andere eingesetzt werden, was an der durch Plättchen dargestellten Erhöhung nichts ändert.

Analog könnte man weitere der oben genannten Forschungsaufträge inhaltlich-anschaulich begründen.

Beispiel: Erhöhung der ersten Startzahl um 3

2●●●	7	9 ●●●	16 ●●●

Die Erhöhung der Zielzahl um 3 wird deutlich, darüber hinaus auch die Tatsache, dass die Erhöhung der Zielzahl der Ausgangserhöhung der Startzahl entspricht.

Beispiel: Erhöhung beider Startzahlen um 2

2 ●●	7 ●●	9 ●●●●	16 ●●●●●●

Allgemeines Fazit zu diesem Aufgabentyp: Auch wenn die Aufgaben eindeutig und konkret wirken, gibt es viel Interpretationsspielraum für die Schülerinnen und Schüler. Individuell gewählt werden kann einerseits das Zahlenmaterial, andererseits auch, welche Erhöhungen man genauer betrachtet, bis hin zu Verallgemeinerungen. Auch die Kommentierungen im Anschluss können eher deskriptiv sein auf unterschiedlichen Niveaus (Bezug auf konkrete Zahlenbeispiele, allgemeinere Entdeckungen) oder schon Begründungen enthalten.

5.3.4 Perspektiven

Das Aufgabenformat Zahlenketten bietet, wie bereits in Kapitel 5.1. angedeutet, Potenzial auch über die Grundschule hinaus (vgl. auch Siebel 2010). Neben den in den vorangegangenen Abschnitten genannten Problemstellungen bieten sich die folgenden weiteren Fragestellungen an (vgl. Krauthausen/Scherer 2007, S. 173):

- Verallgemeinerung des Arbeitsauftrags auf Arbeitsblatt 2 (Kapitel 9.1.2):
- Wähle die Startzahlen so, dass du möglichst nahe an die Zielzahl n herankommst!
- Kannst du genau n erreichen?
- Findest du weitere Möglichkeiten n zu erreichen?
- Finde alle Möglichkeiten n zu erreichen!
- Wie kannst du herausfinden, wie viele Möglichkeiten es gibt, um n genau zu erreichen? Wie kannst du sicher sein, keine vergessen zu haben?
- Was geschieht, wenn man die Kettenlänge variiert (und die Zielzahl beibehält)?
- Wie kann man die Auffälligkeiten, Phänomene und Erklärungen auf verschiedenen Anspruchsniveaus begründen/beweisen?

6 Beispiel Rechendreiecke

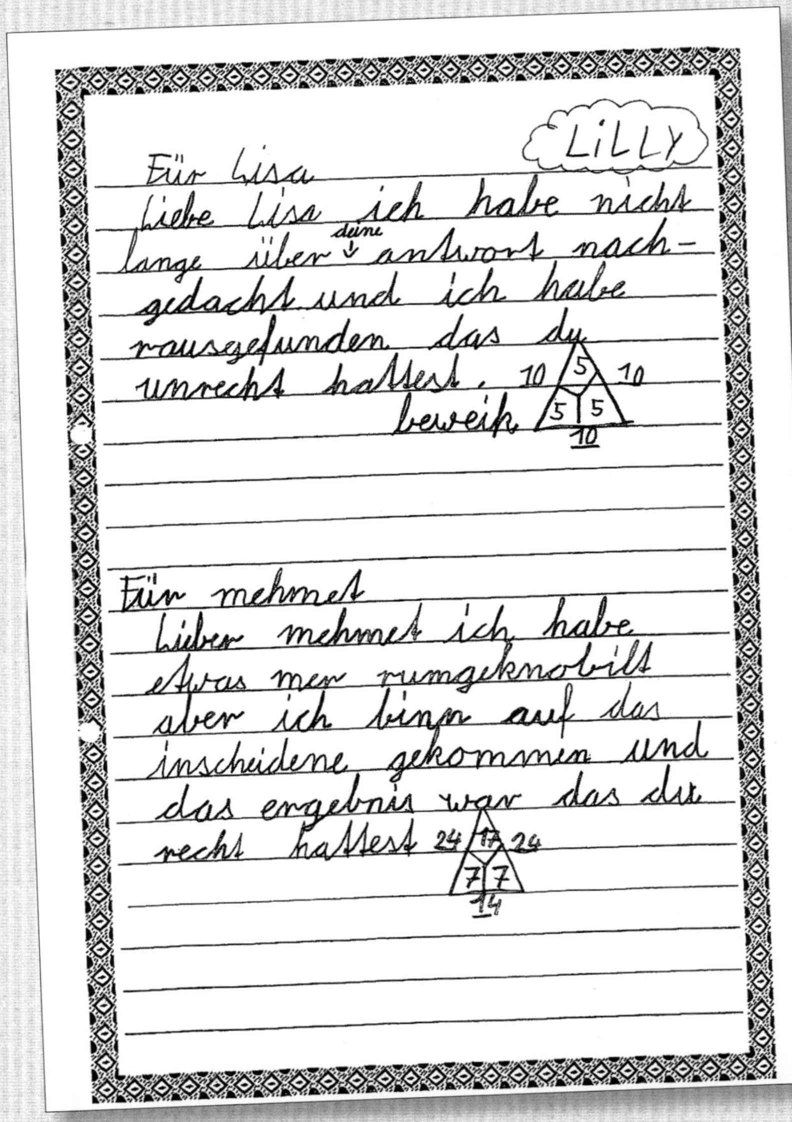
LILLY

Für Lisa

Liebe Lisa ich habe nicht
lange über deine antwort nach-
gedacht und ich habe
rausgefunden das du
unrecht hattest. 10 5 10
beweis 5 5
10

Für mehmet

Lieber mehmet ich habe
etwas mer rumgeknobillt
aber ich binn auf das
inscheidene gekommen und
das ergebnis war das du
recht hattest 24 17 24
7 7
14

6.1 Fachlicher Hintergrund

Rechendreiecke sind in vielen gängigen Schulbüchern der Grundschule zu finden und damit in der Unterrichtspraxis weitgehend bekannt (vgl. die im Literaturverzeichnis genannten Erfahrungsberichte, in denen sich interessierte Lehrpersonen zusätzlich informieren können). Sie zählen wie die Zahlenketten (Kapitel 5) zu den „substanziellen Aufgabenformaten", d. h. Grundform-Darstellung und Regel sind festgelegt (vgl. Kapitel 4.1).

Dem Aufgabenformat „Rechendreieck" liegt folgende einfache Regel zugrunde (vgl. Wittmann/Müller 2004, S. 70; auch Pagni 2002): In jedem Ergebnisfeld steht die Summe der beiden anliegenden Dreiecksfelder (vgl. Abbildung 6.1). Je nachdem, ob und welche Werte in einem solchen Rechendreieck vorgegeben/gesucht sind, führt das Lösen über Additionsaufgaben bzw. Subtraktionsaufgaben (zu verschiedenen Aufgabentypen; vgl. Scherer 2005a, S. 182 ff.). Das Format *ermöglicht* somit das Üben grundlegender Rechenfertigkeiten, zudem *erleichtert* es diese auch, da es erfahrungsgemäß aufgrund des Kontextes seltener als bei Rechenpäckchen geschieht, dass Plus- und Minuszeichen verwechselt werden. Darüber hinaus ermöglicht es vielfältige Aufgabenstellungen mit unterschiedlichen inhaltlichen wie auch allgemeinen prozessbezogenen Zielen (vgl. auch Loska/Hartmann 2006; Scherer 1997a/2005a/2006; Selter 1997a) und kann damit den individuellen Leistungsmöglichkeiten der Kinder problemlos angepasst werden (vgl. auch Krauthausen/Scherer 2010a).

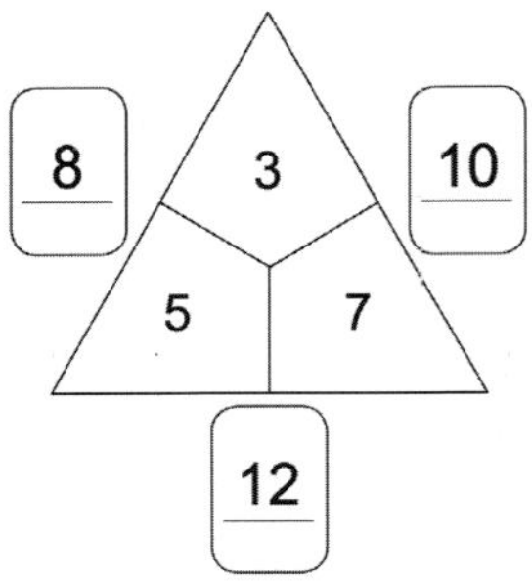

Abbildung 6.1: Rechendreieck

Ein Schwerpunkt besteht u. a. im Erkennen und Ausnutzen von Zahlbeziehungen (Muster und Strukturen, KMK 2005). *Inhaltliche* (Rechenfertigkeit) und *allgemeine* Ziele (Problemlösen, Argumentieren und Darstellen, Kreativität; KMK 2005; Winter 1975) können im Rahmen solcher Lernumgebungen gleichermaßen und vor allem *integriert* verfolgt werden (vgl. auch Steinbring 1995), was im Folgenden an verschiedenen Einsatzmöglichkeiten des Rechendreiecks konkretisiert werden soll.

Das Format kann ab dem ersten Schuljahr im Sinne der Natürlichen Differenzierung in vielfältigen Variationen und mit unterschiedlichen Fragestellungen auf diversen Niveaus bearbeitet werden, ohne dass ein Niveau vorab festgeschrieben werden muss.

EINLADUNG ZUR REFLEXION

Prüfen Sie selbst, bevor Sie weiter lesen, welche verschiedenartigen Aufgabenstellungen zu Rechendreiecken Sie kennen, die über bloße Rechenübungen hinausgehen.

Versuchen Sie im Kollegenkreis, am Beispiel eines Rechendreiecks mit den Außenzahlen 15, 13, 10 eine allgemeingültige Lösungsstrategie für diesen Aufgabentyp (drei vorgegebene Außenzahlen) zu finden (und zu begründen).

Falls Sie danach die Frage interessiert, wie man dies bereits für Grundschulkinder anschaulich machen kann, dann finden Sie dazu bei Hartmann/Loska (2006) und Loska/Hartmann (2006) entsprechende Erfahrungsberichte.

Betrachtet man ein Rechendreieck in algebraischer Form (Abbildung 6.2), so werden schnell verschiedene Zusammenhänge deutlich.

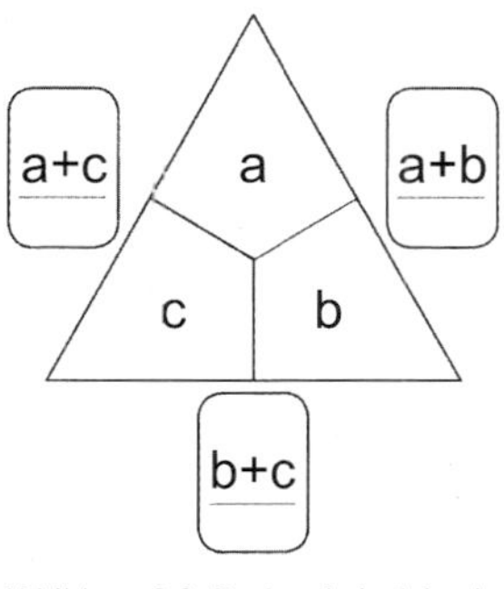

Abbildung 6.2: Rechendreieck in algebraischer Form

Die drei Innenfelder addieren sich zu $a + b + c$, während sich für die drei Außenfelder die folgende Summe ergibt: $a + b + b + c + a + c = 2a + 2b + 2c = 2(a + b + c)$

Somit ist die Summe der Außenfelder das Doppelte der Summe der Innenfelder (vgl. auch im Download-Material Kapitel 9.2.7, Arbeitsblatt 6.1 bzw. 6.1R und 6.2 bzw. 6.2R).

Die algebraische Darstellung eröffnet auch direkt einen Zugang für die Problemstellung, ein Rechendreieck mit drei Außenfeldern vorzugeben (Kapitel 9.2.7, Arbeitsblatt 5):

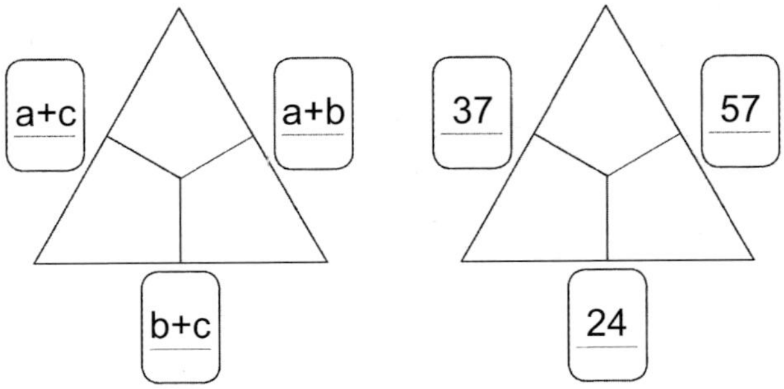

Abbildung 6.3a und 6.3b: Rechendreieck mit drei vorgegebenen Außenfeldern

Bildet man zunächst die Summe der beiden oberen Außenfelder (a + c + a + b = 2a + b + c) und subtrahiert davon das untere Außenfeld, so verbleibt gerade das Doppelte des oberen Innenfelds a. Für das konkrete Beispiel in Abbildung 6.3b bedeutet dies: Die Summe der beiden oberen Außenfelder ergibt 37 + 57 = 94. Subtrahiert man hiervon das untere Außenfeld erhält man 94 – 24 = 70, also muss das obere Innenfeld 35 betragen. Anschließend sind die weiteren Innenfelder direkt zu berechnen (b = 57 – 35 = 22 und c = 24 – 22 = 2).

Betrachtet man *gerade* und *ungerade* Felder im Rechendreieck, so wird folgender Zusammenhang deutlich (vgl. hierzu im Download-Material auch Kapitel 6.3.2 sowie Kapitel 9.2.6, Arbeitsblatt 4): Setzt man Zahlen gleicher Parität in den Innenfeldern ein, so ergeben sich in beiden Fällen gerade Außenfelder.

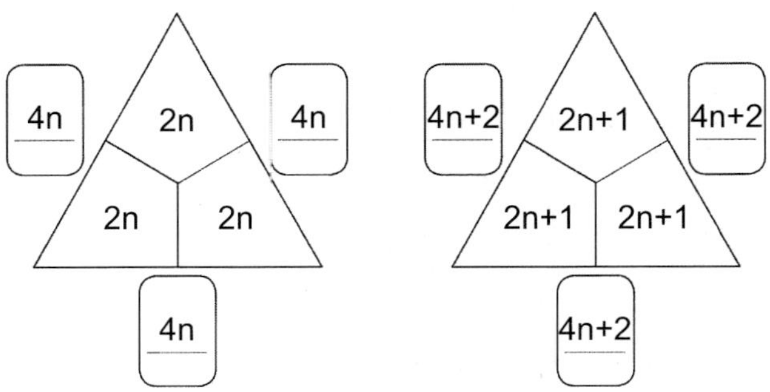

Abbildung 6.4a und 6.4b: Rechendreiecke mit entweder geraden oder ungeraden Innenfeldern

Setzt man Zahlen gemischter Paritäten ein, so entsteht eine Mischung aus geraden und ungeraden Außenfeldern (Abbildung 6.5a und 6.5b). In keinem Fall entstehen ausschließlich *ungerade* Außenfelder.

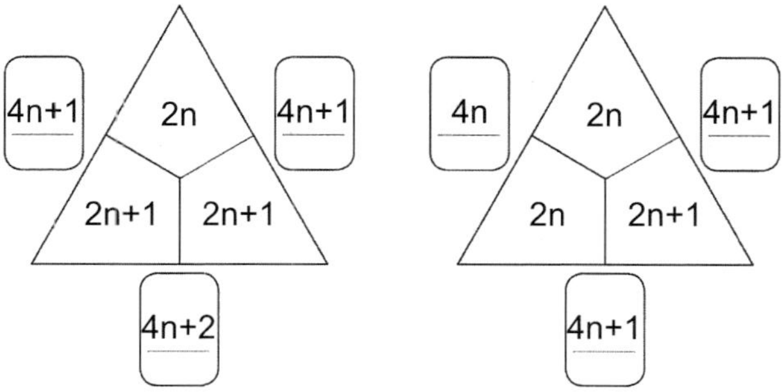

Abbildung 6.5a und 6.5b: Rechendreiecke mit geraden und ungeraden Innenfeldern

6.2 Mögliche Unterrichtsreihe

Nachfolgend wollen wir den Aufbau einer möglichen Unterrichtsreihe, die wir in verschiedenen Klassenstufen mehrfach erprobt haben, kurz vorstellen und begründen:

1. Stunde:	Einführung
2. Stunde:	Offene Aufgaben
3./4. Stunde:	Fortsetzen und Untersuchen operativer Muster
5. Stunde:	Rechendreiecke mit 1 x 1-Zahlen
6. Stunde:	Rechendreiecke mit geraden/ungeraden Außenfeldern
7./8. Stunde:	Weitere Forschungsaufträge (z. B. Beziehungen zwischen der Summe der Innenfelder und der der Außenfelder)

Zur Begründung: Aufgabenformate wie Rechendreiecke erlauben ein breites Spektrum von Aufgabentypen. Als fundamental wichtig hat sich eine solide Einführungs-/Auffrischungsphase herausgestellt, in der die Grundaufgaben eines Formats (hier Rechendreieck) bis zu einer gewissen Geläufigkeit praktiziert werden, damit die Formatregel als solche von den Kindern zuverlässig gehandhabt werden kann. Dazu gehört, dass anstelle zweier Innenfelder auch einmal nur ein Innenfeld und ein zugehöriges Außenfeld gegeben sind (erfordert Subtraktion/Ergänzung; vgl. auch im Download-Material Kapitel 9.2.1, Arbeitsblatt 1). Bestimmte Aufgabentypen oder Problemfragen mögen sich für ein bestimmtes Schuljahr anbieten, *grundsätzlich* sind sie aber nicht von vornherein auf eine bestimmte Jahrgangsstufe festgeschrieben, sondern für alle Klassenstufen offen bzw. adaptierbar. So sind die Einführungsaktivitäten oder auch offene Aufgaben bereits im ersten Schuljahr gut einzusetzen, ein Thema wie die Rechendreiecke mit Einmaleinszahlen natürlich erst nach der Einführung des Einmaleins im zweiten Schuljahr.

Bei den weiteren Forschungsaufträgen und Problemstellungen kommen verschiedene mathematische Inhalte zum Tragen: Bei der Vorgabe von Rechendreiecken ausschließlich mit Zahlenwerten aus Einmaleinsreihen (Kapitel 6.3.3; vgl. Scherer 2006) beinhaltet diese Aufgabe, neben der Entdeckung dieser Auffälligkeit als solcher, Überlegungen zu Teiler- und Vielfacheneigenschaften. Eine andere Zahleigenschaft, die an Rechendreiecken untersucht werden kann, ist *gerade/ungerade*, und zwar anhand von Fragen zur möglichen Existenz von Rechendreiecken mit (ausschließlich) geraden bzw. ungeraden Außenzahlen – wie immer mit entsprechenden Begründungen (vgl. Kapitel 6.3.2). Thematisiert werden können auch *operative Veränderungen*, bei denen es Beziehungen zwischen Serien von Rechendreiecken zu erforschen, beschreiben und begründen gilt (Kapitel 6.3.4). Eine weitere ergiebige Problemstellung richtet sich auf die Beziehung der Summe aller Außenzahlen zur Summe aller Innenzahlen (vgl. Kapitel 9.2.8, Arbeitsblatt 6.1 bzw. 6.1R und 6.2 bzw. 6.2R). Die hier gemachten Entdeckungen können u. a. hilfreich sein, um bereits auf Grundschulniveau eine Strategie zu entwickeln, bei der man im Zusammenhang mit anderen Fragestellungen zentrale Problemlösestrategien entwickeln kann. Eine solche Aufgabenstellung fällt in die Kategorie der problemstrukturierten Übungen (vgl. Wittmann 1992), z. B. wie man ein Rechendreieck löst, bei dem nur die drei Außenzahlen gegeben und alle drei Innenzahlen gesucht sind (s. Kapitel 6.1).

6.3 Diskussion ausgewählter Aufgaben und Problemstellungen

6.3.1 Offene Aufgaben zu Rechendreiecken

Als empfehlenswert hat sich herausgestellt, relativ früh im Verlauf einer Unterrichtsreihe offenere Aufgabenformen einzusetzen – entweder völlig frei oder nach bestimmten Kriterien. Beispiel: Die Kinder sollen eigene Rechendreiecke generieren. So ist es reizvoll im Hinblick auf die Bewusstmachung der Relativität von Schwierigkeitsgraden, ein bewusstes Unterscheiden und Finden von leichten und schwierigen Beispielen als Arbeitsauftrag zu stellen (van den Heuvel-Panhuizen 1996, S. 144 f.).

Daneben ist auch im Hinblick auf das Entdecken von Beziehungen in einem solchen Aufgabenformat eine weitere Kategorie sinnvoll, nämlich das Finden von „besonderen" Dreiecken (Abbildung 6.6; vgl. auch im Download-Material Kapitel 9.2.1, Arbeitsblatt 1.2). Noch einmal angemerkt sei hier, dass ein und dasselbe Arbeitsblatt mit Leerformaten für alle angeboten werden kann.

Bei allen genannten Varianten ist das Zahlenmaterial freigestellt, kann aber auch eingegrenzt werden: Rechendreiecke über 100, bis maximal 50 oder Ähnliches. Was die einzelnen Kinder dann als „besonders" verstehen, bietet Gelegenheit zum gemeinsamen Austausch, ebenso wie die Frage, was denn für wen und warum als leicht und schwierig definiert wird (siehe Kapitel 3.3: Metakognition und -kommunikation). Im Rahmen der Aufgabenstellungen ergeben sich so gehaltvolle Momente für unterrichtliche Diskussionen und Argumentationen (vgl.

prozessbezogene mathematische Kompetenzen, KMK 2005). Schülerbearbeitungen in Erprobungen verschiedener Schuljahre ließen ein breites Spektrum erkennen, wobei die folgenden Kategorien nicht trennscharf sind:

- **Größe der Innenzahlen**
  Individuell variierte das Spektrum bei vielen Kindern sehr weit. Viele der Kinder blieben im offiziell thematisierten Zahlenraum. Es gab aber durchaus Ausflüge in die jeweils „unbekannten" Zahlenräume.
- **Rechenanforderungen**
  Die Schülerinnen und Schüler variierten das Zahlenmaterial, etwa unter Verwendung glatter Stellenwerte, um die Anforderungen eher gering zu halten, oder aber sie wählten die Zahlen bewusst so, dass Überträge auftraten, um die Anforderungen zu steigern.
  Hinsichtlich der gegebenen Kategorie „leicht" wählten die Schüler z. B. Innenzahlen < 10, glatte Zehnerzahlen (Z, HZ) oder glatte Hunderter, dabei jeweils häufig gleiche Innenzahlen. In der Kategorie „schwer" stieg die Größe der Innenzahlen an (> 100, > 1000, > 10000), nur in Einzelfällen fanden sich Zahlen < 100. Gewählt wurden aber auch gemischte Zahlen mit Überträgen in den Rechnungen. In beiden Kategorien war also oft die erforderliche oder „gefühlte" *Rechenfertigkeit* das Zuordnungskriterium.

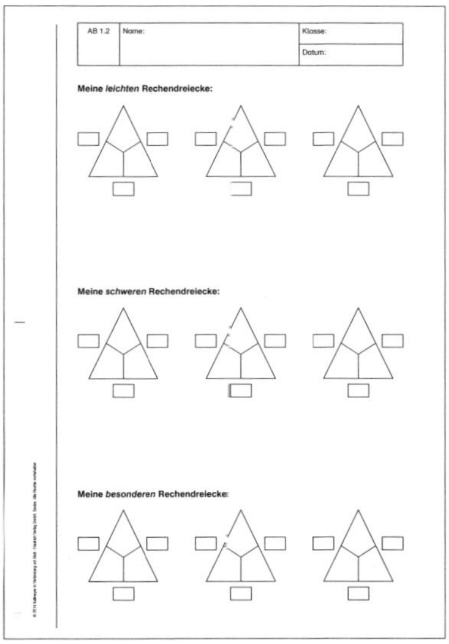

Abbildung 6.6: Arbeitsblatt zu offenen Aufgaben bei Rechendreiecken[16]

Dass es aber auch noch andere Kriterien gibt, macht u. a. den Reiz der Kategorie „Besondere" aus, und hier traten oft vielfältige Muster und Strukturen auf:

16 Alle verkleinert gesetzten Arbeitsblätter befinden sich im Download-Material (Kapitel 9) in Originalgröße.

- **Besondere Innenzahlen**
  Viele Kinder wählten besondere Zahlenwerte, z. B. Aufgaben mit Null, glatte 10er-, 100er-, 1000er- oder 5er-Zahlen als Innenzahlen oder aber auch Zahlen mit gleichen Ziffern (Vielfache von 11; 111; 1111; ...).
- **Beziehungen zwischen den Innenzahlen**
  Interessant war auch, dass die Schüler mit dem Verhältnis von Zahlen experimentierten: Sie wählten zum Teil gleiche Zahlen, aufeinanderfolgende Zahlen, oder aber kombinierten auch eine besonders große Zahl mit einer besonders kleinen. Sie wählten ihre Zahlen darüber hinaus so aus, dass etwa glatte Stellenwerte als Ergebnisse erreicht wurden oder aber Zahlen aus Geburtstagsdaten. Beziehungen wurden aber nicht nur zwischen den Innenzahlen deutlich, sondern auch zwischen den einzelnen Rechendreiecken.
- **Beziehungen zwischen Rechendreiecken**
  Einige Schüler untersuchten von sich aus und gezielt operative Variationen. Solche Beispiele der Kinder lassen sich gut als Forschungsauftrag für alle aufgreifen. D. h. etwaige, für einen späteren Zeitpunkt geplante Forschungsaufträge, könnten durchaus von den Schülern selbst gefunden und bearbeitet werden (darüber hinaus auch weitere Forschungsaufträge), was eine entsprechende Flexibilität der Lehrperson voraussetzt.

Beispiele:

- *Flora* verwendet glatte Tausender für die Innenzahlen und jeweils die 0. Die Zahlen wählt sie so, dass beim unteren Außenfeld das Ergebnis 8000 entsteht.

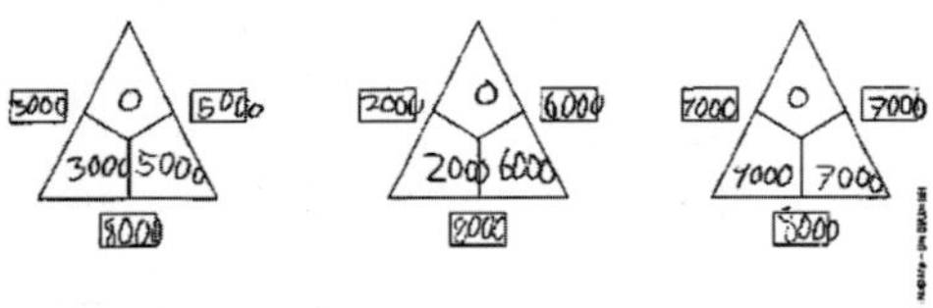

Abbildung 6.7: Floras (3. Klasse) Rechendreiecke

- *Victoria* wählt im ersten Beispiel aufeinanderfolgende Zahlen und im zweiten Vielfache von 11. Hier könnte das entstehende Muster (auch die Ergebnisse sind aufeinanderfolgende Zahlen bzw. Vielfache von 11) genauer untersucht werden (siehe Kapitel 6.3.3).

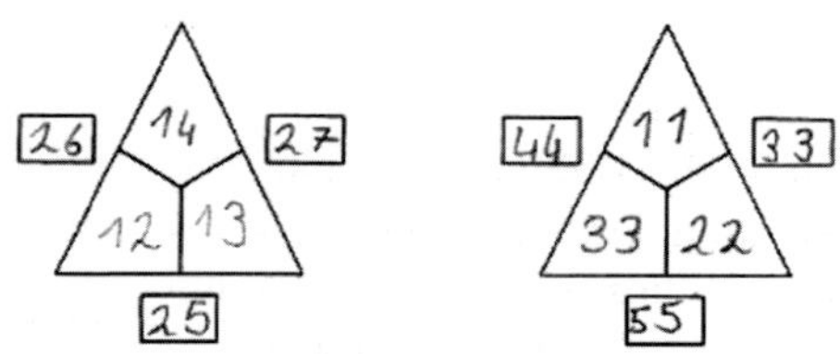

Abbildung 6.8: Viktorias (3. Klasse) Rechendreiecke

▸ *Konrad* wählt gleiche Innenzahlen (einmal 0, einmal 1). Auch hier können die Schüler die Entsprechung (Gleichheit) der Außenfelder erkennen.

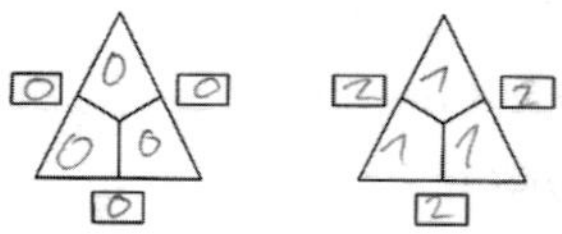

Abbildung 6.9: Konrads (3. Klasse) Rechendreiecke

▸ *Annika* experimentiert mit aufeinanderfolgenden Zahlen und großen Zahlen. Sie geht in noch nicht offiziell thematisierte Zahlbereiche über, hier Dezimalzahlen, die sie korrekt verarbeitet.

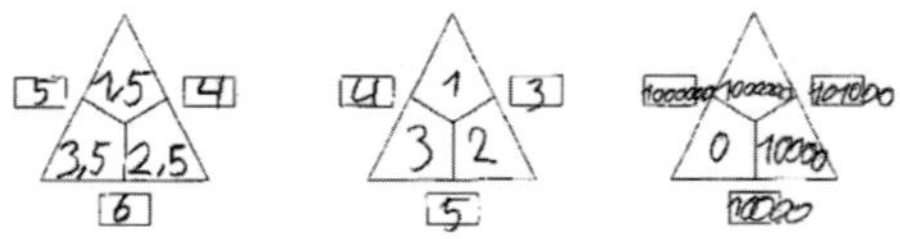

Abbildung 6.10: Annikas (3. Klasse) Rechendreiecke

▸ Auch *Anna* wagt sich in neue Zahlbereiche, die negativen Zahlen, deren Verhalten bei der Addition für sie offenkundig noch nicht bekannt ist. Möglicherweise hat sie aber auch mit der Änderung des Zahlbereichs auch die Operation geändert (Subtraktion).

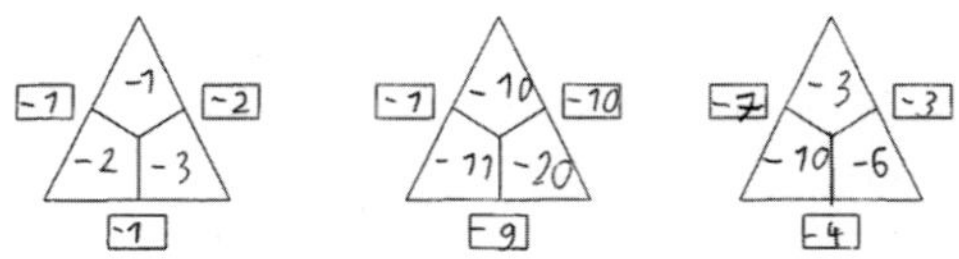

Abbildung 6.11: Annas (3. Klasse) Rechendreiecke

▸ Für *Anton* enthält ein besonderes Rechendreieck nicht nur Zahlen, sondern auch Terme.

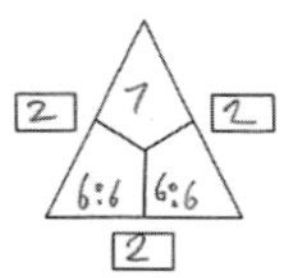

Abbildung 6.12: Antons (3. Klasse) Rechendreieck

▸ Und *Lili* wählt eine spezielle Beziehung ihrer Dreiecke: Sie erläutert dies so: *„Also, die beiden hängen nämlich zusammen … das ist so 'ne Knobelaufgabe […] da stehen die Zahlen von den Ergebnissen drin! Und dann kann man das weiter machen mit dem nächsten!"*

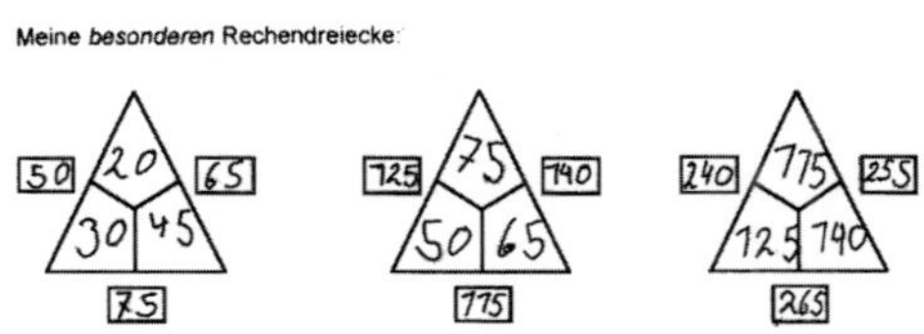

Abbildung 6.13: Lilis (2. Klasse) besondere Rechendreiecke

- *Julius* findet ein Rechendreieck, das er zunächst in die Kategorie „schwierig" einordnet. Er entscheidet sich dann noch einmal um und wählt „besonders", da mit 1998 sein Geburtsjahr entstanden war.

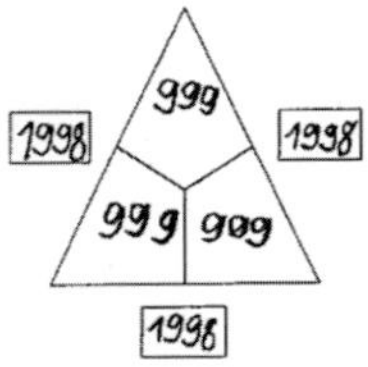

Abbildung 6.14: Das Rechendreieck von Julius (4. Klasse)

Wichtig ist auch hier eine Reflexionsphase am Ende der Stunde oder Sequenz, in der Schülerinnen und Schüler ausgewählte individuelle Lernergebnisse vorstellen können. Hier haben sie auch die Möglichkeit, ihre jeweilige Wahl zu begründen (z. B. besonders große Zahlen; kleine Zahlen; gleiche Startzahlen; Auftreten von Mustern etc.). Warum ist die Aufgabe 999 + 999 schwer – oder ist sie etwa besonders leicht? Möglicherweise entdecken viele Schülerinnen und Schüler, dass die Aufgabe doch nicht so anspruchsvoll ist, etwa unter Verwendung einer anderen Rechenstrategie (Hilfsaufgabe: 1000 + 1000 – 2).

Dass es am Anfang schwer fallen kann, selbst Entscheidungen über *leicht – schwer– besonders* zu treffen, ist verständlich. Aber *gerade deshalb* sollten die Kinder explizit darüber reflektieren und begründen, warum sie bestimmte Aufgaben der einen oder anderen Kategorie zuordnen. Auch hierdurch werden langfristig weitere, ganz grundsätzliche Prozesse über das eigene Lernen in Gang gesetzt: Dass etwas „schwierig" ist, kann kein Grund sein, davon Abstand zu nehmen; im Gegenteil: *weil* es schwer ist, spricht alles dafür, sich ihm bewusst zu stellen.

Offene Aufgaben eröffnen individuelle Zugänge für *alle*, in vielfältiger Hinsicht. Quantitative und qualitative Merkmale der Differenzierung werden dabei nicht von außen vorgegeben, sondern durch die Substanz der *Sache* nahe gelegt, wodurch Freiräume zum Mathematiktreiben entstehen. Wahlmöglichkeiten bestehen bezüglich der Zahlgröße, des Zahlenmaterials an sich; die gleiche Aufgabenstellung kann durch die Kinder selbst an ihre individuellen Anspruchsniveaus adaptiert werden, es können Muster und Strukturen erkannt, beschrieben, erklärt werden, aus denen sich weitere Forschungsaufträge ergeben können.

Übungsaktivitäten sollen nicht nur differenzierend, sondern auch *mathematisch reichhaltig* sein. Auch dieser Forderung kommen die vorgeschlagenen Formen durch die gemeinsame Reflexionsphase im Plenum (mit der Förderung des sozialen Lernens) entgegen – weit eher als eine „konsequent individualisierte" Praxis strikter innerer Differenzierung, denn „[a]lle Schülerinnen und Schüler werden mit alternativen Denkweisen, anderen Techniken, unterschiedlichen Auffassungen konfrontiert, unabhängig von ihrem jeweiligen kognitiven Niveau. Bei strikter innerer Differenzierung wird gerade diese Chance der Begegnung eher erschwert. [...] Die verschiedenen, individuell auszugestaltenden Lösungsmöglichkeiten wirken also auch im affektiven Bereich. Sie lassen den Schülerinnen und Schülern kognitive Spielräume, die das Identifizieren mit den

Anforderungen im Unterricht erleichtern können und damit – vorwiegend durch die direktere Erfahrung von Autonomie – zu Motivation und Interesse beitragen" (Neubrand/Neubrand 1999, S. 155).

Wenn immer an speziellen, reduzierten Aufgabenanforderungen gearbeitet wird, kann diese Isolierung gerade für lernschwache Kinder negative Folgen für das Selbstvertrauen haben. Das heißt nicht, dass Einzelförderungen oder die Arbeit in Kleingruppen wenig sinnvoll sind. Auch solche Arbeitsphasen sind immer wieder notwendig, aber weder sollten sie das Unterrichtsgeschehen dominieren noch darf die gemeinsame Arbeit im Plenum pauschal als „überholter Frontalunterricht" stigmatisiert werden (vgl. Seite 85 f.).

Offenheit kann aber auch in einem übergeordneten Rahmen stattfinden, z. B. beim eigenständigen Konstruieren von Mustern, wobei derartige Aufgabenstellungen in den operativ-strukturierten Übungstyp reichen (Wittmann 1992; s. u.) und damit entsprechende Vernetzungen ermöglichen. Nachdem an einigen Beispielen Muster im Sinne einer folgerichtigen Fortführung erkannt und beschrieben wurden (z. B. im oberen Feld wird die Zahl stets um 1 größer als beim vorherigen Rechendreieck; vgl. auch Kapitel 6.3.4), können die Kinder jeweils Dreiecke konstruieren, indem sie ein selbst gewähltes Muster implementieren, das dann von einem Partner fortzusetzen und auf seine Wirkungen hin zu untersuchen, d. h. zu beschreiben (Texte im Mathematikunterricht) und zu begründen[17] ist (z. B. drei weitere Rechendreiecke entsprechend ausfüllen *und* die Regel beschreiben und erklären, d. h. schriftlich dokumentieren; auch dazu reicht ein und dasselbe Arbeitsblatt für *alle*). Auch die Umkehrung ist sinnvoll: Ein Kind beschreibt ein selbstgewähltes Muster schriftlich, der Partner stellt einige Rechendreiecke dar, die dieses Muster stringent repräsentieren. In allen Fällen haben die Kinder selbst die Möglichkeit, die fachliche Rahmung mit den ihnen zur Zeit verfügbaren Kompetenzen auszufüllen; die Differenzierung erfolgt *aus der Sache durch die Kinder*. Zwar haben alle mit anderen – mehr oder weniger anspruchsvollen – Mustern und Zahlenwerten gearbeitet, aber die Problemfrage ist für alle gleich, weshalb dann eine anschließende Plenumsphase nicht nur sinnvoll ist, sondern eine ergiebige Gelegenheit zum sozialen Austausch und zur inhaltsbezogenen Reflexion über gemeinsam bearbeitete Inhalte.

6.3.2 Problemstrukturierte Aufgabe: Rechendreiecke mit geraden und ungeraden Außenfeldern

Hier gehen die Kinder der Frage nach, ob es Rechendreiecke mit ausschließlich geraden bzw. ausschließlich ungeraden Außenfeldern geben kann.

17 Solche und weitere operative Variationen können auch, z. B. mit Hilfe von Wendeplättchen, die man in das Rechendreieck legt, veranschaulicht werden (vgl. auch Kapitel 9.2.4, Arbeitsblatt 2.3 bzw. 2.3R. Dazu muss das Arbeitsmittel aber in dieser Funktion als Werkzeug den Kindern bekannt und geläufig sein.

EINLADUNG ZUR REFLEXION

Auf welche bewusst *verschiedene* Weisen können Sie selbst diese Frage untersuchen und Ihr Ergebnis begründen?

Bevor wir auf Phänomene eingehen, die in diesem Zusammenhang im Unterricht entstehen können, ist die Aufklärung des mathematischen Inhalts auf Grundschulniveau sinnvoll (zum Hintergrund vgl. auch Kapitel 6.1): Die geforderten Eigenschaften lassen sich durch die Abkürzungen *g* (für gerade) und *u* (für ungerade) in den Außenfeldern notieren. Nun gibt es zwei Möglichkeiten, um in den Außenfeldern ausschließlich gerade Werte zu generieren: *alle* Innenfelder sind gerade (Abbildung 6.15a) oder *alle* Innenfelder sind ungerade (Abbildung 6.15b).

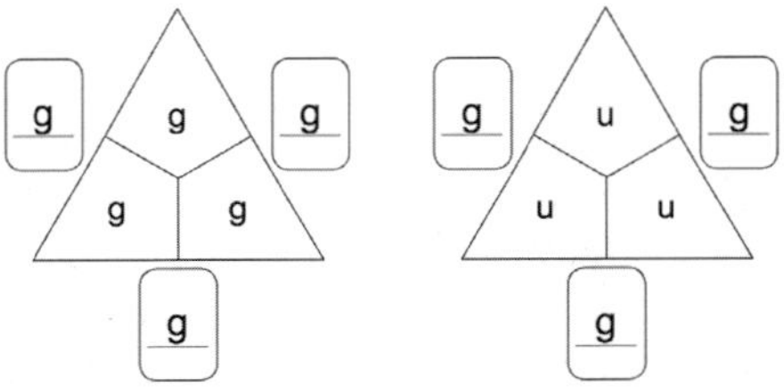

Abbildung 6.15a und 6.15b: Rechendreiecke mit ausschließlich geraden oder ungeraden Innenfeldern

Verlangen wir hingegen drei ungerade Außenfelder, dann haben wir folgendes Problem: Eine ungerade Zahl ist immer die Summe aus einer geraden und einer ungeraden Zahl. Dies können wir in den beiden ersten Innenfeldern herstellen (Abbildung 6.16a), nicht aber für das dritte Innenfeld (Abbildung 6.16b).

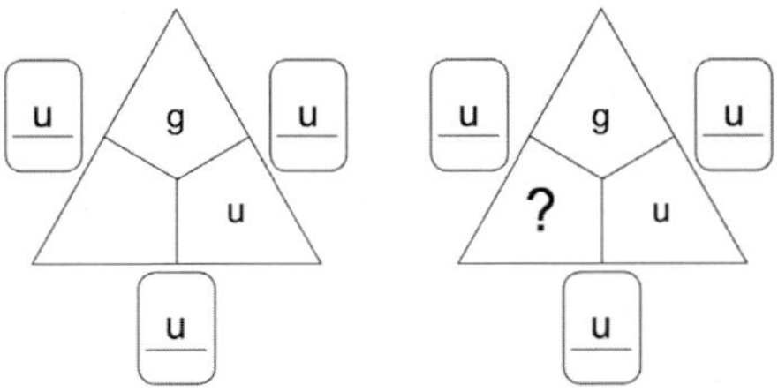

Abbildung 6.16a und 6.16b: Rechendreiecke mit drei ungeraden Außenfeldern

Was auch immer wir einsetzen (*g* oder *u*), wir erreichen zwar eine weitere ungerade Außenzahl, aber eben nur noch eine; die dritte Außenzahl wird zwangsläufig gerade. Damit haben wir den fachlichen Hintergrund für diese Fragestellung aufgeklärt und gezeigt – zwar an einem Beispiel, aber gleichwohl allgemeingültig –, dass es kein Rechendreieck mit drei ungeraden Außenzahlen geben *kann*, sofern die natürlichen Zahlen vorausgesetzt sind. Dies setzen wir zwar in der

Grundschule normalerweise voraus, wird aber nicht von allen Kindern immer so verstanden (s. u.). Derartige „Sachanalysen" sind (für die Lehrperson) auf verschiedenen Niveaus möglich, z. B. auch auf algebraischem, das meist sehr effektiv und ökonomisch im Hinblick auf den Vorbereitungsaufwand ist, was wir bereits in Kapitel 6.1 gezeigt haben.

Der gewählte Problemkontext kann unterrichtlich in verschiedener Weise umgesetzt werden, z. B. als offener Forscherauftrag, gerade/ungerade Zahlen in Rechendreiecken zu untersuchen, etwa in der Form: *Untersuche, was bei Rechendreiecken geschieht, wenn Du in den inneren Feldern nur (un-)gerade Zahlen einsetzt!* Oder: *Können in einem Rechendreieck alle Ergebnisfelder gerade (oder alle ungerade) sein?* Gewählt werden kann aber auch eine Umsetzung, die stärker auf die sprachlichen Kompetenzen abhebt (vgl. hierzu auch Tabelle 7.1 in Kapitel 7.2) wie im unten abgebildeten Arbeitsblatt (Abbildung 6.17; vgl. auch im Download-Material Kapitel 9.2.6, Arbeitsblatt 4): Es enthält eine Fragestellung in Form zweier Behauptungen anderer („virtueller") Kinder. Für diese Praxis sprechen mehrere Argumente: Zum einen können die beiden „simulierten" Kinder jedwede Behauptung aufstellen, ohne dass die Klasse von vornherein – aus Erfahrung mit diesem Unterricht, dieser Lehrperson oder einem bekannten Kind – Vermutungen oder Ahnungen über die Sachrichtigkeit aufstellen konnte. Hier wurde darauf geachtet, dass es sich einmal um eine wahre und einmal um eine falsche Behauptung handelte, sowie um eine lösbare und eine unlösbare Problemstellung. Damit sind nicht nur unterschiedliche Schwierigkeitsgrade verbunden, sondern die Sache fördert und erfordert auch das mündliche oder schriftliche Argumentationsverhalten (vgl. die prozessbezogenen, allgemeinen mathematischen Kompetenzen; KMK 2005). Es werden auch unterschiedliche Methoden der Herangehensweise erforderlich, die nicht zuletzt typische Arbeitsweisen des Mathematiktreibens ausmachen und ebenfalls (sachbedingt!) ein hohes Differenzierungspotenzial in sich tragen. In allen Fällen ist die grundschulgemäße und naheliegende Vorgehensweise das Ausprobieren anhand von konkreten Zahlenbeispielen – dies gelingt jedem Kind, auch dem leistungsschwächsten, denn gegebenenfalls kann hier mit ganz kleinen Zahlenwerten operiert oder mit Wendeplättchen gelegt werden. Aber selbst dann würde dies zu substanziellen Beiträgen für eine abschließende Plenumsrunde führen können.

Alle Kinder erhalten das Arbeitsblatt mit *derselben* Fragestellung (Abbildung 6.17). Es bleibt ihnen selbst überlassen, mit welchem Zahlenmaterial sie in den Leerformaten experimentieren wollen. Dazu gibt es bewusst keine Vorgaben. Man kann dabei auch entdecken (und sich dann darüber austauschen), dass es hier schlau sein dürfte, obwohl man größere Zahlen bereits beherrscht, dennoch *hier* mit kleineren zu arbeiten, um den Rechenaufwand möglichst gering zu halten – weil es vorrangig auf anderes, nämlich das Durchschauen und Erklären eines Musters ankommt.

Zur konkreten Aufgabe: Im Falle von Lisas Behauptung reicht ein einziges Gegenbeispiel, um ihre Behauptung zu widerlegen *(Falsifizierung)*. Im Falle von

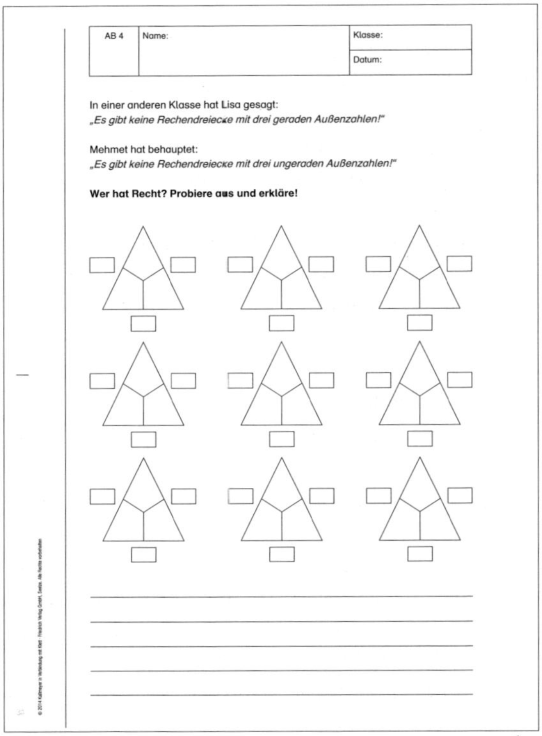

AB 4	Name:	Klasse:
		Datum:

In einer anderen Klasse hat Lisa gesagt:
„Es gibt keine Rechendreiecke mit drei geraden Außenzahlen!“

Mehmet hat behauptet:
„Es gibt keine Rechendreiecke mit drei ungeraden Außenzahlen!“

Wer hat Recht? Probiere aus und erkläre!

Abbildung 6.17: Arbeitsblatt zu geraden/ungeraden Außenfeldern

Mehmets Behauptung, bei der es um den Beleg einer *Unlösbarkeit* geht, reicht es hingegen nicht, selbst noch so viele bestätigende Beispiele zu notieren – man könnte bei der Auswahl der Beispiele auch nur Glück gehabt haben. Für manche Kinder mag dies zunächst einmal eine hinreichende Datenbasis darstellen, um eine Wertung abzugeben („Wir haben *ganz oft* probiert.“). Aus genannten Gründen ist aber im Unterricht mehr anzustreben. Dazu können z. B. Fallunterscheidungen hilfreich sein. In jedem Fall geht es um eine allgemeingültige, von Einzelbeispielen losgelöste Begründungsebene. Allgemeingültigkeit ist zum einen natürlich auf algebraischem Weg zu erzielen, allerdings in formaler Form noch nicht in Reichweite der Grundschulkinder. Gleichwohl ist „algebraisches Denken“ als solches nicht nur Grundschulkindern möglich, sondern es wird gar seit Langem explizit als Aufgabe des Unterrichts gefordert (vgl. Winter 1982). Und so gibt es auch präalgebraische Zugangsweisen, z. B. über Veranschaulichungen, die zwar einerseits an einem Beispiel durchgeführt werden, gleichzeitig aber den Anspruch und Nachweis der Allgemeingültigkeit in sich tragen bzw. plausibel machen können (vgl. Punktmuster- oder Plättchenbeweise, Krauthausen 2001; speziell zu Rechendreiecken vgl. Hartmann/Loska 2006; Scherer 1997a). Auch die oben gewählte Darstellung mit *g* für gerade und u für ungerade ist ohne Weiteres in der Grundschule einsetzbar[18]. Als prinzipiell verschiedene Lösungsansätze kann man einerseits von den Innenzahlen ausgehen (gerade/ungerade Innenzahlen werden systematisch eingesetzt und deren Kombination und Wirkung für die Außenzahl untersucht). Andererseits kann man von den Außenzahlen ausgehen (eine gegebene gerade/ungerade Außenzahl zerlegen und Folgerungen für die Struktur des Rechendreiecks untersuchen). Das Wissen über die Addition gerader/ungerader Zahlen, wie es in vielen Schulbüchern u. a. anschaulich thematisiert wird, ist dabei sehr hilfreich (vgl. z. B. Krauthausen 2001, S. 100 ff.). Umgekehrt bietet sich die genannte Erkundung an Rechendreiecken auch als Anlass für die (vertiefte) Thematisierung dieses mathematischen Sachverhalts an (vgl. Scherer 2007b).

Mündliche und schriftliche Erläuterungen der Kinder

Mit den oben genannten Behauptungen der „virtuellen" Kinder können auch folgende Vorteile verbunden sein: Es wird immer Schülerinnen und Schüler geben, die dadurch eine hohe Schreibmotivation auch in den Mathematikunterricht einbringen können. Auch kann die persönliche Ansprache durch andere, gleichwohl unbekannte Kinder motivationsfördernd sein, um sich ausführlicher oder auch überhaupt schriftlich zu äußern. Der simulierte Adressatenbezug macht von der Sache her mehr Redundanzen als bei einer direkten (face-to-face) Kommunikation plausibel. Manche Kinder verfassen ihre Texte im (von der Lehrkraft initiierten) Brief-Stil und sprechen Lisa und Mehmet ganz direkt an:

> Klara (2. Klasse): „Für Lisa! Liebe Lisa deine vermutung ist falsch weil man ungerade Zahlen nicht in normalen[19] Zahlen teilen kann (unter 9)."

> Franka (2. Klasse): „Liebe Lisa es geht auch mit Ungeraden Zalen. Lisa wen man grade in Zalen nimmt sind die ergebnisse auch grade wenn man beides nimt sind von beiden. Ein Schönen grus von Franka."

> Carlotta (2. Klasse): „Für Mehmet. Liebe Mehmet das was du gesagt hast fand ich richtig, weil ich es aus probiert habe und es ging nicht. Also gebe ich dir recht, und es hat sehr viel spaß gemacht es zu machen."

> Lilly (2. Klasse): „Lieber mehmet ich habe etwas mer rumgeknobilt aber ich binn auf das inscheidene gekommen und das ergebnis war das du recht hattest." (Ein beiliegendes Rechendreieck enthielt die Innenzahlen 7; 7; 17.)

18 Dass die Zusammenhänge $u + u = g$, $g + g = g$ und $u + g = u$ gelten, sollte natürlich vorher verstanden sein, sie lassen sich aber bereits im ersten Schuljahr sehr anschaulich begründen.

19 D. h. man erhält keine natürlichen („normalen") Zahlen als Ergebnis.

Im Mathematikunterricht ist das Verfassen von Texten (mathematischen Aufsätzen) vielfach noch ungewohnt, gleichzeitig aber auch eine lohnende Brücke zu Zielen und Aufgaben des Sprachunterrichts[20]. Bereits ab Klasse 1 kann man Kinder dazu anregen, sich schriftlich zu äußern (auch mit Unterstützung durch Skizzen oder Beispielaufgaben). Natürlich werden manche Texte zunächst entsprechend kurz sein; bringt man diese Praxis aber *gewohnheitsmäßig* in die Lernkultur der Klasse ein (vgl. Kapitel 3.3), so wird man recht schnell feststellen, dass sie länger und gehaltvoller werden (bis zu einer ¾ Seite DIN A4 in der zweiten Klasse), indem z. B. über die reine Aussage zur Sachrichtigkeit hinaus auch Erklärungen und Beispiele geliefert werden (Abbildung 6.18).

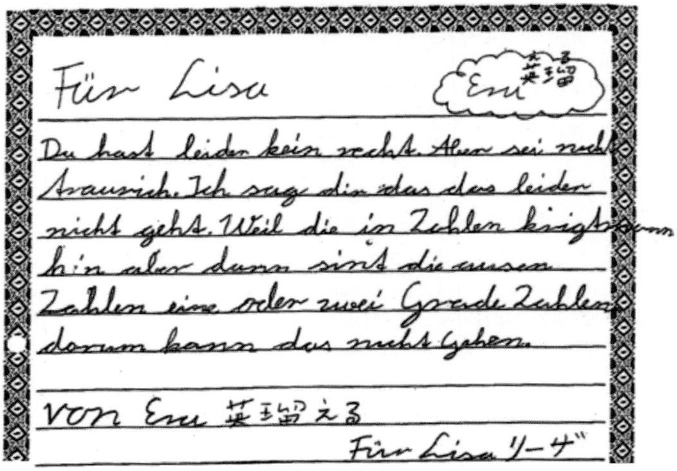

Abbildung 6.18: Eine verständnisvolle Erklärung für Lisa

Natürlich dokumentieren sich auch hier Leistungsunterschiede. Wichtig aber ist: Alle Kinder können sich zum selben Sachverhalt äußern – angefangen von Skizzen und Einwortsätzen bis hin zu längeren mathematischen Texten. Sich darüber im Plenum dann auszutauschen, führt dazu, dass auch die leistungsschwächeren Kinder Vorbilder erfahren, von denen sie lernen können. Im Mathematikunterricht sollten Schülerinnen und Schüler stets dazu ermutigt werden, ihre Entdeckungen zu verbalisieren und zu verschriftlichen. Diese Verbalisierungen/ Verschriftlichungen können und sollen unterstützend an Zahlenbeispielen und Zeichnungen geschehen, sodass sich die verschiedenen Niveaus in natürlicher Weise integrieren lassen (vgl. auch Steinbring 2009).

Die Unterschiede zwischen den Texten zu der hier vorliegenden Problemstellung etwa einer zweiten und vierten Klasse waren in Erprobungen übrigens nicht so groß, wie man meinen könnte.

20 Eine hervorragende Gelegenheit für Lernzielimporte und -exporte mit dem Aufsatzunterricht.

> Tina (2. Klasse): „Mir ist aufgeffalen das es immer 2 ungrade und eine gerade."

> Linus (4. Klasse): „Lisa Hat kein recht es gibt welche mit graden zahlen Mehmet hat recht weil immer dan eine grade ist oder Auch Alle."

Einige Schüler begründeten auch schon den gegebenen Sachverhalt:

> Carsten (4. Klasse): „Gerade Außenzahlen gibt es. Aber es gibt keine ungeraden Außenzahlen weil eine Zahl immer gerade ist und zwar die Zahl die man braucht um die zwei ersten ungerade Zahlen hin zubekommen."

> Lara (4. Klasse): „Es gibt Zahlendreiecke mit graden Zahlen aber keine Zahlendreiecke mit ungeraden außenzahlen. Weil 3 ungerade Zahlen immer 1 gerade Zahl hat. Wen man ein Zahlenzweieck oder ein Zahlenviereck hätte könnte es forkommen das man alle ergebnisse ungerade hätte. ... Das Zahlendreieck hat 3 Flächen. Also ist es ungerade deshab verstehen sich die ungeraden außenfelder mit dem dreieck nicht."

6.3.2.2 Weitere Explorationen der Kinder

Ein in mehrfacher Hinsicht gutes Zeichen ist es, wenn Kinder über den Tellerrand der Aufgabe hinaus schauen: Zu belegen, warum eine Aussage zutrifft oder nicht, ist gewiss schon eine bemerkenswerte Leistung. Dann aber *unaufgefordert* weiter zu überlegen und nach veränderten Bedingungen zu suchen, unter denen etwas offenbar Unlösbares doch noch lösbar *gemacht* werden kann, ist eine sehr mathematische Denkweise, die ausdrücklich wertzuschätzen ist (vgl. Scherer 2007b). Es zeugt von der Flexibilität eines Denkens, das nach Alternativen Ausschau hält und Situationen nicht nur abarbeitet, sondern aktiv gestaltet. Zugleich zeigt sich damit weiteres „Differenzierungspotenzial nach oben". Davide (2. Klasse) etwa konnte Mehmets Behauptung dadurch doch noch widerlegen, dass er die Rechendreiecke auf rationale Zahlen ausweitete und in jedes Innenfeld $2\,\frac{4}{2}$ setzte (aber als $2\,\frac{2}{4}$ von ihm ausgesprochen), was zu den ungeraden Außenzahlen 5 führte (Abbildung 6.19). Er kam also bei seiner Deutung der Problemstellung, die die natürlichen Zahlen nicht ausdrücklich festschrieb, zurecht zu einem anderen, wenn auch unerwarteten Ergebnis.

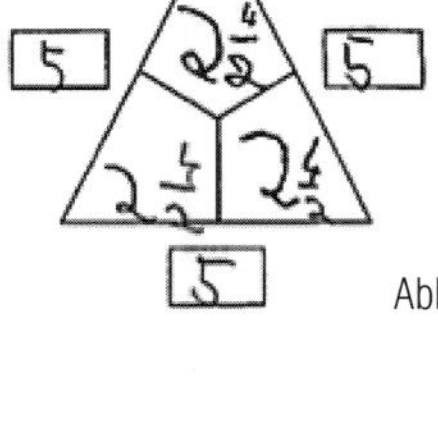

Abbildung 6.19: Davides Versuch mit Bruchzahlen

Für manche Kinder kann so etwas zu Irritationen führen, wenn für sie Mathematik bedeutet, dass am Ende immer *ein* Ergebnis herauskommen muss. Dass eine Aufgabe aber – je nach Sichtweise – auch einmal mehr als eine Lösung haben kann, und dass es in der Mathematik recht häufig den Fall gibt, dass man bestimmte Rahmenbedingungen vorab oder zwischendrin definiert und damit gezielt Ausschnitte festlegt, all dies ist hier bereits im Unterricht der Grundschule erfahrbar. Auch solche Diskussionen sind es wert, bewusst geführt zu werden, weil auch sie zu einem realistischen Bild des Fachs beitragen.

Über eine weitere Umgestaltung dachte Lara nach (s. o. Schülerkommentar): Sie wollte eine grundsätzliche Änderung des Aufgaben-Layouts hin zu einer symmetrischen Figur (Zweieck oder Viereck) vornehmen.

EINLADUNG ZUR REFLEXION

Gehen Sie dieser Idee für ein Zahlenviereck[21] einmal nach: Wie sähe es aus? Wie würden die Regeln lauten? Welche Fragestellungen böten sich zur Untersuchung an? Welche Muster zeigen sich und warum? Finden Sie noch weitere Vielecke, bei denen es klappt?

Danach können Sie Ihre Erfahrungen mit jenen von Hartmann/Loska (2006) vergleichen.

Ein anderes Kind erörterte die Lösbarkeit durch die Veränderung der Operation, wenn z. B. das Rechendreieck mit der Multiplikation statt der Addition berechnet würde. Auch diesbezügliche Implikationen können Sie selbst einmal untersuchen …

Wir wollen nun noch ausführlicher auf das mögliche Unterrichtsgeschehen eingehen, indem wir exemplarisch eine Szene vorstellen, in der die Schülerinnen und Schüler einer vierten Klasse nach einer individuellen Arbeitsphase ihre Erkenntnisse im Plenum zusammengetragen haben. Zunächst argumentiert der Schüler Leon anhand von Zahlen:

Leon: *Also, es ist immer. Es, man kann nur eine ungerade Zahl bilden, wenn man eine gerade – zum Beispiel die 6 – und eine ungerade – die 3 – zusammen hat.* [schreibt 6 und 3 neben das Rechendreieck, Abbildung 6.20a]

Schüler: *Ja, gerade plus gerade ergibt gerade.*

Leon: *Plus, gleich 9.* [notiert zu 6 und 3 Plussymbol, Gleichheitszeichen und Ergebnis; Abbildung 6.20a]

21 Bei Floer/Möller (1985, S. 89) findet sich diese Idee als „Vierfeldertafel". Sie weisen darauf hin, dass die Grundidee und insbesondere der mathematische Hintergrund bereits bei McIntosh/Quadling (1975) und Walther (1978, hier übrigens auch schon auf Grundschulniveau mittels qualitativer Lösungszugänge) ausführlicher beschrieben wurden.

Leon: *So und anders, wenn man 3 plus 3 hat, sind es 'ne gerade 6* [schreibt 3+3 = 6; Abbildung 6.20a], *wenn man zwei gerade hat, 6 plus 6 gleich 12* [schreibt 6 + 6 = 12; Abbildung 6.20a] …

Schüler: *Auch gerade.*

Leon: *Auch gerade. Aber, also nur das* [zeigt auf die Rechnung 6 + 3 = 9] *ergibt was Ungerades.*

Schüler: *Ja.*

Leon: *Und weil's drei sind* [zeigt auf die drei Innenfelder des Rechendreiecks], *kann man, man kann jetzt 8, 7* [schreibt im Uhrzeigersinn 8, 7 und 8 in die Innenfelder; Abbildung 6.20b]. *Man kann zwei Achten und eine Sieben zusammen dann, ähm tun dann …*

Lehrer: *Scht.*

Leon: *… ist das ungerade* [zeigt auf die unteren Innenfelder 7 und 8; Abbildung 6.20b], *das ist ungerade, aber das ist gerade* [zeigt auf die rechten Innenfelder 8 und 8].

Schüler: *Ja.*

Leon: *Man kann auch 7, 7, 8 machen* [schreibt 7 über die 8 ins untere rechte Innenfeld; Abbildung 6.20c]. *Dann ist das aber gerade* [zeigt auf die unteren Innenfelder 7 und 7] …

Abbildung 6.20a, 6.20b, 6.20c: Argumentation an konkreten Zahlen

Obwohl Leon alle drei Möglichkeiten berücksichtigt (gerade + ungerade; ungerade + ungerade, gerade + gerade), demonstriert er seine Idee an der Tafel mit konkreten Zahlen (außerhalb des Dreiecks: 6 + 3; 3 + 3; 6 + 6). Dann füllt er auch das Dreieck mit konkreten Zahlenwerten (8; 7; 8 bzw. 8; 7; 7). Dennoch beinhaltet seine Argumentation Ansätze zur Verallgemeinerung (vgl. Akinwunmi 2012, S. 88 f.): *„Es ist immer …“* und *„wenn man eine gerade, zum Beispiel 6, und eine ungerade …“*. Mit seinem zweiten Beispiel (3 + 3) bleibt Leon (verbal!) konkret, aber im dritten Beispiel (6 + 6) sagt er wiederum *„wenn man zwei gerade hat, 6 plus 6 …“*. Die Lehrperson muss sensibel für verbale Zeichen wie diese sein, die situativ, unerwartet und in manchmal noch inkonsistenter Form auftreten können. Und die Lehrperson ist verantwortlich, diese Chancen aufzunehmen und verbal wie mathematisch Präzisierung und Bewusstheit herauszufordern.

Bei der Verbalisierung ihrer Argumente können die Schüler auch zwischen den beispielgebundenen arithmetischen und den allgemeineren Niveaus hin und her wechseln, abhängig vom individuellen Verständnis oder auch durch Anregungen von Mitschülerinnen und Mitschülern, was wiederum bei anderen Mitlernenden Lernprozesse in Gang setzen kann, wie der Fortgang der Unterrichtsszene dokumentiert:

Schüler A: *Zum Beispiel, wenn ich hier 'ne 3 hin* [schreibt 3 in das untere rechte Innenfeld; Abbildung 6.21], *und das mach ich, das Gleiche mache wie hier* [schreibt 4 in das obere Innenfeld], *dann geht´s zwar hier – hier kommt 'ne 7 hin* [schreibt 7 in das rechte Außenfeld; Abbildung 6.21] – *aber hier geht´s dann nicht* [zeigt auf die linke Seite des Rechendreiecks].

Schülerin: *Aber es sind ja nur 3 …*

Schüler: *Ja.*

Schüler A: *Wenn ich jetzt hier zum Beispiel 'ne 5 hin tue,* [schreibt 5 in das untere linke Innenfeld; Abbildung 6.21]

Schülerin: *Oooh, das kann man auch leichter erklären.*

Schüler A: *… dann ist das hier 8.*

Lehrer: *Und wenn du 'ne … was anderes hin tust?*

Schülerin: *Wenn du gerade und ungerade, wenn du gerade und ungerade nimmst, dann ist es 'ne ungerade.*

Klasse: *Nein … mach mal … mach doch mal.*

Schüler A: *Sei mal leise. Wenn eine ungerade und gerade, dann kommt eine ungerade heraus* [zeigt auf die Innenfelder und das linke Außenfeld]. *… und wenn zwei ungerade zusammen kommen, dann kommt eine gerade* [zeigt auf verschiedene Felder des Rechendreiecks], *und wenn zwei gerade zusammen kommen, auch eine gerade.*

Lehrer: *Ok. Damit ist es unmöglich.*

Abbildung 6.21: Konkrete Zahlen und allgemeine Argumentation

Zunächst erklärt der Schüler anhand konkreter Zahlenwerte, nimmt dann die allgemeinere Sprache seines Mitschülers auf und wechselt zu den Begriffen gerade/ungerade, um die Unlösbarkeit zu begründen.

Auch in dieser Klasse konnten mehrere Schüler diese Unlösbarkeit nur schwer aushalten und suchten nach Alternativen – wie Jeremi, der in alle Innenfelder jeweils die Dezimalzahl 0,5 einsetzte. Die Lehrperson muss auf solche Erweiterungen und Variationen gefasst sein, die über den regulären Unterrichtsstoff hinausgehen.

Auch in dieser Klasse schlugen einige Schüler vor, die Form des Formats zu verändern (vgl. auch Schmidt 2009), untersuchten dann diese Alternative systematisch, konstruierten ein 4-, 5- und 6-Eck (Abbildung 6.22a und 6.22b) und reflektierten dann die entstandenen Möglichkeiten:

Abbildung 6.22a und 6.22b: Überprüfen eines Rechenvierecks und Rechensechsecks

Daniel: *Das geht mit sich, also es geht mit, mit jedem, ähm ...*
Schülerin B: *Kram.*
Lehrer: *Lass mal Daniel.*
Daniel: *Aus jeder Figur, die man, also, die man teilen kann ...*
Schülerin B: *Nein.*
Daniel: *... die gerade ist.*
Schülerin B: *Die gerade Anzahl von Kammern hat.*
Schülerin: *Ja, genau.*
Lehrerin: *Ja.*
Schülerin B: *Ist auch klar, dass die gleiche Anzahl ...*
Lehrer: *Ist logisch?*
Schülerin B: *Ja, weil man, dann kann man immer eine ungerade, weil dann ein, zwei Zahlen zusammen.*
Schüler: *Ja.*
Schüler: *Ja.*
Schülerin B: *Immer zwei Zahlen zusammen.*
Schülerin A: *Ja, dann kann immer eine ungerade neben eine gerade.*
Schüler: *Wir könnten jetzt sogar ein Hunderteck machen, das würd' auch funktionieren.*
Schülerin B: *Ja.*

Die Gruppe folgerte, dass es bei einer geraden Anzahl von Innenfeldern geht und bei einer ungeraden nicht. Ausblick war für sie, dass sie sogar ein 100-Eck nehmen könnten, um ausschließlich ungerade Außenfelder zu erhalten, da immer zwei benachbarte Innenfelder „zusammengehören". Man kann dieses konkrete Beispiel 100-Eck auch als eine Art „Quasi-Generalisierung" deuten, im Sinne von: Selbst mit einer so großen geraden Zahl geht es – also mit allen geraden.

Die exemplarisch angedeuteten kreativen Ausweitungen oder Umgestaltungen können die Kinder nur dann vornehmen, wenn sie die Gründe für das Funktionieren oder Nichtfunktionieren einer Struktur erkannt und durchschaut haben. Dieses Verstehen ist dabei so stabil und substanziell, dass es gleichzeitig eine gewisse Distanzierung von den reinen Phänomenen erlaubt. Dieses „Über-der-Sache-stehen" stellt bereits eine sehr weitreichende Form des Verstehens dar. Es erhöht die Wahrscheinlichkeit, dass in solchen Lernprozessen günstige Bedingungen für Transfers und Vernetzungen entstehen und genutzt werden können. Bei den von den Schülerinnen und Schülern hier von sich aus spontan vorgenommen Erweiterungen (ausgelöst durch die Unlösbarkeit eines Problems) handelt es sich um die von Schupp (2002) beschriebene „Aufgabenvariation", dort als expliziter Auftrag an die Schüler gestellt, um allgemeine Strategien zu entwickeln und zu einem tieferen mathematischen Verständnis beizutragen. Auch dort wird die Wichtigkeit einer reflektierenden Phase betont, in der alle Schülervorschläge diskutiert und analysiert werden (ebd., S. 23).

Die exemplarisch angedeuteten kreativen Lösungen der Kinder weisen auf eine Unterrichtskultur hin (vgl. Kapitel 3.3), in der eine offenere Atmosphäre herrscht, in der Kinder auch etwas „wagen" dürfen, in der Fehler gemacht werden dürfen und in denen kreatives Denken (mit all seinen Unwägbarkeiten) als Bereicherung des gemeinsamen Lernens wertgeschätzt wird.

Insgesamt zeigten sich beim Einsatz in verschiedenen Klassenstufen u. a. folgende Besonderheiten:

(a) Verwendetes Zahlenmaterial: Bei dieser Problemstellung bieten sich unterschiedliche Zugänge und Niveaus an, die sich in natürlicher Weise ergeben: Die Kinder können ihre Vermutungen an Zahlenbeispielen mit ganz unterschiedlichem, selbst gewähltem Zahlenmaterial untersuchen. Dadurch stellen unterschiedliche Rechenfertigkeiten zunächst einmal keine Schwierigkeit dar. In unseren Erprobungen operierten die Kinder vielfach im 10er- bzw. 20er-Raum, was für solche Forschungsaufträge auch sinnvoll ist. Einige Viertklässler bewegten sich auch im Zahlenraum bis 100 bzw. darüber hinaus, wählten aber z. B. keine Zahlen größer als 1000. Das Zahlenmaterial sollte nicht vorab vorgegeben werden, ist aber u. a. ein zentraler Punkt für eine anschließende Reflexion mit Blick auf die Entwicklung allgemeiner und auch effektiver Problemlösestrategien, denn wenn der Fokus auf der Erkundung und Erklärung struktureller Zusammenhänge liegt, ist es nur geschickt, die (selbst gewählten) Rechenanforderungen so gering wie möglich zu halten, da die *Größe der Zahlen* für das Verhalten der Struktur keine Rolle spielt.

Die Kinder benutzten daneben auch *besonderes* Zahlenmaterial, wie etwa gleiche oder aufeinanderfolgende Zahlen, Vielfache von 11 oder auch die Kombination ganz kleiner und ganz großer Zahlen. In der Reflexion im Plenum äußerte ein Viertklässler für die Überprüfung dreier ungerader Außenzahlen *„Ich hatte es mit einer Null versucht"* und ein anderer Schüler *„Ich hätte gedacht, vielleicht geht es mit Primzahlen"*. Unabhängig davon, wie zielführend solche Versuche sind, wichtiger ist die Tatsache, dass hier bereits nicht mehr nur rein zufällig vorgegangen wird, sondern bewusst ganz bestimmte Zahlen „unter Verdacht" stehen und erprobt werden, die möglicherweise in anderen, früheren Kontexten bereits einmal als relevant kennengelernt wurden.

(b) Überprüfung der ersten Behauptung (Abbildung 6.17): Hier kamen fast alle Kinder zu dem Ergebnis, dass Lisa Unrecht hat. Für die Ablehnung reichte vielen ein Gegenbeispiel, etwa bei dem Spezialfall „drei gleiche gerade Innenzahlen". Gemessen an der Fragestellung ist dies zunächst auch nahe liegend (im Sinne von hinreichend). Offen blieb in den meisten Fällen eine Begründung bzw. die generalisierende Betrachtung aller Fälle, in denen ausschließlich gerade Außenfelder entstehen können (entweder drei gerade oder drei ungerade Innenzahlen, wobei diese unterschiedlich sein können). Bei der Unterrichtsgestaltung, insbesondere bei der Reflexion im Plenum, muss hier die Lehrperson geeignete Impulse setzen und zur Diskussion auf der Meta-Ebene anregen. So konnte nach einer Zwischenreflexion in der zweiten Klasse von Damian und Gina der Zusammenhang vollständig schriftlich formuliert werden: Damian: *„Liebe Lisa du hast nicht recht den bei deinem rechen dreieck sind es nur gerade zahlen es ist nämlich wenn innen nur krume oder nur gerade sind ist das ergebnis gerade."* Gina: *„...wenn mann drei gleiche Zahlen nimmt kriegt mann drei grade Zahlen. Bei ungraden Zahlen ist immer einer über aber wenn man die Zahlen zusammen rechnet ergiebt es eine grade Zahl. auch wenn man ferschiedene Zahlen nimmt ergiebt es grade zahlen man muss sich nur enscheiden op mann grrade zahlen nimmt oder ungrade zahlen nimmt."*

(c) Überprüfung der zweiten Behauptung (Abbildung 6.17): Diese wahre Aussage zu bewerten war für die Schülerinnen und Schüler anspruchsvoller, da sie zwangsläufig unterschiedliche Fälle untersuchen mussten (s. o.). Die Äußerungen wiesen hier ein breites Spektrum auf. Sie reichten von eher globalen Aussagen *„Mehmet hat Recht"* oder *„Wir haben es nicht herausgekriegt"* bis hin zu schlüssigen Begründungen, warum es keine drei ungeraden Außenfelder geben kann. Dabei wurde das Spektrum von Erklärungen am Einzelbeispiel, situationsgebundenen verallgemeinernden Erklärungen am konkreten Beispiel und der Kommunikation über die allgemeine Struktur deutlich (vgl. auch Steinbring 2009). Mehrere Schüler lösten sich von den konkreten Zahlen und untersuchten verschiedene Kombinationen von geraden und ungeraden Innenzahlen.

Einmal mehr wurde deutlich, dass einige Schüler wenig Erfahrung mit unlösbaren Aufgaben hatten und die Unlösbarkeit nur schwer aushalten konnten.

Sie suchten daher nach Alternativen und Variationen, um die Aufgabe lösbar zu machen. Die Vorschläge konnten zum Teil recht amüsant sein, wie ein Vorschlag in der vierten Klasse *„Wenn 6 und 6 13 wäre, dann könnte es gehen"*.

6.3.3 Operativ strukturierte Aufgabe: Rechendreiecke mit Einmaleinszahlen

Zum mathematischen Hintergrund

Wenn die Innenfelder eines Rechendreiecks mit Ergebnissen von Einmaleinsaufgaben gefüllt werden, dann zeigt sich folgender Zusammenhang (vgl. Scherer 2006): Bei der Belegung der Innenfelder ausschließlich mit Vielfachen einer bestimmten Zahl erhält man aufgrund der Distributivität auch für die Ergebnisfelder ausschließlich Vielfache der gleichen Zahl (Abbildung 6.23; 1. Beispiel; $9 + 15 = 24$; $3 \cdot 3 + 5 \cdot 3 = (3 + 5) \cdot 3 = 8 \cdot 3$). Bei der Addition zweier Felder bleibt also die Vielfachen- bzw. Teilereigenschaft erhalten.

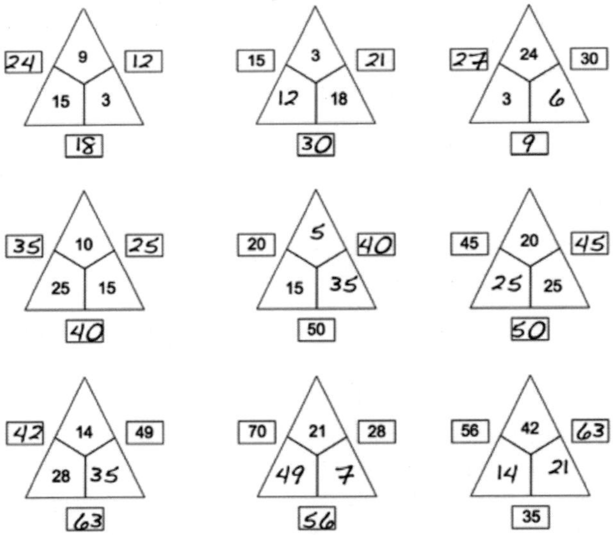

Abbildung 6.23: Rechendreiecke mit Einmaleinszahlen (Arbeitsblattausschnitt)

Allgemein gilt etwa für die dritte Zeile $7a + 7b = 7(a + b)$ bzw. $na + nb = n(a + b)$. Oder anders formuliert: Wenn $n \mid a$ und $n \mid b$, dann auch $n \mid a+b$.

Einen anschaulichen Beweis ermöglicht das Punktfeld – zunächst für ein konkretes Beispiel:

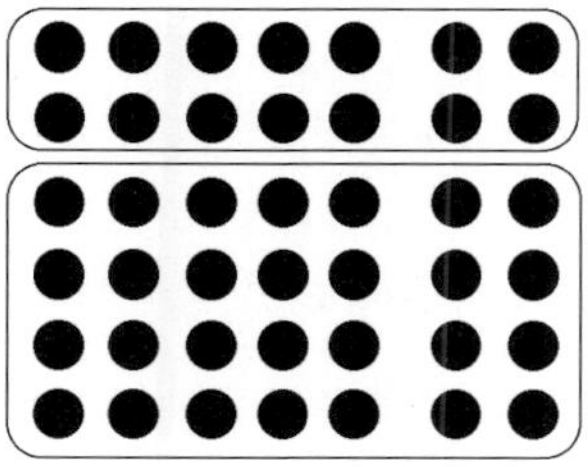

Abbildung 6.24: Veranschaulichung am Punktfeld

Diese Beziehung lässt sich verallgemeinern für beliebige Vielfache von 7 (Abbildung 6.25a) und analog für beliebige Vielfache von n (Abbildung 6.25b). Bei dieser Aufgabenstellung gilt auch die Umkehrbeziehung: Sind die Ergebnisfelder Vielfache von n, so sind auch die inneren Felder Vielfache dieser Zahl n.

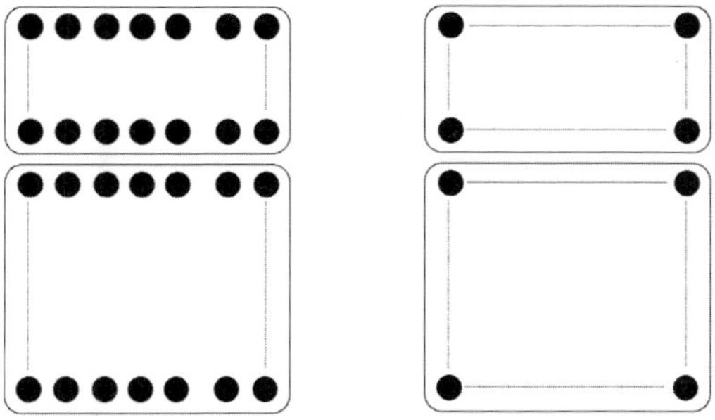

Abbildung 6.25a und 6.25b: Allgemeine anschauliche Darstellung

Zur unterrichtlichen Umsetzung

Das Arbeitsblatt für die Grundschule (Abbildung 6.26; vgl. im Download-Material Kapitel 9.2.5, Arbeitsblatt 3) bietet eine vorbereitete Lernumgebung (didaktisches wohl überlegtes Zahlenmaterial und entsprechende Aufgabentypen; s. u.), die differenzierte Anforderungen beinhaltet, ohne diese vorab festzulegen.

Für die Bearbeitung sollten die Grundregeln des Rechendreiecks mit seinen elementaren Aufgaben bekannt und auch der Einmaleins-Lehrgang weitgehend abgeschlossen sein, damit zumindest eine gewisse Souveränität in den Rechenfertigkeiten den Kindern erlaubt, ihre kognitive Energie stärker in die Erkundung der Muster und Strukturen zu investieren. Dennoch ist nicht unbedingt davon auszugehen, dass das gesamte Einmaleins bei allen Kindern gleichermaßen mit großer Geläufigkeit verfügbar ist, auch eine Zahl wie 45 wird unter Umständen noch nicht als 3er-Zahl identifiziert. Daher kann sich das *vorgegebene* Zahlenmaterial ausschließlich im Bereich des *kleinen* Einmaleins bewegen. Bei den selbst gewählten Beispielen der Kinder steht die „Zone der nächsten Entwicklung" offen, denn hier können natürlich auch über das kleine Einmaleins hinaus

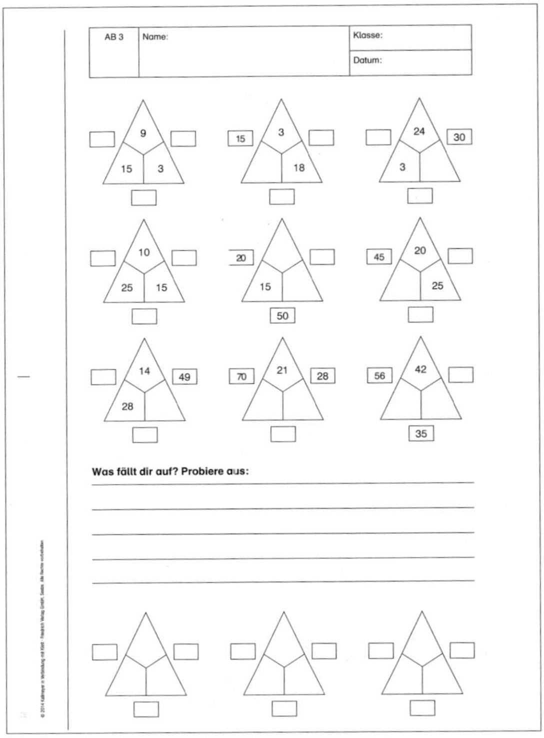

Abbildung 6.26: Arbeitsblatt zu Rechendreiecken mit Einmaleinszahlen

allgemeine Vielfachenmengen vorkommen (etwa 36 als Vielfaches von 3 verstehen und mit anderen Zahlen der 3er-Reihe einsetzen). Für das vorgegebene Zahlenmaterial wurden 3er-, 5er- und 7er-Reihe gewählt, da sich bei diesen Primzahlen die Einmaleins-Ergebnisse leichter als solche identifizieren lassen.

Wichtig ist auf einem Arbeitsblatt auch der Raum für schriftsprachliche Äußerungen zu den erkannten Auffälligkeiten (s. u.; vgl. Abbildung 6.26). Zentral ist dabei die Tatsache, sich *überhaupt* schriftlich zu äußern, grammatikalische oder orthografische Konventionen sind (an dieser Stelle) erst in zweiter Linie relevant. Auch Einwort-Sätze sind ein Beginn, sie entwickeln sich mit der Zeit zu elaborierteren Kommentaren weiter, wenn Verschriftlichungen zu *regelmäßigen* Unterrichtserfahrungen werden. Weitere Rechendreiecke stehen als Leerformate zur Verfügung. Dieser Freiraum kann von den Schülerinnen und Schülern dahingehend genutzt werden, dass sie beliebige Rechendreiecke konstruieren (beliebiges Zahlenmaterial oder andere Muster) oder aber bereits den Transfer vom ersten Teil des Arbeitsblattes leisten und Rechendreiecke mit Einmaleinszahlen wählen (gleiche Reihen wie oben oder andere Einmaleinsreihen). Es sei darauf hingewiesen, dass die Schüler durch diese Leerformate das Erkennen der Beziehungen gegebenenfalls auch ohne Sprache dokumentieren könnten.

Grundsätzliche Möglichkeiten der Bearbeitung

Differenzierungsmöglichkeiten beim Bearbeiten des Arbeitsblatts ergeben sich außerdem durch unterschiedliche Typen von Rechendreiecken: So erzwingt die Platzierung der vorgegebenen Zahlen (nur) manchmal eine bestimmte Reihenfolge der Rechenschritte (z.B. die letzten beiden Aufgaben der dritten Zeile), bei anderen ist diese beliebig (z.B. jeweils erste Aufgabe der oberen beiden Zeilen). Daneben variiert die Größe des Zahlenmaterials. Bei den leeren Formaten können sich die Kinder zudem auf jene Zahlen beschränken, bei denen sie sich sicher fühlen, oder aber solche, die für sie eine echte Herausforderung bieten, was nicht zuletzt eine Grundlage und Übung zur Einschätzung des eigenen Leistungsstands ermöglicht.

Begleitend zur Berechnung der vorgegebenen Rechendreiecke (gegebenenfalls auch der selbst gewählten) sollen die Kinder je nach individuellem Vermögen bereits über die Auffälligkeiten nachdenken (s.o. schriftliche Dokumentation). Dies bereitet eine gemeinsame Reflexion vor. Die gewohnheitsmäßig, d.h. fast schon rituell immer wieder gestellte Frage *„Was fällt dir auf?“* wird anfangs von der Lehrperson in Stellvertreterfunktion angeboten, so lange, bis die Kinder diese Praxis übernehmen und von sich aus einen Blick für Muster entwickeln und sich diese Frage selbst stellen und sie damit auch als selbstverständlich für Mathematiktreiben erfahren.

Die potenziellen Bearbeitungsniveaus spiegeln auch die verschiedenen Anforderungsbereiche (AB) der Bildungsstandards wieder (vgl. KMK 2005), wiederum ohne diese Niveaus vorab festzulegen:

- **Reproduzieren (AB I):** Ausrechnen der gegebenen Aufgaben mit/ohne weitere Arbeitsmittel und Veranschaulichungen
- **Herstellen von Zusammenhängen (AB II):** Erkennen, dass die Innenzahlen (bzw. auch die Außenzahlen) zur gleichen Einmaleinsreihe gehören; Darstellungen auf verschiedenen Ebenen möglich, z.B. verbal, schriftlich oder durch Zahlenbeispiele
- **Verallgemeinern und Reflektieren (AB III):** Begründung des Zusammenhangs durch Punktfelder, durch unausgerechnete Terme, in präalgebraischer Form; weitere Verallgemeinerung für weitere Einmaleinsreihen

Auch innerhalb eines Anforderungsbereichs eröffnen sich also noch vielfältige Möglichkeiten. Zudem sind die Schüleräußerungen nicht unbedingt eindeutig einem bestimmten Anforderungsbereich zuzuordnen. Dies soll exemplarisch an schriftlichen Entdeckungen von Viertklässlern einer Klasse illustriert werden.

Wie gesagt können verschiedene mathematische Strukturen entdeckt werden, und ein und derselbe Zusammenhang kann verschieden ausgedrückt werden, u.a. abhängig vom mathematischen Wissensstand oder den sprachlichen Kompetenzen:

- **Identifizieren der verschiedenen Einmaleinsreihen**

> „Bei der ersten reihe sind Zahlen aus der 3. reihe. Bei der zweiten reihe sind Zahlen aus der 5. reihe. Bei der dritten reihe sind Zahlen aus der 7. reihe."

> „Bei Aufgabe eins sind die Inenfelder aus der 3 Einmaleins Reihe. Bei Aufgabe 2 sind die Inenfelder aus der 5 Einmaleins. Bei Aufgabe 3. sind die Inenfelder aus der 7 Einmaleins Reie."

> „Mir fällt auf das in der 2. Reihe ergebnisse aus der 3er Reihe in der aus der 5er und in der 3. alle aus der 7er Reihe. Mir fällt auch auf das zwischen 3, 5, 7 immer 2 zwei mehr sind."

> „In der 1. Reihe sind alle Ergebnis aus der 3-er Reihe, In der 2. aus der 5er, und in der 3. aus der 7-er Reihe. Außerdem sind die Innenzahlen auch aus der 3-er, 5-er und 7-er Reihe."

Alle vier Kinder haben die verschiedenen Reihen identifiziert, beim zweiten Kommentar bezogen auf die Innenfelder, beim dritten auf die Außenfelder, beim vierten auf Innen- und Außenfelder und im ersten Kommentar nicht näher spezifiziert. Bei Letzterem bleibt offen, ob der Zusammenhang zwischen Innen- und Außenfeldern erkannt worden war oder ob die sprachlichen Kompetenzen einen differenzierteren Kommentar nicht zuließen.

- **Zahlenmuster zwischen den verschiedenen Einmaleinsreihen** *(s. o. dritter Kommentar)*
- **Einmaleinsreihen nicht näher spezifiziert**

> „Die zahlen sind immer alle aus eine Mal reie."

Dies kann als allgemeinere Einsicht gedeutet werden oder aber als vereinfachte sprachliche Form.

- **Fokus auf Platzierung der vorgegebenen Zahlen und auf identische Zahlen**

> „Es ist sehr durcheinander. Bei der ersten Reie ist es rechts das Ergebniss. Es wird immer um 9 erhöhent. Es bleibt immer die 3 da sie wandert nur."

Diese exemplarischen Äußerungen dokumentieren die mathematische Substanz des Formats bzw. der Aufgabenstellung mit den individuellen Möglichkeiten für die Schüler. In der gemeinsamen Reflexion über die Entdeckungen mit sich anschließenden unterschiedlichen Begründungsniveaus (vgl. Scherer 2006) bestehen daher besondere Möglichkeiten des Austausches, da alle am gleichen Gegenstand gearbeitet haben.

6.3.4 Operative Muster bei Rechendreiecken

Im Folgenden soll es um operative Muster gehen, welche die Leitidee „Zahlen und Operationen", aber insbesondere auch „Muster und Strukturen" umsetzen (KMK 2005, S. 9 ff.).

Zum Unterricht

Zunächst kann es um das *Fortsetzen und Erklären* vorgegebener Muster (drei Muster) gehen: Anhand eines Beispiels an der Tafel, bei dem jeweils ein Feld um +1, +3, +2 verändert wurde, wird gemeinsam über die Wirkungen reflektiert (Abbildung 6.27; vgl. auch im Download-Material Kapitel 9.2.2, Arbeitsblatt 2.1.1).

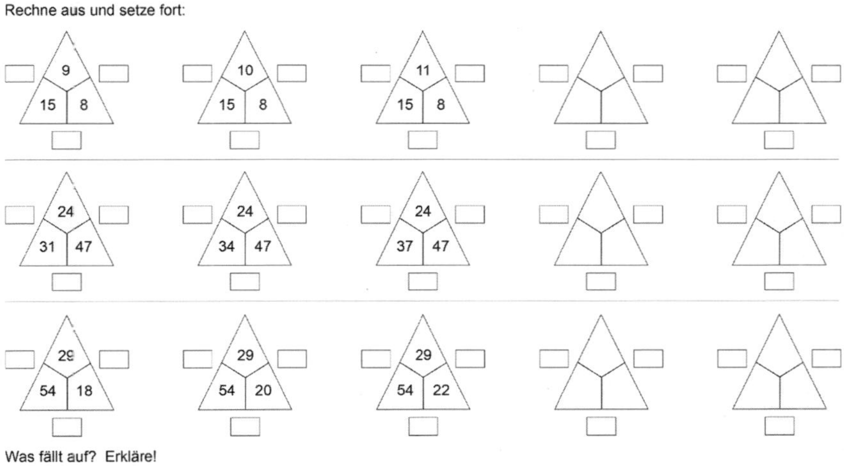

Abbildung 6.27: Fortsetzen und Erklären vorgegebener Muster

Danach kann ein weiteres Muster fortgesetzt werden (zwei um +1, +2 veränderte Felder), bevor die Kinder ein eigenes Muster durch Zahlenbeispiele entwerfen sollen. Dies wurde dann durch zwei Varianten in Partnerarbeit vertieft: Die Schülerinnen und Schüler konnten entweder ein Muster durch Zahlenbeispiele entwerfen oder durch verbale Beschreibungen vorgeben. Der Partner hatte dann die Aufgabe, die Zahlenbeispiele fortzusetzen und verschriftlicht zu erklären oder aber die gegebene verbale Beschreibung des Musters in Zahlenbeispiele umzusetzen.

Auch diese Aufgabenstellungen ermöglichen vielfältige Bearbeitungsniveaus bei *ein und derselben Aufgabe* bzw. *ein und demselben* Arbeitsblatt. Dies ist deshalb wichtig, damit nachher alle über dasselbe reden können, auch wenn vorher *individuelle Erfahrungen* auf *unterschiedlichem Niveau* gesammelt wurden: Bei einigen Kindern wird es möglichweise beim Berechnen der Beispiele bleiben. Dennoch besteht in den gemeinsamen Reflexionsphasen (s. u.) die Chance, von anderen zu lernen. Andere Schüler sind in der Lage, die vorgegebenen Muster auf der Zahlenebene (symbolisch) fortzusetzen oder aber die Muster mündlich/schriftlich zu beschreiben oder die entstehenden Auffälligkeiten gar zu begründen. Zudem bietet sich die Möglichkeit, einige operative Muster auf ikonischer Ebene durch Plättchen zu veranschaulichen (z. B. Erhöhung eines Felds um 1 entspricht dem Hinzulegen eines Plättchens). Beim Entwerfen eigener Muster sind unterschiedliche Ebenen bereits durch den Arbeitsauftrag zur Auswahl gestellt worden. Des Weiteren haben die Schülerinnen und Schüler die freie Wahl des konkreten Musters und zum Teil des Zahlenmaterials für das Ausgangsdreieck.

In den Projekterfahrungen zeigte sich, dass die Schülerinnen und Schüler in allen Klassenstufen diese Freiheiten produktiv genutzt haben (vgl. auch Krauthausen/Scherer 2011a): Fast alle orientierten sich zunächst an den vorgegebenen Beispielen und wählten *Erhöhungen*, wenn auch mit durchaus unterschiedlichen Additionszahlen. Seltener wurden *Verminderungen* gewählt, und erst mit zunehmender Auseinandersetzung mit der Aufgabenstellung wurde das Spektrum noch erweitert, z. B. durch Verdoppeln eines oder mehrerer Felder, *Rotation von Feldern* und Ähnlichem. Lilli (viertes Schuljahr) schlug für ihre Partnerin das *Quadrieren* aller Felder vor, formuliert als *„Alles mahl sich selbst"*. Zwar waren die vorgegebenen Zahlen recht klein, das Quadrieren überstieg jedoch – verständlicherweise – sehr schnell die rechnerischen Kompetenzen (Abbildung 6.28).

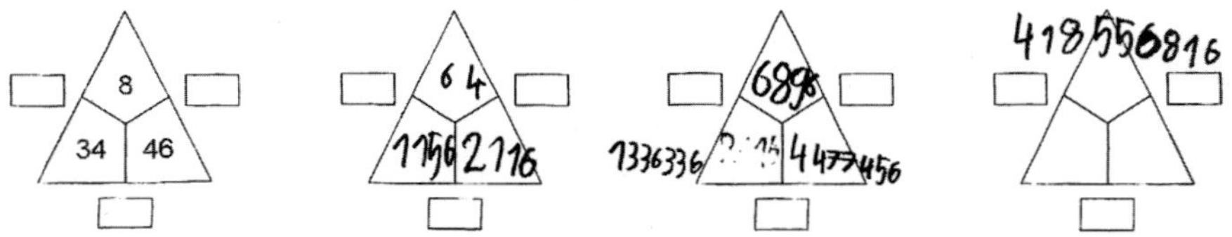

Abbildung 6.28: Fortlaufendes Quadrieren der Innenfelder (Lilli, 4. Klasse)

Festzuhalten bleibt, dass zwischen den verschiedenen Ebenen fließende Übergänge möglich sind und auch die Ebene an sich nicht den Schwierigkeitsgrad festlegt: Das oben genannte Quadrieren ist sprachlich knapp anzugeben, stellt jedoch rechnerisch hohe Anforderungen. Hingegen war das von Charlotte (viertes Schuljahr) entworfene Muster *„Innen links immer das Doppelte und innen rechts immer plus 5. Die 8 bleibt stehen."* rechnerisch leichter zu bewältigen, aber durch die erforderliche sprachliche Interpretation nicht weniger anspruchsvoll. Der gewählte Zahlenraum, das spezifische Zahlenmaterial, das gewählte Muster mit seinen spezifischen Operationen, das sprachliche Niveau einer Beschreibung, mathematische Begründungen u. a. – und dies in ihren jeweiligen Kombinationen – lassen viele Bearbeitungsmöglichkeiten zu, die im Unterrichtsgeschehen durch weitere Anregungen und den Austausch der Kinder weiter gefördert werden können.

6.3.5 Perspektiven

Erweiterungen des Aufgabenformats Rechendreiecke sind bis in den Bereich der Algebra möglich (vgl. z. B. Pagni 2002; Siebel 2010; Wittmann 2001) oder aber auch durch Variationen der geometrischen Formen hin zu Quadraten, Fünfecken etc. (vgl. McIntosh/Quadling 1975; Schmidt 2009/2010; s. auch die von den Schülerinnen und Schülern selbst eingebrachten Variationen bei einer problemorientierten Fragestellung in Kapitel 6.3.2). Zudem ist das Aufgabenformat übertragbar in andere Zahlbereiche (ganze Zahlen, rationale Zahlen) und es wäre zu überlegen, inwieweit die oben genannten Fragestellungen auch hier Anwendung finden könnten.

7 Anregungen zur eigenen Konstruktion von Lernumgebungen

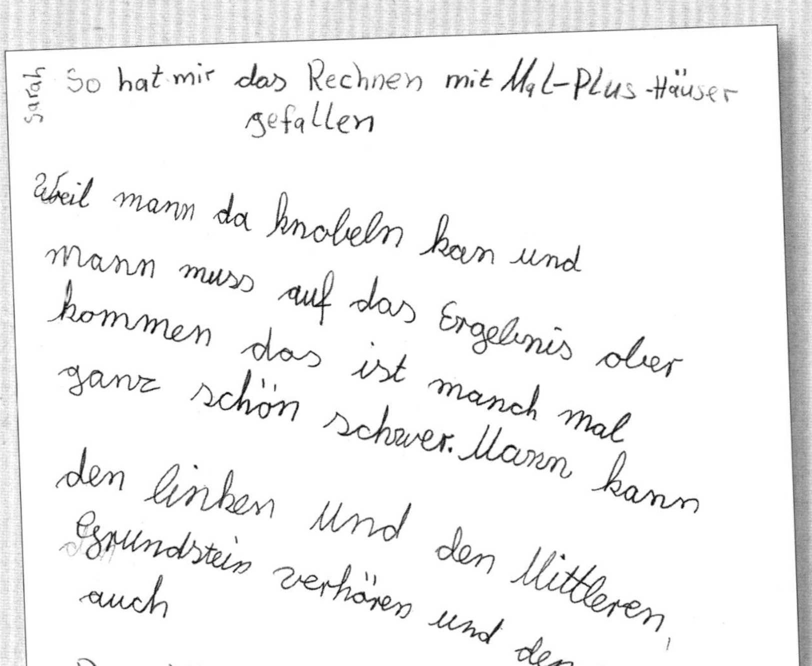

In diesem abschließenden Kapitel wollen wir Anregungen geben, um selbstständig Lernumgebungen zu anderen Aufgabenformaten zu erstellen und sie im Unterricht umzusetzen. Dabei werden Aspekte angesprochen, die gewiss auch traditionell zur Planung und Organisation von Unterricht gehören und daher vertraut klingen. Vermutlich werden aber auch Anregungen gegeben, die einen veränderten Blick auf Funktionen und Bedeutungen bekannter Tätigkeiten richten. Wir werden das, wo sinnvoll, jeweils anhand verschiedener Aufgabenformate konkretisieren, um möglichst praxisorientierte Einblicke in das Gemeinte zu ermöglichen.

7.1 Fachlichen Hintergrund erkunden

Eine typische Situation des Berufsalltags ist die, dass man in einer Fachzeitschrift, einer anderen Fachpublikation, bei einer Fortbildungsveranstaltung oder von Kolleginnen und Kollegen eine Anregung erhalten hat, die auf den ersten Blick zumindest interessant genug scheint, um sich die Frage zu stellen: Könnte ich das nicht einmal mit meiner Klasse bearbeiten …? Bevor man nun voreilig solche Anregungen in den Unterricht trägt – die immer wieder so beliebten vorgefertigten Kopiervorlagen stellen da eine nicht zu vernachlässigende Versuchung dar –, sollten gewisse Schritte vorab erfolgen. Als erstes wäre danach zu schauen, ob es sich überhaupt um ein substanzielles Unterrichtsbeispiel handelt, d. h. ob überhaupt und welcher fachliche Gehalt in ihm steckt. Denn wenn einerseits über zu wenig Zeit im Schuljahr geklagt wird, macht es andererseits besonderen Sinn, sich zu vergewissern, ob die Anregung vielfältige Ziele, Vernetzungen und Aktivitäten erlaubt.

Nehmen wir an, das so gefundene Unterrichtsbeispiel sei das Format „Mal-Plus-Haus" (vgl. Verboom 2002; vgl. auch Kapitel 9.3). Hier gilt folgende Format-Regel: Benachbarte Wohnungen im Erdgeschoss werden multipliziert, ihr Produkt jeweils in die darüber liegende Wohnung der ersten Etage notiert. Die beiden Wohnungen der ersten Etage werden addiert und ihre Summe darüber als Dachzahl notiert (Abbildung 7.1).

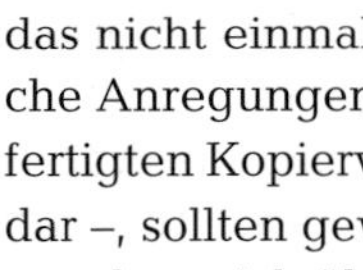

$15 + 35 = 50$

$3 \cdot 5 = 15 \quad 5 \cdot 7 = 35$

Abbildung 7.1: Beispiel für das Aufgabenformat Mal-Plus-Haus

Wir gehen im Folgenden einmal davon aus, dass diese ersten Informationen vorliegen, wenn man der Idee begegnet. Ein erster Schritt bestünde nun darin, selbst Erfahrungen mit dem Format zu sammeln. Man wird dazu zunächst einige Beispiele mit konkreten, selbst gewählten Zahlenwerten berechnen, vielleicht – je nach Vorerfahrungen – auch recht bald mit Variablen arbeiten (s. u.). Es soll aber betont werden, dass auch grundsätzlich konkrete Zahlenbeispiele nicht weniger wertzuschätzen sind, können sie doch helfen,

a) ein Gefühl für die Muster und strukturellen Beziehungen zu gewinnen (z. B. auch durch Untersuchung extremer Fälle, sei es mit besonders großen/kleinen/gleichen/besonderen Zahlenwerten) und

b) eine Vorstellung darüber zu gewinnen, welche Erfahrungen Kinder bei ihrem ersten Zugang zum Format evtl. machen könnten, denn diesen stehen vorrangig die konkreten Zahlenbeispiele zur Verfügung (jedenfalls nicht die Algebra). Zudem bieten die konkreten Zahlenwerte den unschätzbaren Vorteil, diverse operative Variationen durchzuspielen und zu untersuchen („Was geschieht mit ..., wenn man ... um ... erhöht/erniedrigt?" o. Ä.; vgl. zum operativen Prinzip Wittmann 1985). Das ist nicht nur für die eigene Mustererkenntnis relevant oder um das Format in der Tiefe zu erkunden, sondern außerdem ein potenzieller Lieferant anregungsreicher Arbeitsaufträge für den Unterricht.

So sinn- und wertvoll also das Experimentieren mit konkreten Zahlen im Format sein mag, so sehr bringt es auch Beschränkungen mit sich, da enthaltene Strukturen unter Umständen erst nach einer Vielzahl von Beispielen erkennbar werden. Unterrichtsplanung sollte aber in gewisser Weise auch ökonomisch sein und nicht im stundenlangen und gehäuften Erproben von Einzelfällen bestehen. Ein sehr zu empfehlender nächster Schritt ist daher eine *Verallgemeinerung* des Aufgabenformats, wofür es Variablen, also die Sprache der Algebra gibt. Eine solche *Algebraisierung* hat u. a. folgende Vorteile:

- Sie entbindet von der Notwendigkeit, eine (zeit)aufwendige Anzahl von konkreten Beispielfällen zu berechnen (Vorbereitungs-Ökonomie).
- Anders als noch so zahlreiche konkrete Beispielfälle kann mit Hilfe der Algebraisierung konstatiert werden, ob ein beobachtetes Phänomen tatsächlich immer gegeben ist oder vielleicht nur für die zufälligen Beispielfälle zutrifft. Algebraisierung sichert also *Allgemeingültigkeit*.
- Die Algebraisierung eines Aufgabenformats liefert einen Term mit Variablen, der gedeutet und interpretiert werden kann. Dies ermöglicht auch Struktur-Erkenntnis über Muster und Beziehungen, die im Rahmen von Zahlenbeispielen nicht unbedingt transparent werden.
- Der durch Algebraisierung resultierende Term weitet den Blick und liefert Ideen für *Variationen* und weiterführende Fragestellungen, die sich mit dem Format ebenfalls bearbeiten ließen.

Schauen wir uns dies am Beispiel des Mal-Plus-Hauses einmal an. Anstelle der konkreten Werte werden in der Grundreihe (im Erdgeschoss) drei verschiedene Variablen a, b und c eingesetzt, da laut Regel eben drei *verschiedene* Zahlen erlaubt sind (Abbildung 7.2).

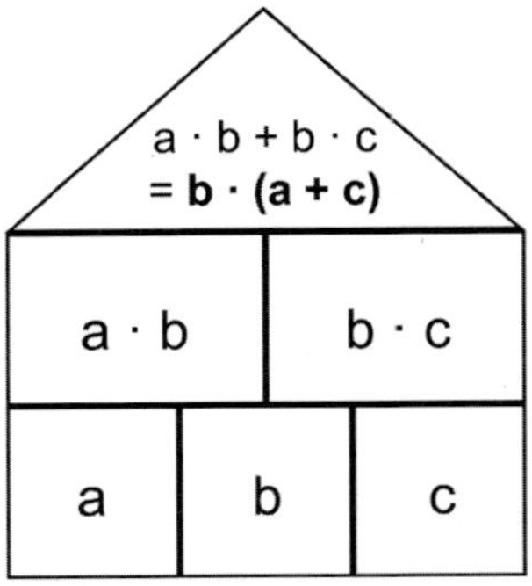

Abbildung 7.2: Algebraisierung des Aufgabenformats Mal-Plus-Haus

Bei anderen Aufgabenformaten oder anderen Vorgaben kann die Wahl der Variablen bereits gewisse Abhängigkeiten oder Beziehungen repräsentieren: Sollen etwa die beiden Außenzahlen gleich sein, dann sind beide mit dem gleichen Buchstaben zu bezeichnen, und man benötigt nur noch eine andere Variable für die mittlere Stelle. Manchmal kommt es auch vor, dass die vorgegebenen Zahlen einer bestimmten Bedingung genügen müssen, z. B. wenn es aufeinanderfolgende Zahlen sein sollen. Abgesehen von dem grundsätzlichen Bestreben nach möglichst wenigen verschiedenen Variablen geht es dann darum, die vorgegebene Beziehung durch die Variablen auszudrücken. Im genannten Fall aufeinander folgender Zahlen würden die Variablen also nicht a, b und c lauten, sondern a, a + 1, a + 2, weil hiermit die Beziehung zwischen den Zahlen ausgedrückt ist. Alternativ könnte man auch a – 1, a, a + 1 wählen. Solange die Beziehung sachgerecht ausgedrückt ist, sind solche Freiheitsgrade gegeben und beeinträchtigen nicht die Lösung. Mit einer gewissen Erfahrung im Umgang mit algebraischen Termen wird man situativ entscheiden können, welche Alternative sinnvoller im Sinne von geschickter (bezogen auf das, worauf man hinaus will) sein mag; ein Richtig oder Falsch ist hier also keine Kategorie.

Was aber besagt der resultierende Term der Dachzahl (vgl. Abbildung 7.2). Welche Informationen liefert seine Deutung?

- Die mittlere Erdgeschosszahl ist stets ein Teiler der Dachzahl.
- Genauer: Die Dachzahl ist das (a + c)-fache der mittleren Erdgeschosszahl. Anders ausgedrückt: Die Summe der beiden äußeren Erdgeschosszahlen multipliziert mit der mittleren Erdgeschosszahl liefert die Dachzahl.
- Die Summe der äußeren Erdgeschosszahlen ist auch ein Teiler der Dachzahl.
- An der ausführlichen und dann verkürzten Notation der Dachzahl (vgl. Abbildung 7.2) ist das Distributivgesetz der Multiplikation bezüglich der Addition erkennbar, ein Rechengesetz, das in der Grundschule vielfältig Anwendung findet (nicht nur beim Einmaleins; vgl. auch das Beispiel zu Rechendreiecken mit Einmaleinszahlen in Kapitel 6.3.3).

All dies lässt sich, im Prinzip ohne ein einziges Zahlenbeispiel zu rechnen, bereits an diesem Term der Dachzahl ablesen. Das Wissen um diese Beziehungen erlaubt es der Lehrperson im Unterricht, gleichsam „im Vorbeigehen", bei einem nur flüchtigen Blick auf die Arbeitsblätter der Kinder zu erkennen, wo sich ein Rechenfehler eingeschlichen hat, z. B. wenn man (mit einem Blick) sieht, dass eine errechnete Dachzahl kein Vielfaches der mittleren Erdgeschosszahl ist. Weitere Informationen, die sich aus der Algebraisierung ergeben können, werden in Kapitel 7.2 beschrieben und genutzt.

Nach diesen eigenen Erkundungen des Aufgabenformats an Zahlenbeispielen und algebraisch bestünde ein nächster Schritt in der Suche nach Erfahrungen, die bereits aus Praxiserprobungen oder didaktischen Kontexten vorliegen, denn man muss nicht jedes Mal das Rad neu erfinden. Ob und wie andere bereits über relevante Fragen zu einem Aufgabenformat nachgedacht haben und welche Ideen dazu entwickelt und erprobt wurden, lässt sich durch eine Literatur-Recherche herausfinden.

Dazu gibt es verschiedene Möglichkeiten: Wer in der Nähe einer Universität oder eines Landesinstituts lebt und arbeitet, kann vergleichsweise unaufwendig die entsprechenden Bibliotheken aufsuchen bzw. vorab in deren Online-Katalogen recherchieren. Vielfach wird aber ein Problem darin bestehen, dass hier meist nur Monographien nachgewiesen sind. Zwar sieht man, welche Fachzeitschriften die Bibliothek führt, es sind aber keine Einzelbeiträge aus Fachzeitschriften separat ausgewiesen. Dieses leistet hingegen *MathEduc*[22], eine sehr umfängliche und zudem spezifisch mathematikdidaktische Datenbank des Fachinformationszentrums Karlsruhe. Nachteil hier allerdings: Die Nutzung ist kostenpflichtig[23] und bietet im Demo-Modus nur die ersten fünf gefundenen Quellen an.

Vermutlich wird vielen aber als erstes eine sehr komfortable und schnelle Möglichkeit einfallen: Googeln. In der Tat können diese (oder andere) Suchmaschinen nützliche Dienste tun, auf jeden Fall für eine erste Orientierung oder auch um Überraschendes zu finden, das man vielleicht gar nicht so bewusst gesucht hat und dennoch brauchen kann. Aber auch hier wäre vor Nachteilen zu warnen: Das World Wide Web ist ein Sammelplatz nicht nur für qualitativ Hochwertiges, man findet auch Fragwürdiges bis Falsches, mit dubiosen oder fehlenden Quellenangaben. „Etwa drei Fünftel sind Unsinn und ‚vermischter Unsinn', den ich ‚Trübkunde' nenne; ein Fünftel ist zwar sinnvoll, aber vergängliche Info, und kaum ein Fünftel besteht aus ernsten Denkfrüchten" (Lem 1996, S. 109). Wer sich *per se* bereits gut in der Materie auskennt, der ist in der Lage, Fragwürdiges von substanziellen Angeboten zu unterscheiden und verfügt über die Kenntnis der dazu erforderlichen Güte- und Unterscheidungskriterien. Wie auch sonst gilt also auch hier: Das Internet ist kein Ersatz für die eigene Kompetenz.

22 http://www.zentralblatt-math.org/matheduc/

23 http://www.zentralblatt-math.org/matheduc/subscription/

Ein letzter Aspekt, der die Erkundung der fachlichen Hintergründe betrifft, wäre die Frage, ob und in welche (über)fachlichen Zusammenhänge und Kontexte sich das zur Debatte stehende Aufgabenformat bzw. die mit ihm zu bearbeitenden Frage- und Problemstellungen einordnen lassen (vgl. die Aufgabenstellung am Ende des Kapitels 7.6.3)? Wo gibt es Querverbindungen, Vernetzungen mit anderen Inhalten oder Vorgehensweisen? Wie ließen sich diese auch unterrichtlich nutzen und bewusst machen (Metakognition)? Das Aufgabenformat Zahlenketten etwa (vgl. Kapitel 5) ähnelt in gewisser Weise dem Aufgabenformat „Wer trifft die 50?" (Steinbring 1995). Sollte man diese Ähnlichkeit nutzen, oder wäre es ratsamer zur Vermeidung von Interferenzen diese beiden Formate nicht allzu zeitnah nacheinander anzubieten? Antworten auf diese und vergleichbare Fragen können sich sowohl aus der selbstständigen Erkundung ergeben (s. o.) wie auch aus der begleitenden Sichtung von Fachliteratur.

7.2 Aufgabenstellungen konzipieren und kategorisieren

Der spezifische mathematische Inhalt bzw. die Strukturen innerhalb eines Aufgabenformats lassen sich in Form vielfältiger konkreter Frage- und Problemstellungen realisieren. Diese können unterschiedliche Ziele verfolgen und verschiedene Kompetenzen und Fertigkeiten erfordern bzw. fördern. Unterschiedliche Aufgabentypen und -parameter können dabei die Motivation und den Lernerfolg unterschiedlich beeinflussen (vgl. Krauthausen/Scherer 2010a; Scherer/Krauthausen 2010). Tabelle 7.1 gibt einen Überblick über verschiedene Dimensionen, die berücksichtigt werden können und als solche die Grundlage bilden für den Designprozess der konkreten Aufgabenstellungen durch die Lehrperson (hier am Beispiel der Zahlenmauern). Damit soll gezeigt werden, dass es weder egal noch trivial, noch den Kindern alleine zu überlassen ist, welche Fragestellungen man zu einem Aufgabenformat anbietet.

Je nach Typ der Problemstellung (offene Aufgaben, Problemstellungen mit dem Fokus auf Muster und Strukturen oder solche mit dem Schwerpunkt Problemlösen) können diverse Parameter für das konkrete Aufgabendesign gewählt werden. Zu bedenken ist aber: Dem Designprozess mögen bestimmte Zielsetzungen zugrunde liegen, aber die konkreten Aktivitäten und Zugänge der Lernenden können potenziell auch andere sein, die sowohl in der Tiefe wie in der Breite variieren. Bei aller wohlüberlegten Planung muss die Lehrperson sich also die Offenheit bewahren, um dann in der Situation flexibel agieren zu können. Im Folgenden soll an 4er-Zahlenmauern exemplarisch illustriert werden, wie ein spezifischer mathematischer Inhalt durch unterschiedliche Aufgabenstellungen konkretisiert werden könnte (s. Tabelle 7.1; zu weiteren Konkretisierungen am Format Rechendreieck vgl. Krauthausen/Scherer 2013).

Angenommen, der Fokus sei problemorientiert (letzte Zeile in Tabelle 7.1), und die Lernenden sollen die Beziehungen zwischen geraden/ungeraden Zahlen in einer 4er-Zahlenmauer untersuchen und erklären (vgl. dazu auch Krauthausen 2006). Die Zelle in der ersten Spalte (vorgegebene Zahlen) ist zwar weniger „spannend", aber möglich (1). Man stelle sich ein Arbeitsblatt vor mit diversen Zahlenmauern, bei denen die Grundreihe vorgegeben ist: Im ersten Beispiel vier gerade Zahlen, im zweiten Beispiel vier ungerade Zahlen, anschließend Kombinationen von zwei geraden und zwei ungeraden Zahlen, einer geraden und drei ungeraden bzw. einer ungeraden und drei geraden Zahlen, die zudem in den unterschiedlichen Positionen der Grundreihe platziert sind (z. B. die ungerade Zahl im linken Eckstein, im rechten Eckstein oder in einem der mittleren Steine).

Design-Parameter / Problem-Typ	**vorgegebene Zahlen**	**teiloffen mit bestimmten Bedingungen**	**offen (freie Wahl der Beispiele je nach Interesse, Fähigkeit etc.)**	**inkl. verbaler oder schriftlicher Beschreibung, Erklärung, Begründung**
offen	Finde möglichst viele verschiedene 4er-Mauern mit den Zahlen 3, 7, 8 und 10 für die Grundreihe.	Finde leichte, schwierige und besondere 4er-Mauern.	Konstruiere eigene 4er-Mauern.	Finde leichte, schwierige und besondere 4er-Mauern. Erkläre Deine Entscheidungen.
Fokus Muster & Strukturen	Arbeitsblatt mit vorgegebenen 4er-Mauern und Mustern (z. B. sukzessives Vergrößern eines mittleren Steins der Grundreihe um jeweils 1)	Konstruiere eigene Muster bei 4er-Mauern. Benutze dazu die Zahlen bis 20.	Konstruiere eigene Muster bei 4er-Mauern.	Vergrößere bei den folgenden 4er-Mauern immer einen mittleren Stein um 1. Was stellst du fest? Kannst du das erklären?
Fokus Problemlösen	s.o. (1)	s. u. (2)	s. u. (3)	s. u. (4)

Tabelle 7.1: Design-Parameter am Beispiel von 4er-Zahlenmauern

Eine offene Aufgabenstellung (3) könnte lauten: „Erforsche 4er-Mauern mit geraden und ungeraden Zahlen. Was stellst du fest?" Interessant kann hier sein, mit welchen selbstgewählten Zahlengrößen die Kinder operieren und wie sie ihre Lösungsstrategie organisieren: Nehmen sie Fallunterscheidungen vor (Zahlenmauern mit ausschließlich geraden oder ungeraden Zahlen, mit einer Mischung aus beiden; systematisch angelegte oder zufallsgesteuerte Versuche)? Wie dokumentieren sie ihr Vorgehen? (Inwieweit wird z. B. Sprache genutzt?) Wie argumentieren sie (auf der Grundlage konkreter Zahlenbeispiele oder eher generalisierend)?

Ebenso wäre es möglich, vorab gewisse Bedingungen vorzugeben (2) wie z. B. „Erforsche 4er-Mauern mit geraden und ungeraden Zahlen bis 10 für die Grundreihe. Was stellst du fest?" Dadurch wird die Größe der zu benutzenden Zahlen begrenzt, während alle anderen Dimensionen die gleichen bleiben.

Eine ganz andere Realisierungsmöglichkeit für die Kategorie (4) zeigt die Abbildung 7.3 (vgl. Krauthausen 2006; auch Kapitel 6.3.2, in dem wir ein ähnliches Beispiel für Rechendreiecke ausführlich reflektiert haben). Bei dieser Aktivität spielt die Sprache eine besondere Rolle, einerseits zum Verstehen der Kinder-Aussagen auf dem Arbeitsblatt, andererseits beim Formulieren der eigenen Reaktionen und Argumentationen. Das kann recht herausfordernd für die Lernenden sein, da sie durchaus skeptisch zu Werke gehen und z. B. nach falsifizierenden Gegenbeispielen suchen können.

Teilauftrag c:
In einer 4er-Mauer soll im Deckstein eine gerade Zahl stehen.
Rosalie behauptet: »Das geht nur, wenn alle Grundsteine gerade sind.« Hat Rosalie Recht?
Marco vermutet, dass es auch anders geht. Überprüft seine Vermutung.

Teilauftrag d:
In einer 4er-Mauer soll im Deckstein eine ungerade Zahl stehen.
Jens meint: »Wenn nur die beiden inneren Grundsteine ungerade sind, dann geht es.« Hat Jens Recht?
Tanja behauptet: »Ein ungerader Grundsteine genügt, egal welcher.« Überprüft Tanjas Behauptung.

Abbildung 7.3: Wer hat Recht? (Forschungsauftrag aus Krauthausen 2006)

Melanie und Alina (Klasse 3; Abbildung 7.4) äußerten sich zu folgenden Punkten:
1.) Das fällt auf: …
2.) Woran liegt das?
3.) Erklärung und Begründung: …
4.) Das war schwierig: …
5.) Das hat geholfen: …

Die Fragestellungen aus Abbildung 7.3 wurden auch in einem zweiten Schuljahr erprobt (dort allerdings an 3er-Mauern). Elif und Gizem notierten hierzu wie folgt:

- Das fällt auf: *der Dekstein wird grade wen man unten die graden zahlen benutzt wen man 3 ungerade zahlen nemt rechnet man grade.*
- Woran liegt das? *Grade zahlen werden grade zahlen 2 ungeradezahlen werden grade zahlen*

Übrigens hilft auch bei Fragen zu diesem Komplex gerade/ungerade Zahlen die Algebraisierung weiter (vgl. Kapitel 7.1). Die grundsätzlich möglichen Fälle müssen nicht an konkreten Zahlenbeispielen durchgespielt werden, da die Verallgemeinerung dies in aller Kürze allgemeingültig ermöglicht.

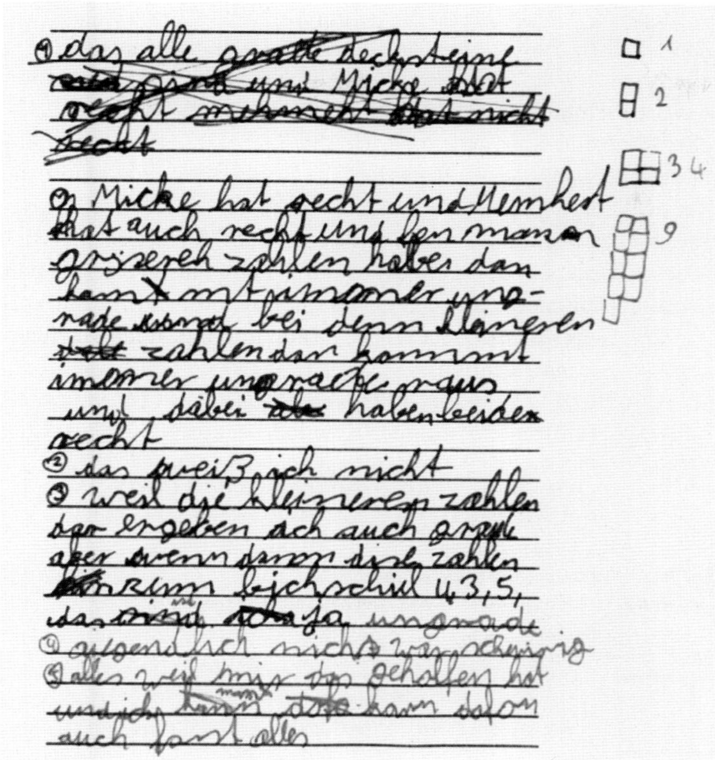

Abbildung 7.4: Bearbeitung zweier Drittklässlerinnen

An einem weiteren Beispiel wollen wir zeigen, wie die Algebraisierung und ihre entsprechenden Deutungsprozesse zur Ökonomie wie auch zur Tiefe des Substanzgehaltes einer Vorbereitung beitragen können. In Kapitel 7.1 wurde der fachliche Gehalt des Aufgabenformats Mal-Plus-Häuser aufgeklärt und auch darauf verwiesen, dass die Algebraisierung bei der Generierung von Fragestellungen zu einem Format beitragen kann. Dies soll hier nun erfolgen. Zuvor wurde im Wesentlichen auf die „Grundform" abgehoben: Drei vorgegebene oder selbst gewählte Zahlen werden ins „Erdgeschoss" eingetragen, die dann gemäß der Formatregel verarbeitet werden. Diese einführende Aufgabe dient vor allem der Routinisierung der Formatregel. Ein Arbeitsauftrag, der sich auch bereits aus Kapitel 7.1 ableitet, wäre die Untersuchung der Beziehung von der mittleren Erdgeschosszahl und der Dachzahl (s. o. Vielfache-/Teilerbeziehung; Distributivgesetz; vgl. hierzu auch im Download-Material Kapitel 9.3.2, Arbeitsblatt 2). Weitere Möglichkeiten ergeben sich durch operative Fragestellungen (vgl. Verboom 2002; PIK AS 2010).

EINLADUNG ZUR REFLEXION

Versuchen Sie selbst, die folgenden Fragestellungen mit Hilfe einer Algebraisierung aufzuklären! Was geschieht mit der Dachzahl, wenn

- die äußeren Erdgeschosszahlen vertauscht werden?
- die linke oder die rechte Erdgeschosszahl um 1 größer wird?
- die linke und die rechte Erdgeschosszahl um 1 größer werden?
- die linke Erdgeschosszahl um 1 größer und die rechte Erdgeschosszahl um 1 kleiner wird?
- die Mittelzahl um 1 größer wird?

Und auch hier hilft Algebra: Wie viele Mal-Plus-Häuser kann es bei der abgebildeten Vorgabe geben (Abbildung 7.5; vgl. im Download-Material Kapitel 9.3.3, Arbeitsblatt 3)?

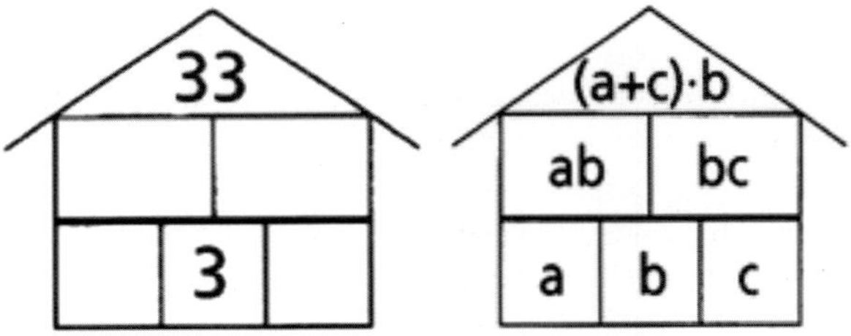

Abbildung 7.5: Mal-Plus-Haus mit zwei Vorgaben (links) und algebraische Form (rechts)

In der algebraisierten Form kann man den Term der Dachzahl $(a + c) \cdot b$ mit dem bekannten, weil vorgegebenen Wert gleich setzen: $(a + c) \cdot b = 33$. Auch für b brauchen wir keine Variable mehr, da sie festgelegt ist und 3 beträgt. Also erhält man die Gleichung: $(a + c) \cdot 3 = 33$. Beidseitige Division durch 3 führt zur Gleichung: $a + c = 11$. Das bedeutet, wir suchen alle zweigliedrigen additiven Zerlegungen der 11. Und das sind überschaubar viele, nämlich 12 (0|11, 1|10, 2|9, 3|8, 4|7, 5|6, und wenn wir die kommutativen Fälle extra zählen wollen, 6|5, 7|4, 8|3, 9|2, 10|1, 11|0). Will man die kommutativen Fälle nicht als verschieden betrachten, dann gibt es sechs Lösungen (hier gibt es kein richtig/falsch, das ist eine Konvention und kann in der Klasse vereinbart werden; die Vorbereitung sollte aber beide Fälle bedenken).

Ist nur die Dachzahl vorgegeben (Abbildung 7.6; vgl. im Download-Material Kapitel 9.3.4, Arbeitsblatt 4), gibt es deutlich mehr Lösungen (s. u.), und zwar so viele, dass man im Rahmen der Unterrichtsvorbereitung weder Zeit noch Lust haben dürfte, sie alle mit Hilfe konkreter Zahlenbeispiele und durch Probieren zu finden. Wie viele also gibt es mit der Dachzahl 36? Erneut führt der allgemeine Term der Dachzahl weiter, denn er enthält die Aufbaustruktur des Formats.

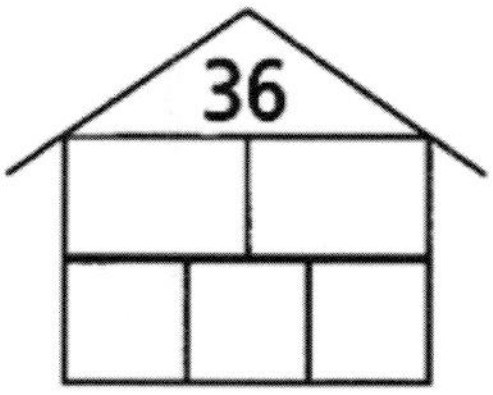

Abbildung 7.6: Mal-Plus-Haus mit lediglich vorgegebener Dachzahl

- Es gilt: $b \cdot (a + c) = 36$.
- b muss ein Teiler von 36 sein, also betrachten wir die Teilermenge von 36: $T_{36} = \{1, 2, 3, 4, 6, 9, 12, 18, 36\}$.
- Auch die Summe (a + c) kann diese Werte 36, 18, 12, 9, 6, 4, 3, 2 und 1 annehmen, denn auch dieser Klammerausdruck muss ein Teiler von 36 sein.
- Für eine Summe *n* gibt es jeweils *n + 1* Zerlegungsmöglichkeiten (bei Einbeziehung der Null sowie der kommutativen Aufgaben).
- Somit ergeben sich insgesamt 37 + 19 + 13 + 10 + 7 + 5 + 4 + 3 + 2 = 100 Möglichkeiten.
- Überlegen Sie selbst, wie viele Lösungen es gibt, wenn man die „kommutativen Doppelzählungen" nicht als verschieden betrachtet. Achtung, es ist nicht einfach die Hälfte! Warum nicht ...?

Man sieht, dass für diese recht hohe Lösungsanzahl von 100 Mal-Plus-Häusern dennoch in wenigen Zeilen (den erläuternden Text oben würde man ja nicht mit notieren) Klarheit herbeizuführen wäre. Der so elaborierte Hintergrund erlaubt es der Lehrperson dann auch, die Lösungsmenge flexibel anzupassen: Wem 100 Lösungen zu viel oder zu wenig sind, der kann mit dem genannten Hintergrundwissen und dem Werkzeug Algebra die Vorgabewerte so anpassen, dass sich die gewünschte Lösungsmenge ergibt.

So plausibel die Aufstellung der Tabelle 7.1 im Nachvollzug auch sein kann, man mag sich die Frage stellen, wie man selbst und bei allen möglichen anderen Aufgabenformaten auf eine vergleichbare Vielfalt von Fragestellungen kommen kann. Wir wollen dazu im Folgenden eine Vorgehensweise anbieten, die man gleichsam wie einen „Algorithmus" anwenden kann, um dann abschließend eine Vielzahl möglicher Aufgabenstellungen zu erhalten. Das Vorgehen soll exemplarisch erläutert werden in Anlehnung an eine Lernumgebung aus Hirt/Wälti (2008, S. 40 ff.): Balken und Winkel auf der Zwanzigertafel.

Die Regel: Mit einer Dreier-Schablone[24] der abgebildeten Form (Abbildung 7.7) sollen auf der Zwanzigertafel Zahlen abgedeckt werden. Dabei interessieren uns die Summen der so oder ähnlich abgedeckten Zahlentripel – im Beispiel: 9 + 18 + 19 = 46.

24 Wahlweise aus Papier (undurchsichtig) oder farbiger Folie, sodass man die Zahlenwerte direkt erkennen kann.

1	2	3	4	5	6	7	8	9	10
11	12	13	14	15	16	17	18	19	20

Abbildung 7.7: Folie auf der Zwanzigertafel (vgl. Hirt/Wälti 2008, S. 40 ff.)

EINLADUNG ZUR REFLEXION

Bitte bearbeiten Sie vor dem Weiterlesen zunächst selbst die folgenden Fragestellungen. Überlegen Sie anschließend, wie Sie aus dieser „Ausgangsaufgabe" sinnvolle Variationen für ähnliche Kontexte und diverse Klassenstufen der Grundschule entwickeln können.

- Wie viele *Summen* lassen sich mit dieser Winkel-Schablone auf der Zwanzigertafel erreichen?
- Gibt es Summen, die auf verschiedene Arten erreicht werden können?
- Gibt es Summen, die sich *nicht* erreichen lassen?

Bitte versuchen Sie, eine möglichst übersichtlich strukturierte Darstellung der denkbaren Fälle zu notieren, sodass plausibel wird, dass tatsächlich alle Fälle berücksichtigt wurden (Vollständigkeits-Nachweis).

Immer, wenn man eine offensichtlich gehaltvolle Aufgabenstellung gefunden hat, ist die Frage nach sinnvollen Variationen nahe liegend. Bedeutet dies doch nicht zuletzt, dass die eigenen (algebraischen) Erkundungsbemühungen im Rahmen der Unterrichtsvorbereitung für diese Ausgangsaufgabe nicht selten gleichzeitig auch die Variationen entweder weitgehend mit abdecken oder aber das prinzipielle Vorgehen der Ausgangsaufgabe nutzbar erscheinen lassen. Dies hat einen unmittelbaren ökonomischen Mehrwert, was den Zeitaufwand der Planungen betrifft. Das oben angekündigte, nahezu algorithmische Vorgehen zur Auffindung weiterer Aufgabenstellungen besteht aus zwei Fragen inkl. dem entsprechenden Brainstorming:

Frage 1: Was im Einzelnen konstituiert die entsprechende Lernumgebung? (Überlegen Sie zunächst selbst und notieren Sie die einzelnen Bestandteile.) Für das Beispiel „Winkel an der Zwanzigertafel" ist das:

- die Zwanzigertafel
- eine Winkel-Schablone
- ihre Lage
- eine Rechenoperation
- eine Anzahl von „Lösungen"
- relationale Strukturen (Muster) zwischen den Summen
- Abfolge (Schablone legen → Summe berechnen)

Frage 2: Was lässt sich – sinnvoller Weise und in welchen Kombinationen – variieren …? Diese Frage versteht die oben genannten Bestandteile als „Stellschrauben", die jetzt, im Rahmen eines Brainstormings, variiert werden können. Das bedeutet: Man sucht zunächst zu all diesen Bestandteilen ähnliche Repräsentanten, die jeweils assoziiert werden, ohne sie an dieser Stelle auch gleich schon zu werten. Am gewählten Beispiel sind das etwa die in Tabelle 7.2 aufgezeigten.

Tafel	20er-Tafel	100er-Tafel	1000er-Buch	Million-Buch	Schachbrett	1 + 1-Tafel	1 · 1-Tafel
Form	3er-Winkel	2er-Balken	n-Balken	2 · 2-Quadrat	n · n-Quadrat	Pentominos/Buchstaben	n · n-Rauten
Lage	alle	gespiegelt	gedreht	fixiert	…	…	…
Operation	Summe	Produkt	Unterschied	…	…	…	…
Muster	in den Ergebnissen	in den Aufgaben	in Aufgabenteilen	…	…	…	…
Abfolge	Lage geb./Wert ges.	Lage ges./Wert gegeb.	…	…	…	…	…
Anzahl	gesucht	gegeben	…	…	…	…	…

Tabelle 7.2: Weitere vergleichbare Repräsentanten der konstituierenden Merkmale einer Lernumgebung

Die erste Spalte benennt stichwortartig die allgemeinen konstituierenden Bestandteile der Ausgangs-Lernumgebung (Winkel auf der Zwanzigertafel), Spalte 2 spezifiziert diese für die konkrete Fragestellung, die vorgegeben war. Und die folgenden Spalten versammeln assoziativ vergleichbare Repräsentanten der zeilenmäßig genannten Parameter (hier nur exemplarisch ausgefüllt).

Und nun beginnt man, unterschiedliche Zellen aller Zeilen miteinander zu kombinieren – das ist der algorithmische Anteil des Vorgehens. Der kreative Anteil besteht darin, zu entscheiden, ob die jeweilige Kombination Sinn macht, hinreichend gehaltvoll ist oder überhaupt geht.

Tabelle 7.3 etwa liefert aufgrund der markierten Zellen die Aufgabenstellung: Wie viele Quadrate beliebiger Größe lassen sich auf einem Schachbrett identifizieren? (vgl. Krauthausen 1998b, S. 143f.; Boaler 2008, S. 186f. und S. 223f.).

Tafel	20er-Tafel	100er-Tafel	1000er-Buch	Million-Buch	Schachbrett	1 + 1-Tafel	1 · 1-Tafel
Form	3er-Winkel	2er-Balken	n-Balken	2 · 2-Quadrat	n · n-Quadrat	Pentominos/Buchstaben	n · n-Rauten
Lage	alle	gespiegelte	gedrehte	1 fixierte	...	...	...
Operation	Summe	Produkt	Unterschied	...	...	...	...
Muster	in den Ergebnissen	in den Aufgaben	in Aufgabenteilen	...	...	...	...
Abfolge	Lage gegeb./Wert ges.	Lage ges./Wert gegeb.	...	...	...	...	...
Anzahl	gesucht	gegeben	...	...	...	...	...

Tabelle 7.3: Variierte Aufgabenstellung

Ebenso könnte man die Fragestellung entwickeln: Auf der Hundertertafel sollen Pentominos (Fünflinge, bestehend aus fünf seitenweise aneinander hängenden Quadraten) mit vorgegebener Lageausrichtung untersucht werden, deren abgedeckte Summe eine vorgegebene Zahl ergibt, wobei bereits mitgeteilt wird, wie viele dieser Art es gibt.

EINLADUNG ZUR REFLEXION

Experimentieren Sie selbst mit derartigen Merkmalskombinationen aus Abbildung 7.2 und prüfen Sie, welche Fragestellungen sich daraus für welche Klassenstufe entwickeln ließen.

Wurden so oder ähnlich diverse, grundsätzlich sinnvolle Frage- und Problemstellungen identifiziert, kann die Situation eintreten, dass man den Wald vor lauter Bäumen nicht mehr sieht und die Qual der Wahl empfindet. Dann stellt sich die Frage nach einer Bewertung des Aufgabenpools im Hinblick auf didaktische Gütekriterien. Dies können sein: Zielsetzungen, die man mit einer Lernumgebung vorrangig verfolgen möchte oder andere didaktische Kriterien. Und auch hier hilft Theoriewissen. Um nur einige Möglichkeiten anzudeuten:

Die Bildungsstandards fordern, dass der Unterricht unterschiedliche *Anforderungsbereiche* berücksichtigt (vgl. Abbildung 7.8; vgl. auch Kapitel 1):

Anforderungsbereich „Reproduzieren" *(AB I)* Das Lösen der Aufgabe erfordert Grundwissen und das Ausführen von Routinetätigkeiten.
Anforderungsbereich „Zusammenhänge herstellen" *(AB II)* Das Lösen der Aufgabe erfordert das Erkennen und Nutzen von Zusammenhängen.
Anforderungsbereich „Verallgemeinern und Reflektieren" *(AB III)* Das Lösen der Aufgabe erfordert komplexe Tätigkeiten wie Strukturieren, Entwickeln von Strategien, Beurteilen und Verallgemeinern.

Abbildung 7.8: Anforderungsbereiche laut Bildungsstandards

Dies ist *eine* Facette zur Kategorisierung und didaktischen Bewertung gefundener Fragestellungen: Inwieweit ermöglichen es die ins Auge gefassten Frage-/ Problemstellungen, das Spektrum abzubilden und damit Kindern unterschiedlichen Leistungsvermögens gerecht zu werden?

Eine weitere Referenz sind die *inhaltlichen Leitideen* (Zahlen und Operationen; Raum und Form; Muster und Strukturen; Größen und Messen; Daten, Häufigkeit und Wahrscheinlichkeit) und *prozessbezogenen* (allgemeinen) mathematischen Kompetenzen der Bildungsstandards (Problemlösen; Kommunizieren; Modellieren; Argumentieren; Darstellen; ebd., S. 7 f.): Welche von ihnen lassen sich, möglichst integrativ, besonders naheliegend fördern und fordern?

Als ebenso hilfreich kann sich das *Spektrum der Übungstypen* (Wittmann 1992, S. 179 ff.) erweisen. Die dort tabellarisch dargestellten Fragen nach dem Strukturierungsrad (von schwach bis stark strukturiert) und der Darstellungsform (auf Anschauungsmaterialien gestützt oder formal), sowie nach der Art der Struktur (problem-, operativ- oder sachstrukturiert) und dem Zugang zur Struktur (reflektiv oder immanent) können gleichsam als „Checkliste" dienen, um sich selbst, vor gegebenenfalls durch persönliche Vorlieben gefärbten und damit einseitig ausgerichteten Aufgabenangeboten zu schützen und an eine ausgewogene Verteilung zu erinnern.

Hat man vor diesem Hintergrund eine tragfähige und begründete Auswahlentscheidung für das konkrete Unterrichtsangebot getroffen, gilt es noch zu überlegen, welche zentralen Begrifflichkeiten und Benennungspraktiken man im Unterricht anstrebt. Welche *Fachbegriffe* sollen die Schülerinnen und Schüler sachgerecht beherrschen lernen? Welche „Arbeitsbegriffe" will man temporär gegebenenfalls noch akzeptieren, und wo will man eher auf sprachliche Präzisierung Wert legen, gegebenenfalls den Kindern auch metakommunikativ transparent machen, aus welchen Gründen man dies tut? Diese Fragen sind auch für den Fall relevant, dass man die Praxis von „Wortspeichern" in Form von in der Klasse aufgehängten Plakaten als Erinnerungsstützen oder jederzeit zugänglichen Referenzen nutzen möchte.

Und nicht zuletzt sei daran erinnert: All das bisher Vorgeschlagene sind Aktivitäten und Überlegungen der Lehrperson im Rahmen ihrer Unterrichtsplanung, die antizipierend, also vor der Durchführung des Unterrichts erfolgen. Aber jede theoretisch auch noch so wohlüberlegte Planung und auch jede noch so lange

Lehrerfahrung schützt nicht davor, dass sich im Unterricht Unvorhergesehenes ereignen kann.

7.3 Etappenplanungen erstellen

Unterrichtseinheiten[25] bedürfen einer gewissen Ablauf- oder Organisationsstruktur und können nicht zufallsgesteuert ablaufen. In der allgemeinen Didaktik wurden (bereits in den 1960/70er-Jahren) sogenannte didaktische Modelle entwickelt, die u. a. Ablaufraster zur Gliederung vorschlugen, sogenannte Artikulationsschemata. Manche überleben auch heute noch in schriftlichen Unterrichtsentwürfen der zweiten Ausbildungsphase, zum Teil unreflektiert und unter Außerachtlassung aktueller Weiterentwicklungen der „Urmodelle". In solchen Fällen besteht die Gefahr, dass dem Unterricht ein formales Schema übergestülpt wird, das weder die Lernprozesse noch zeitgemäße fachdidaktische Erkenntnisse hinreichend berücksichtigt (vgl. die Verlaufsplanungen mit „Geplantes Lehrerverhalten, Erwartetes Schülerverhalten" sowie die Artikulationsstufen wie z. B. „Motivation, Schwierigkeit & ihre Überwindung, Sicherung & Lernkontrolle, Übung & Anwendung"; Heimann u. a. 1976; Dellweg 1974). Dass auch heute noch diese Praxis oft gänzlich unverändert und unter Ausblendung von Weiterentwicklungen der didaktischen Modelle überlebt, lässt befürchten, was schon 1976 in dem Band „Lehrer und Schüler machen Unterricht" bezogen auf Dellweg (1974) gemutmaßt wurde: „Wer als Ausbilder oder Schulberater auf diese Weise Praxisnähe empfiehlt oder erwartet, darf sich nicht wundern, wenn die Lehrer schon bald nach Abschluß ihrer Ausbildung auf alle gelernten Theorien und schriftlichen Unterrichtsplanungen verzichten und stattdessen Unterricht nach dem Maß erworbener Routine unreflektiert, unverändert und von neuen Einsichten unbeeinflußt ablaufen lassen" (Boettcher u. a. 1976, S. 72).

Was solche formalen Planungsraster bezogen auf den *Mathematikunterricht* betrifft, so mag man es als ein interessantes Detail verstehen, dass in der Weiterentwicklung des Berliner Modells (Heimann u. a. 1976) zum Hamburger Modell (Schulz 1981) auf immerhin rund 60 Seiten konkrete Planungsbeispiele und -anregungen angeboten werden, und zwar jeweils mehrere: für die Grundschule zu Sprache im Anfangsunterricht, zum Sachunterricht Natur, zum Sportunterricht, zur ästhetischen Erziehung; für die Sekundarstufe I zum Geschichtsunterricht, Geografieunterricht, Deutschunterricht, Literaturunterricht, Sportunterricht und zum Religionsunterricht – aber durchgehend *nicht ein einziges* Beispiel zum Mathematikunterricht. Man könnte nach den damaligen Gründen fragen und gerade die Mathematik – in ihrem traditionellen Unterrichtsverständnis allemal – für

25 Der Begriff wird in der Literatur nicht einheitlich benutzt. Wir meinen hier eine thematisch zusammengehörende Einheit von Lernsequenzen, die einer klassischen Unterrichtsstunde (45 min.) entsprechen *können*, aber nicht müssen. Andere zeitliche Verteilungen, auch über mehrere Tage, sind denkbar.

ein besonders geeignetes Fach halten, das sich solchen formalen Organisationsstrukturen unterordnen ließe.

Aus heutiger Sicht, d. h. vor dem Hintergrund fachdidaktischer Konzepte und Postulate wie Substanzieller Lernumgebungen, Offenheit vom FACH aus, aktiv-entdeckendes Lernen und produktives Üben etc., wird plausibel, warum die fachspezifische Komponente, lange vernachlässigt, jetzt jedoch stärkere Berücksichtigung finden muss: „Es ist klar, dass sich die Strukturierung einer substantiellen Unterrichtseinheit nicht nach irgendwie gearteten inhaltsunabhängigen ‚*Formal*stufen' richten kann, sondern der ‚*Natur der Sache*' folgen muß. Dies geschieht nach unserer Auffassung am besten dadurch, dass man die Einheit in *Etappen* gliedert, wie sie sich in der Auseinandersetzung mit ihrem Problemgehalt *natürlicherweise* ergeben" (Wittmann 1992, S. 182; Hervorhebung im Original).

Die Artikulation des Unterrichts folgt also zweckmäßigerweise keinen formalen Schrittfolgen, sondern den Gelenkstellen, wie sie sich bei der Auseinandersetzung mit der Sache *natürlicherweise* ergeben. Wir benennen daher die Phasen in den Etappenplänen inhaltsbezogen statt formal (vgl. die Etappenpläne im Download-Material; weitere Beispiele bei Krauthausen 1998b, S. 157–167 im Rahmen der Anregungen für ein fachdidaktisches Praktikum). Daher lässt sich hier auch kein generell einsetzbares Schema für eine Verlaufstabelle angeben. Wie die Phasen im Einzelnen benannt werden können, wird sich aus den Vorarbeiten bei der Planung, wie sie in Kapitel 7.1 und 7.2 dargestellt wurden, ergeben. Hilfreich ist dabei jedoch eine Orientierung an den „didaktischen Situationen" von Brousseau (1997):

- Einführung in die Lernumgebung
- Aktivitätsphase (Bearbeitung der didaktisch gerahmten Frage-/Problemstellungen)
- Vorstellung und Diskussion der Beobachtungen, Wege und Ergebnisse der Lernenden
- Reflexion (Erläuterungen, Begründungen, Meta-Kommunikation)
- Zusammenfassung (Vereinbarungen, Abmachungen, gegebenenfalls Dokumentation)

Bei den klassischen Verlaufsplanungen der Vergangenheit mutet es schon recht irritierend an, wenn man in der dort meist obligatorischen Zeit-Spalte Phasierungen von drei Minuten, sieben Minuten oder Ähnlichem vorfindet. Nun fiel diese seinerzeit in die zeitgleiche Hochblüte der Lernzieloperationalisierung und Lernzieltaxonomien (vgl. z. B. Edelmann/Möller 1976; Möller 1969; Möller 1974), die davon ausgingen, dass man Lernziele (und damit auch Lernprozesse?) hochauflösend beschreiben und kategorisieren könne. Vielleicht rührt daher der Glaube, man könne ein Unterrichtsgeschehen vorab auch zeitlich so determinieren. Der Effekt dieser Überzeugung war zumeist der, dass sich Lehrpersonen, insbesondere Novizen, durch diese selbstgewählten zeitlichen Festschreibungen unter Druck setzen ließen und in der Situation die tatsächlichen Lernprozesse aus dem Blick verloren und durch stärkere Lenkungsmaßnahmen versuchten, das Geschehen wieder ins Zeitschema zu bekommen.

Für die hier vorgeschlagene Praxis der Etappenplanungen bedeutet das: Gewiss sollte man sich Gedanken über ein sach- und kindgerechtes Zeitmanagement machen. Und falls man – zur groben Orientierung – Zeitangaben in die Etappenpläne notieren möchte, dann wären diese als Anhaltswerte zu verstehen und flexibel zu handhaben. Vorrang sollten aber in jedem Fall die Lernprozesse der Kinder haben. Das macht Planung keineswegs überflüssig, sondern nur anspruchsvoller. Insbesondere sollte beim Zeitmanagement die große Bedeutung der Plenumsphase bedacht werden. Da sie nach dem hier zugrunde gelegten Unterrichtsverständnis weit mehr ist als das kurze Abgleichen von Ergebnissen oder der Austausch emotionaler Gestimmtheiten (vgl. Kapitel 7.6) sollte hier wirklich hinreichend Zeit eingeplant werden. Falls absehbar nur noch ca. zehn Minuten verfügbar sein sollten, könnte man das Plenum auch auf die Folgestunde am nächsten Tag verschieben. Das muss kein Nachteil sein, denn erstens wäre es hier eine geeignete Sollbruchstelle (unter Umständen besser als die Plenumsphase als solche zu zerteilen) und zweitens kann es durchaus sinnvoll sein, die Erfahrungen aus der Aktivitätsphase vor dem Plenum noch einmal sacken zu lassen oder evtl. auch noch (Hausaufgabe?) selbstständig weitere Beispiele oder Argumente zu suchen. Hierfür könnte die Lehrperson dann geeignete Impulse bereitstellen.

7.4 Arbeitsblätter und andere Materialien entwerfen

Die bisherigen Ausführungen sollten u. a. deutlich werden lassen, dass die Planung und Organisation einer substanziellen Lernumgebung in gewisser Weise ein recht individuelles Vorgehen erfordert, um die spezifischen inhaltlichen Rahmenbedingungen, die Zielsetzungen sowie die jeweilige Lerngruppe angemessen zu berücksichtigen. Das hat auch Einfluss auf die formale Gestaltung der beabsichtigten Aufgabenangebote (vgl. Kapitel 7.1 und 7.2). War es bei einem traditionellen Unterrichtsverständnis im Prinzip egal, welche konkreten Aufgaben und Zahlenwerte einflossen, so kommt dem hier eine wichtige Bedeutung zu. Nach vertieften Überlegungen ist es durchaus sehr relevant, welche konkreten Zahlenwerte *an welchen* Stellen in Rechendreiecken oder Zahlenmauern eines Arbeitsblatts vorgegeben werden und wo Leerstellen bleiben sollten. Diese Entscheidungen sind kein Zufallsprodukt, sondern Ergebnis einer sorgfältigen Aufgabenanalyse mit Blick auf die Typologie oder Kategorie des Einzelbeispiels. Für das Arbeitsblatt zu einer Zahlenmauern-Stunde (Abbildung 7.9) findet sich eine solche ausführliche Aufgabenanalyse bei Krauthausen (1995, S. 7).

EINLADUNG ZUR REFLEXION

Bevor Sie dort evtl. nachlesen, sollten Sie selbst versuchen, die Aufbau- und Aufgabenstruktur des Arbeitsblatts (Abbildung 7.9) zu analysieren.

- Was charakterisiert die einzelnen Mauern?
- Welche spezifischen Anforderungen stellen die einzelnen Mauern?
- Welche Anforderungsbereiche können angesprochen werden?
- Welchen Übungstypen (Wittmann 1992) entsprechen die Aufgaben?
- Welche Freiräume haben die Lernenden bei der Bearbeitung?
- Welche zusätzlichen Hilfsmittel/Materialien würden Sie gegebenenfalls bereitstellen?
- Welche Schwerpunkte würden Sie für eine Plenumsphase sehen?

Alternativ können Sie auch zu jedem der Arbeitsblätter im Download-Material eine vergleichbare Aufgabenanalyse durchführen, denn keines dieser Beispiele war fertig vorkonfektioniert, sondern wurde wie hier beschrieben für die konkrete Unterrichtssituation entwickelt.

Abbildung 7.9: Ein Arbeitsblatt zu Zahlenmauern

Für die äußerliche Gestaltung der Arbeitsblätter empfiehlt sich ein möglichst gleichbleibendes *Basis-Layout* (vgl. die Arbeitsblätter in Kapitel 9), welches natürlich aufgabenbezogen variiert werden kann. Es ermöglicht den Schülerinnen und Schülern aber eine schnellere und leichte Orientierung, wenn sie ein bald vertrautes Erscheinungsbild mit verlässlich wiederkehrenden Elementen vorfinden und sich nicht zuerst mit aufwendigen Suchbewegungen zurecht finden müssen.

Unterstützt werden kann das zusätzlich noch dadurch, dass gezielt vermieden wird, Arbeitsblätter durch (oft *sachfremde*) Illustrationen zu überfrachten. Das ist kein Plädoyer für nüchterne, kalte Formulare. Aber das Verhältnis von inhaltlichem Kernanliegen und lediglich ausschmückenden „Edutainment"-Anteilen sollte bewusst überlegt sein. Wer glaubt, das Argument bemühen zu müssen, dass die Kinder durch derartige Schmuckelemente eher „bei der Stange gehalten" würden, der sollte Folgendes prüfen: Will man die Kinder damit zum Lernen überlisten, indem man versucht, die offensichtlich wenig interessante Mathematik des Arbeitsblatts durch sachfremde Elemente interessant zu *machen*? Und falls diese Frage mit ja oder vermutlich beantwortet würde: Sollte man dann nicht besser überlegen, Mathematik, die interessant *ist*, also ein anregungsreicheres, gehaltvolleres, spannenderes Lernangebot, zu konfigurieren?

Das in diesem Buch zugrunde liegende Unterrichtsverständnis, darauf wurde an vielen Stellen Bezug genommen, betont und fördert gezielt auch die mündliche und schriftliche sprachliche Ausdrucksfähigkeit. Texte sollten für die Schülerinnen und Schüler auch im Mathematikunterricht zu einer Selbstverständlichkeit werden. Eigene Erfahrungen zeigen sehr deutlich, dass mit Hilfe von Konsequenz und vorbildlichem Rollenverhalten auch als „schwierig" geltende Lerngruppen im Laufe eines halben Schuljahres dazu gebracht werden können, dass sie bereitwillig (weil selbstverständlich) immer längere und anspruchsvollere Texte verfassen lernen. Je regelhafter und alltäglicher derartige Anforderungen erkennbar werden, desto besser wird sich dieser Prozess vollziehen. Das bedeutet auch für Arbeitsblätter, einen entsprechenden Raum dafür zur Verfügung zu stellen; vielfach reichen bereits vier bis fünf vorgegebene Zeilen oder ein entsprechend großer Kasten, um Notizen anzufertigen. Überall, wo Fragen auftauchen wie „Was fällt dir auf?", „Kannst du das erklären?" oder „Warum kann es nicht mehr Lösungen geben?" oder Ähnliches, überall dort macht „Schreibraum" Sinn.

„Bleistift und Papier" sind immer noch die zentralen Werkzeuge beim Mathematiktreiben (bei Mathematikern wie im Unterricht) – neben einem „klugen Kopf", wie uns einmal eine Schülerin schrieb, die *uns* eine Aufgabe zugeschickt hatte – ob es sich dabei um wohlgeplante Arbeitsblätter handelt, um das eigene Mathematikheft oder um Blankoblätter. Skeptisch sehen wir allerdings folgende Empfehlung für die Arbeit in Lernumgebungen: „Es hat sich als hilfreich erwiesen, ein separates Heft für diese Arbeit anzulegen, da der Einsatz dieses speziellen Aufgabentyps so für die Kinder vom „normalen" Mathematikunterricht abgegrenzt wird" (Krämer 2011, S. 31 f.). Denn es sollte gerade *nicht* so sein, dass das Arbeiten mit Lernumgebungen im genannten Sinne den Eindruck des „Exotischen", des Besonderen oder eines Ausnahmefalls suggeriert. Warum auch sollten die Kinder diesen „speziellen Aufgabentyp" vom „normalen Mathematikunterricht" abgrenzen? Sollte nicht vielmehr die Arbeit mit substanziellen Lernumgebungen (die mehr meinen als „nur" Aufgabenformate) so weit wie möglich gerade die Normalität sein? Gewiss kann man nicht den ganzen Mathematikunterricht alleine mit Lernumgebungen in diesem Sinne bestreiten, da ist Krämer zuzustimmen; die von ihr angegebene Frequenz – „etwa alle drei bis vier Wochen zwei bis drei Stunden" (ebd., S. 31) – halten wir aber für irritierend, weil sie den Eindruck des Besonderen erneut suggeriert und zudem nicht erkennbar macht, was gerade diese Frequenz begründet, sodass sie eher willkürlich erscheint.

7.5 Aktivitätsphasen begleiten

In den Aktivitätsphasen arbeiten die Schülerinnen und Schüler an den bereitgestellten Lernumgebungen (Arbeitsblättern, Materialien etc.). Ob dies alleine, in Partnerarbeit oder in der Kleingruppe geschieht, sollte jeweils von den Kindern und von der Sache abhängig gemacht werden und nicht von der Frage, ob diese oder jene *Sozialform* gerade „modern" und angesagt ist. Wenn man sich anfangs mit einem neuen Aufgabenformat erst einmal vertraut machen oder im Rahmen des Problemlösens einen gewissen Pool an Aufgaben durchgerechnet haben muss, um dann Hypothesen generieren zu können, dann macht es oft wenig Sinn, dieses in Partnerarbeit zu tun, wenn jeder der beiden andere Beispiele im Kopf hat. Und statt dem Nachbarn nur dabei zuzuschauen, sollte man lieber in Einzelarbeit selbst einen Zugang versuchen. Danach, wenn es Material gibt, bei dem eine Zusammenschau Sinn macht, kann man sich zu zweit oder in der Kleingruppe miteinander austauschen und beraten.

Die Lehrperson ist in dieser Phase insofern entlastet, als sie Freiräume hat und nutzen sollte, um die Denk und Bearbeitungswege der Kinder zu verstehen. „Mathematiklernen wird hier als Prozess beschrieben, bei dem sich zunächst das Kind der Lehrerin verständlich macht – nicht umgekehrt. Das ist eine radikale Wende: Die Pflicht zu verstehen wird vom Schüler auf die Lehrerin übertragen" (Wielpütz 1998b, S. 10). Damit dies gelingen kann, muss die Lehrperson ein *authentisches, und nicht nur didaktisch-gespieltes Interesse am Denken der Kinder* haben und zeigen. Sie muss bewusst „erleben, was geschieht, wenn man das Kind zu Wort kommen lässt und wenn man es bei seinen Lösungsversuchen begleitet [...], statt zu belehren, wie es zu denken hat" (ebd., S. 11). Die Planungsvorüberlegungen sind dazu eine notwendige Referenzfolie, durch die das Denken der Kinder betrachtet und eingeordnet werden kann; sie sind aber kein determinierender Trichter, durch den die Lernprozesse zum erwarteten Ergebnis gezwängt werden. Authentisches Interesse, das glaubwürdig wirken soll, zeigt sich u. a. darin, dass die Lehrperson gut zuhören kann, auch längere Phasen des Schweigens aushält, in denen das Kind weiterdenkt, dass sie sich zurückhält mit vorschnellen Wertungen oder gehäuften Nachfragen, die doch nur das Ziel haben „hilfreiche Tipps" (s. u.) zu geben, mit denen man schneller, absehbarer, sicherer etc. das Planungsziel erreicht.

Individuelle Prozesse der Auseinandersetzung mit dem Sachverhalt werden mal auf mehr, mal auf weniger Hindernisse stoßen. Es sollte nun nicht das Ziel von Unterrichtsplanung und Unterricht sein, den Lernenden alle Steine aus dem Weg zu räumen, am besten schon vorab. Denn Lernen hat definitionsgemäß mit dem Überwinden von Widerständen zu tun. Neues Wissen kann nur erworben werden, wenn bisheriges Wissen nicht ausreicht, um eine Aufgabe oder ein Problem zu lösen. Im Unterschied zu einer Aufgabe ist ein Problem durch folgende drei Merkmale definiert (vgl. Klix 1976, S. 640):

- Ein **Anfangszustand** oder eine Anfangssituation mit bestimmten Merkmalen – z. B. ein Aufgabenformat wie die Zahlenmauern, im Speziellen Dreiermauern und die dem Aufgabenformat entsprechenden Regeln zur Berechnung von Zahlenmauern.
- Ein **Zielzustand**, der vom Anfangszustand aus erreicht werden soll (in dem Fall gilt das Problem als gelöst) – z. B. alle Dreiermauern zu finden, die den Deckstein 20 haben.
- Ein **Hindernis**, das (zunächst) die Transformation des Anfangszustands in den Zielzustand verhindert. Fehlt dieses Hindernis, dann ist das Ganze „kein Problem", sondern eine Aufgabe, für die sofort und durch Hinsehen klar ist, wie und mit welchen Methoden oder auf welchem Weg der Anfangs- in den Zielzustand überführt werden kann.

Wenn es also schon nicht zur Aufgabe der Lehrperson gehört, absehbare Schwierigkeiten aus dem Weg zu räumen, so gilt es doch vielfach immer noch als Zeichen hoher Lehrkunst, dem Kind möglichst effizient und zielführend zu helfen, wenn es an einer Stelle nicht weiterkommt. Die Frage ist nur, was effizient und zielführend bedeutet. Gut gemeinte Hilfen sind nicht auch immer schon gut, sie können Kinder auch einschränken, sie von eigenen Wegen fernhalten (Krauthausen 1998a). Für das Problemlösen hat Zech (2002) eine Taxonomie möglicher Lernhilfen vorgeschlagen, die als Prinzip der *minimalen Hilfe* bekannt geworden ist. „Nach dem Prinzip der minimalen Hilfe sollte der Lehrer beim problemlösenden Unterricht nie mehr helfen als erforderlich. Dies besagt genauer Folgendes: Gewinnt der Lehrer den Eindruck, dass ein Schüler bzw. eine Schülergruppe bei der Lösung eines Problems (in „vertretbarer" Zeit) nicht weiterkommt, gibt er ihm bzw. ihr die seiner Einschätzung nach geringste Hilfe, die den Problemlösungsprozess vermutlich weiterbringt. Das hierdurch gegebene subjektive Moment der Lehrereinschätzung ist grundsätzlich nicht zu vermeiden" (Zech 2002, S. 315). Helfen so wenig wie möglich, aber so viel wie nötig, ist also das Motto. Um die Subjektivität des Eindrucks zu relativieren, welche Hilfe denn nun mehr oder weniger weitreichend sei, hat Zech (ebd., S. 315 ff.) folgende Taxonomie von Hilfen vorgeschlagen, deren aufsteigende Nummerierung die wachsende Stärke der Hilfsmaßnahme anzeigt:

1. Motivationshilfen
2. Rückmeldungshilfen
3. allgemein-strategische Hilfen
4. inhaltsorientierte strategische Hilfen
5. inhaltliche Hilfen

Konkretisieren wir das einmal an der oben genannten Problemstellung, alle Dreier-Zahlenmauern mit dem Deckstein 20 zu finden. Die folgende Tabelle 7.4 zeigt exemplarische Formulierungen:

Motivationshilfe	**Rückmeldungshilfe**	**allgemein-strategische Hilfe**	**inhaltsorientierte strategische Hilfe**	**inhaltliche Hilfe**
Das schaffst Du schon!	Du bist auf dem richtigen Weg!	Lies dir nochmal genau die Aufgabe durch!	Achte doch mal auf die Grundreihen!	Sortiere die Mauern einmal nach der Größe des linken Grundsteins!
Du wirst schnell merken, wie man es herausfinden kann!	Du stehst kurz vor der Lösung!	Vergleiche einmal deine Beispiele!	Vielleicht hilft es dir, wenn du die Mauern irgendwie sortierst.	Kannst du ein Muster bei den sortierten linken Grundsteinen erkennen?
Sicher hast du bald eine Idee!	Probiere das einfach mal so weiter!	Erkennst du vielleicht ein Muster?	Wo würde denn diese Mauer hingehören, wenn du die anderen betrachtest?	Welche linken Grundsteine fehlen dir denn noch?
	Prüfe noch mal deine Beispiele!			An welcher Stelle kann es denn mit den linken Grundsteinen nicht mehr weiter gehen?

Tabelle 7.4: Beispiele nach dem Prinzip der minimalen Hilfen

Hilfen in diesem Sinne sollen grundsätzlich ermutigen und nicht demoralisieren oder frustrieren. Wie eine spezifische Formulierung bei welchem Kind tatsächlich wirkt, ist nicht allgemeingültig und pauschal entscheidbar. Von daher braucht die Lehrperson eine gewisse Sensibilität und Kenntnis ihrer Schülerinnen und Schüler, um die erhoffte Wirkung nicht durch unpassende Formulierungen zu verfehlen. Jedes lernende Individuum bringt sein eigenes Motivationsgefüge mit in seine Lernprozesse ein. Was die Schülerin A motiviert, muss den Schüler B keineswegs in gleicher Weise ansprechen. Die Neugier von Schülerinnen und Schülern herauszufordern zielt auf das vielleicht wichtigste Motiv schulischen Lernens, auf eine Motivation durch „kognitiven Antrieb" (vgl. Zech 2002, S. 189ff.). Das auf Heckhausen zurückgehende Inkongruenzprinzip besagt, dass Lernen dadurch angeregt werden kann, dass vom bereits Vertrauten in dosiertem Maße abgewichen wird, um „dosierte Diskrepanzerlebnisse" zu bewirken (vgl. ebd.). Das lässt sich erreichen durch wechselnde Perspektiven, durch gezielt gesetzte Lücken (z.B. in Rechendreiecken), durch Überraschung und Staunen und auch durch das bewusste Schaffen von Widersprüchen, Fehlschlüssen und „Provokationen". Anstatt ausschließlich zu versuchen, stets weitestgehende Eindeutigkeit herzustellen und Mehrdeutigkeiten schon im Vorwege zu vermeiden, könnte Unterricht also gerade dadurch gewinnen, dass die Lehrperson hin und wieder und an geeigneter Stelle gezielt dafür sorgt, dass die Lernenden ins Stutzen geraten, „denn wir versuchen durchaus und absichtlich Irritationen zu erzeugen, die eben die beste Voraussetzung sind, etwas wissen, klären, lernen zu wollen" (Balhorn/Büchner 2005, S. 6).

EINLADUNG ZUR REFLEXION

Diskutieren Sie vor diesem Hintergrund einmal die Praxis der allseits so beliebten „Tipp-Karten". Inwieweit sind sie auf Eindeutigkeit oder Mehrdeutigkeiten ausgelegt bzw. welche Erwartungen hegt man bei ihrem Einsatz? Vermeiden sie nicht geradezu das Stutzen der Kinder? Welche Konsequenzen können sie für Lernprozesse haben?

Es soll noch auf eine weitere wichtige Aufgabe der Lehrperson hingewiesen werden. In der Aktivitätsphase wird gleichsam das Material generiert, auf das der nachfolgende Unterricht, insbesondere die Plenumsphase aufbaut. Angesichts der Vielfalt der Eindrücke, die man als Lehrperson gewinnen kann, während man die Denk- und Bearbeitungswege der Lerngruppe beobachtet, macht es Sinn, sich zur Entlastung des Gedächtnisses begleitend Notizen zu machen.

- Tim hatte doch diese recht ungewöhnliche Begründung für seine Lösung.
- Marias Beispielrechnungen wiesen eine interessante, allerdings zufällige Gemeinsamkeit auf, die man deshalb aber besonders gut zur Kontrastierung mit der tatsächlichen Begründung des Musters nutzen könnte, um einen Widerspruch zu erzeugen.
- Mehmet hat, ohne es vielleicht zu bemerken, einen interessanten Sonderfall betrachtet.
- Lauras vierte Zahlenmauer eignet sich als Einstiegsbeispiel an der Tafel für das Plenum.
- Jesco hat die Formatregel geändert – bewusst oder unbewusst – und daher sehr abweichende Vermutungen gefunden.

- Pias Text, den sie zur dritten Aufgabe auf ihr Arbeitsblatt geschrieben hat, ist in sprachlicher Hinsicht ein „Vorzeigebeispiel", und es könnte zudem im Vergleich mit ihrem Kurztext zur ersten Aufgabe präsentiert werden, weil sich daran sehr schön Gütekriterien für mathematische Texte thematisieren lassen.
- …

Dies sind nur einige wenige denkbare Beobachtungen, die man im Laufe einer Aktivitätsphase machen könnte. Realiter werden es oft deutlich mehr sein. Dies alles bis ins Plenum hinein (oder gar für den nächsten Tag) präsent zu behalten, ist ausgesprochen anspruchsvoll … und unnötig, da man sich unaufwendig Notizen in der Beobachtungssituation selbst machen kann. Dann lässt sich schnell erkennen, über welche Punkte bereits gesprochen wurde und was sich wann noch anböte. Man muss nicht lange nachfragen („Wer hatte nochmal das Beispiel mit den …?"), sondern kann gezielt Kinder ansprechen und um ihren Beitrag bitten.

Abschließend stellen wir noch einige pragmatische Hinweise von Trivett (1977, S. 41 f.; Übersetzung GKr/PS) zusammen, die zum Teil das bisher ausführlich Gesagte noch einmal zusammenfassen und Handlungsmaximen für die Lehrperson formulieren:

- Enthalten Sie sich wenigstens zeitweise jeder Art von Bewertung in richtig/falsch.
- Akzeptieren Sie jede mündlich oder schriftlich gegebene Antwort als Ausdruck ernsthafter Bemühungen des Kindes. Das bedeutet nicht automatisch, seine Antwort tatsächlich zu verstehen, ihr zustimmen zu können oder etwaige Fehler zu ignorieren. Es bedeutet vielmehr zu überlegen, wie man das Kind dazu anregen kann, seine Antwort selbst zu überprüfen und gegebenenfalls zu verbessern.
- Fragen Sie „Wie bitte?" oder „Kannst du das erklären?", und zwar sowohl, wenn die Antwort richtig oder falsch erscheint.
- Hören, hören und hören Sie nochmals darauf, was Ihre Schülerinnen und Schüler sagen, mehr als Sie jemals von ihnen erwarten, dass sie Ihnen zuhören.
- Versuchen Sie das zu würdigen, was die Kinder geleistet haben, anstatt festzustellen, was sie nicht geleistet haben.
- Erforschen Sie, was die Kinder tun, warum sie bestimmte Fehler machen, welche Lösungsansätze sie verfolgen etc.
- Versuchen Sie im selben Maße, die psychologischen Prozesse bei den Schülerinnen und Schülern aufzuklären, wie diese sich bemühen, einen ihnen unbekannten Stoff zu verstehen.
- Lösen Sie Ihre eigene Anspannung und hören Sie auf, sich im Unterricht zu zerreißen!

7.6 Plenumsdiskussionen moderieren

7.6.1 Aufgaben der Lehrperson bei Plenumsmoderationen

Man kann den Eindruck gewinnen, dass diese ausgesprochen zentrale Phase in ihrer Bedeutsamkeit und bezüglich der mit ihr verbundenen Zielsetzungen noch sehr unterschätzt wird. Die Ermunterung von Halmos (1975) klingt auch an sich sehr plausibel und selbstverständlich: „Die beste Art des Lernens ist, etwas aktiv zu tun [vgl. doing mathematics; Mathematiktreiben; GKr/PS] – zu fragen und wiederum zu tun. Die beste Art des Lehrens ist es, die Lernenden dazu zu befähigen, zu fragen und zu tun. Predigen Sie keine Fakten – stimulieren Sie Aktivitäten" (ebd., S. 469 f.) Aber bei aller Plausibilität: Die Anforderungen an Lehrpersonen zur gehaltvollen und lernintensiven Moderation von Plenumsphasen sind vielfältiger Natur und alles andere als trivial (vgl. Götze 2010a/b; Kilic u. a. 2010; s. auch die Aufgabenstellung am Ende des Kapitels 7.6.3). Sie erfordern zum Teil gezielte und bewusste Übung, weshalb dieser Bereich auch ein Kernthema für die Lehrerausbildung (aller Phasen) sein sollte, es allzu häufig aber noch nicht ist. Nach den theoretischen Begründungen in Kapitel 3.4.2 wenden wir uns im Folgenden ausgewählten praktischen Aspekten und Konsequenzen zu.

▸ **Gebot der Einflussnahme**

In den Anfangsjahren der Etablierung des aktiv-entdeckenden Lernens war häufiger ein Missverständnis wahrzunehmen, demzufolge die Kinder „alles selbst entdecken" sollten/mussten und die Lehrperson in der Folge gleichsam Hemmungen entwickelte, in irgendeiner Weise Einfluss auf den Lernprozess zu nehmen, weil sie befürchtete, dabei zu weit zu gehen und in klassische Belehrungsstrategien eines lehrerzentrierten Unterrichts zurückzufallen. „Unterlassene Hilfeleistung" war und ist natürlich nicht geeignet, erst recht nicht in heterogenen Lerngruppen, gehaltvolle und tiefergehende Lernprozesse zu initiieren, denn diese ereignen sich nicht von alleine, sondern bedürfen der wohlüberlegten Anregung. Aus diesem Grund stoßen auch die modernistischen Praktiken an ihre Grenzen, bei denen Kinder selbst nach Belieben (beliebig) auswählen („Lernlüste"), wann sie sich mit welchem Lerngegenstand befassen wollen – ungeachtet der aus didaktischer bzw. auch fachlicher Warte bestehenden „Lernbedarfe" bzw. fachsystematischer Gegebenheiten.

„Eine schlichte Gegenüberstellung von lehrerzentriertem Unterricht und Kindorientierung konnte dazu verleiten, notwendige Einflußnahmen auf Kinder zu unterschätzen. [...] Der zunehmenden Eigenaktivität der Kinder entspricht nicht einfach die Passivität der Lehrerin. [...] Gerade wenn wir annehmen, dass das Kind seine mathematische Gedankenwelt selbst konstruiert [...], bedarf es des Abgleichs in der Verständigung mit anderen Personen. Aus der Subjektivität der Gedankenwelt des Kindes kann sich Intersubjektivität im Gespräch herstellen. Deshalb geht es nicht darum, dass sich die Lehrerin lediglich zurückhält, sondern in der Interaktion mit den Kindern mathematische Bedeutungen aushandelt. Unsere Orientierung dürfte nicht der einsam problemlösende Schüler sein, dessen in der Problemlösung gewonnenes mathematisches Verständnis nur am Ergebnis kontrolliert wird, sondern der mit anderen auch argumentierende Schüler, der Lösungen mathematisch begründen kann" (Voigt 1994, S. 12).

Auf S. 82 f. wurde aus einer anderen Richtung die Bedeutung einer didaktischen Rahmung betont, die unzweifelhaft in die Verantwortung der Lehrperson fällt. Was dort für die Auswahl geeigneter Aufgaben oder Lernumgebungen gefordert wurde, gilt ebenso für die Moderation von Plenumsphasen, die weder ziellos noch zufallsgesteuert noch den situativen emotionalen Gestimmtheiten der Lernenden überlassen sein dürfen. Wenn es die Aufgabe der Lehrperson ist (vgl. Selter 1997b), zwischen Kind und Sache zu vermitteln (statt dem Kind die Sache zu vermitteln), dann ist das ohne Einflussnahme schlechterdings nicht möglich. Es stellt sich allerdings die Frage, was man unter Einflussnahme versteht, wie man sie wirksam werden lässt. In seiner berühmten Schrift „Tabus über den Lehrerberuf" schreibt Adorno: „Erfolg als akademischer Lehrer verdankt man offenbar der Abwesenheit einer jeden Berechnung auf Beeinflussung, dem Verzicht aufs Überreden" (Adorno 1965, S. 491). Das mag auf den ersten Blick widersprüchlich zu unserer These klingen. Bei genauerem Hinsehen aber zeigt sich, dass Adorno nicht grundsätzlich gegen Beeinflussung argumentiert, sondern gegen die *Berechnung* auf Beeinflussung. Diese kann sich z. B. in allzu deterministischen und vorgespurten Lehrplanungen und Unterrichtsvorbereitungen konkretisieren, welche die Lehrperson „abzuarbeiten" trachtet; sie hält alle Zügel in der Hand und führt die Lernenden durch den Stoff, gemäß der von ihr „berechneten" Zielsetzung. Eventuelle Abweichungen werden dann mit Hilfe des klassischen Trichtermusters austariert (Bauersfeld 1983b; Voigt 1984).

Combe (1996) bezeichnet in dem Zusammenhang das Ignorieren von Schülerbeiträgen, die nicht in das Planziel seiner Stunde passen, als Interaktionsroutine von Lehrpersonen, die offensichtlich befürchten, dass die Geschehnisse aus dem Ruder laufen. So also verstehen wir die notwendige Einflussnahme nicht, denn dies wäre Belehren oder (s. o. Adorno) Überreden. Positiv gewendet scheint uns das Begriffsverständnis von wohlüberlegter, d. h. aus professioneller Perspektive vorgenommener, didaktischer *Rahmung* hier geeigneter zu sein. Diese ist per Definition nicht deterministisch. Im Gegenteil, sie impliziert die weiter unten genannten Aufgaben und Anforderungen an die Lehrperson ganz ausdrücklich.

Einflussnahme, wie wir sie hier verstehen und empfehlen, besteht auch zu einem großen Teil darin, dass die Lehrperson das aufzubauende Verhalten vorlebt, also Vorbild im Sinne des Modelllernens ist, damit sich das gewünschte Verhalten als Teil der *Lernkultur* (vgl. Kapitel 3.3) etablieren kann. Dazu gehört es z. B., immer wieder nach Erklärungen und Begründungen für Beobachtungen oder Aussagen zu fragen, die sich aus der aktiven Beschäftigung mit gehaltvollen Lernumgebungen ergeben. Die Schülerinnen und Schüler müssen regelhaft Gelegenheit erhalten, ihre eigenen Ideen anderen mitzuteilen, die Meinungen anderer zu hören und Schlussfolgerungen zu ziehen. Dies zu organisieren und zu unterstützen, lässt sich fördern, wenn die Lehrperson die mathematischen Gespräche der Lerngruppe bewusst analysiert und gelungene Diskurse oder Diskurseinheiten explizit wertschätzt und als beispielhaft herausstellt (vgl. Kilic u. a. 2010). Einflussnahme bedeutet also auch Ermunterung zu und Unterstützung/Bewusstmachung von Meta-Kommunikation.

- **Zurückhaltung**
  Dies meint keine „unterlassene Hilfeleistung", sondern den Auftrag, den eigenen „missionarischen" Eifer des Wissenden im Zaum zu halten und den Lernenden nicht gleich alles mitzuteilen oder zu erklären. Es mag ein Teil des berufsbildspezifischen Klischees sein, dass die Lehrkraft sagt, was und wie etwas zu tun ist, dass bei Umfragen zur Qualifikation eines guten Lehrers immer wieder das „Gut-erklären-können" genannt wird und dass diese Vorstellung tiefgehend verinnerlicht zu sein scheint (bei Erwachsenen wie bei Schule spielenden Kindern auch bereits vor eigenen Schulerfahrungen). Aber es ist eben auch ein unspezifisches, zu undifferenziertes Alltagsurteil über die wahren Aufgaben dieses Berufes. Das wertet die Fähigkeit guten Erklärens keinesfalls ab. Es bedeutet lediglich, über den didaktischen Ort des Erklärens nachzudenken. Denn es kann sehr leicht sein, dass Kinder von Natur aus so leistungsfähige Lerner sind, dass die Mathematik, die wir ihnen beizubringen versuchen, viel leichter von ihnen gelernt werden könnte, wenn wir als Lehrpersonen nicht so darauf fixiert wären, sie ihnen beibringen zu wollen (vgl. Trivett 1977). Drastischer formuliert es Freudenthal: „Einem Kind etwas zu verraten, was es selbst herausfinden könnte, das ist nicht nur schlechtes Lehren, es ist ein Verbrechen" (Freudenthal 1971, S. 424; Übersetzung GKr/PS). Aufgabe der Lehrperson im Rahmen ihrer Moderation wäre es also, zunächst das eigene Wissen über den (vermeintlichen!) Königsweg der Problemlösung oder über die „kürzeste" Verbindung zwischen zwei Lernzielen (Rumpf 1972) zurückzustellen und stattdessen zu ergründen, auf welchen Pfaden der Wissensgenerierung die Lerngruppe aktuell unterwegs ist und diese zum Ausgangspunkt oder Treffpunkt für das weitere Vorgehen zu machen (vgl. Götze 2010a). Die Grenzen zwischen Einflussnahme und Zurückhaltung sind dabei keineswegs vorab klar, sondern bedürfen einer situativen Ausbalancierung.
- **Lernprozessbeobachtung und analytisches Zuhören**
  Eine Lehrperson, deren eigene Redeanteile nicht die Kommunikation dominieren, gewinnt Freiräume für sorgfältiges, beobachtend analysierendes Zuhören. Auch dies will gelernt sein, denn es stellt sich nicht automatisch ein, sobald man einem Unterrichtsgeschehen zuschaut. Zuschauen allein genügt nicht, wie Freudenthal anmerkt: „Intelligent beobachten – habe ich es auch genannt. Nicht photographisch registrieren. Man muß, ehe man zu beobachten anfängt,

wissen, worauf man achten will. Aber man darf das auch wieder nicht zu genau wissen, denn dann sieht man *nur* das, was man will" (Freudenthal 1978, S. 162). Auch hier also wieder die schwierige Frage nach dem rechten Maß.

Der diagnostische Blick der Lehrperson richtet sich auf die *individuellen* im Prozess entstehenden Konzepte. „In einem traditionellen, auf die Lehrkraft zentrierten Unterricht bleiben individuelle Konzepte vielfach verborgen. So werden im Unterrichtsgespräch auftretende Äußerungen häufig nicht oder nur unzureichend geklärt. [...] In gleicher Weise müssen individuelle Konzepte (und Fehler jeglicher Art) als unabdingbare Elemente des Mathematiklernens akzeptiert werden [...]. Im Unterricht muss deshalb genügend Zeit bleiben für eine individuelle Auseinandersetzung mit mathematischen Begriffen und Verfahren, mehr noch, es müssen gezielt Situationen geschaffen werden, in denen individuelle Konzepte zu Tage treten und thematisiert werden können" (Wittmann 2010, S. 145 f.).

Und auf einen weiteren wichtigen Aspekt weist Freudenthal (1978) hin: Das analysierende Beobachten ist keine Einbahnstraße – die Lehrerin als Beobachterin, die Schülerinnen und Schüler als die Beobachteten. „Das Beobachten von Lernprozessen ist ein Spiel und Widerspiel von Tätigkeiten, die einander innig beeinflussen. Man beobachtet nicht nur die anderen, sondern auch sich selbst und zwar in dem Lernprozeß, den man als Lehrender durchmacht, und unter dem Eindruck der Rückwirkung von Beobachtung auf das Beobachtete regt man beim Schüler die Bewußtwerdung der Lernprozesse an. Lernprozeß, Beobachtung und Analyse beeinflussen und verstärken einander. Das Beobachten hilft beim Lernen, das Bewußtwerden der Beobachtung in der Analyse dient der Verbesserung der Beobachtungstechnik" (ebd., S. 164 f.).

- **Authentische Neugier**

Jede Lehrperson ist wohl an dem interessiert, was die Schülerinnen und Schüler sagen, tun und denken. Zahlreiche Fragen im Laufe einer Unterrichtsstunde zielen darauf ab, dies herauszufinden. Unter einem traditionellen Lehr-Lern-verständnis diente diese Neugier aber vor allem dem Abgleich mit der Unterrichtsplanung, den Lernzielen und dem fertigen Wissen, über das die Lehrperson, und zunächst *nur* sie, verfügte. Das kann man sich als einen relativ nüchternen, strikt zielorientierten Ist-Soll-Vergleich vorstellen.

Echte Neugier auf das, was das Kind weiß und wie es denkt, sowie *authentische*, nicht gespielte oder gar theatralisch überhöhte Begeisterung sind hingegen eine förderliche Grundhaltung von Lehrpersonen, um mathematische Diskurse mit und unter den Schülerinnen und Schülern zu initiieren und in Gang zu halten. Hier werden Äußerungen und Antworten von Lernenden nicht vorrangig in richtig/falsch oder (nicht) zielführend klassifiziert, sondern dienen der Lehrperson als wertvolle Datenbasis, um das Denken der Lerngruppe noch besser zu verstehen (vgl. Rudnitzky u. a. 1981). Auch wird keine vorschnelle Eindeutigkeit angestrebt, sondern die Chance für die inhaltliche Substanz der Kommunikation genutzt, welche gerade durch Mehrdeutigkeiten entsteht

(Götze 2010b). Die Frage, ob es sich um echte oder gespielte Neugier handelt, hat unter anderem mit der Art von Fragen zu tun, die die Lehrperson stellt (s. u.). Dominieren Fragen, bei denen selbst jedes Kind weiß, dass die Lehrerin die Antwort bereits kennt? Die Häufung solcher Fragen schränkt auf Dauer gewiss die Authentizität des Fragens ein. Oder stellt die Lehrperson Fragen, weil sie selbst die Antwort wirklich nicht kennt, zu der sie zwar möglicherweise eine Vermutung hat, aber das Wissen um die Antwort liegt in dem Fall beim Lernenden. Und dies seitens der Lehrerin wissen zu wollen, ist ein Zeichen von echtem Sachinteresse bzw. Interesse am Denken der Kinder, die sich dadurch viel eher ernst genommen fühlen können.

Was die Fähigkeit zur authentischen Begeisterung betrifft: hiermit ist kein unterschiedsloses und kriterienfreies „Bejubeln" selbst der kleinsten Selbstverständlichkeiten gemeint. Auch sollte sich die Begeisterung auf die Ideen und inhaltlichen Leistungen beziehen. Dies sollte auch für das gelobte Kind erkennbar werden. Authentizität wird hier vor allem dann möglich sein, wenn die Lehrperson selbst Freude am Fach hat und dieser in natürlicher Weise Ausdruck verleihen kann. „Hängende Mundwinkel" der Lehrperson als Zeichen eigener innerer Aversionen oder Vorbehalte dem Fach gegenüber sind vermutlich ein schlechter Ratgeber und übertragen sich erfahrungsgemäß (Modelllernen!) auch „zwischen den Zeilen" schnell auf die Lernenden.

- **Ermutigung sich auszudrücken und sich anderen zuzuwenden**

Der Ping-Pong-Charakter traditioneller Unterrichtskommunikation (Lehrerfrage – Schülerantwort – Lehrerfrage – Schülerantwort – usw.) wird unter einem zeitgemäßen Unterrichtsverständnis zu größeren oder kleineren Diskurseinheiten aufgebrochen und auch stärker auf die Schüler-Schüler-Kommunikation verlagert. Diese (wie jede) Kommunikationsstruktur muss den Lernenden zunächst zugänglich und transparent gemacht werden, wozu eine meta-kommunikative Thematisierung inklusive einer Begründung gehört. Vor allem aber muss den Lernenden glaubhaft verdeutlicht werden (z. B. durch meta-kommunikative Rückmeldungen), dass eine solche Kommunikationspraxis ausdrücklich *wertgeschätzt* wird.

In diesem Zusammenhang ist es dann auch wichtig, den Kindern das verlässliche Gefühl zu vermitteln, dass jeder Sachbeitrag willkommen ist und die Frage nach richtig/falsch oder auch die Frage der Darstellung und Notation zunächst einmal zweitrangig ist und in einem weiteren Schritt behandelt werden kann. Es sollte für alle Lernenden zur Selbstverständlichkeit werden, dass sie ihre Gedanken, Überlegungen, Vermutungen, auch gewagte Ideen sanktionsfrei äußern können. Weder von der Lehrperson wären voreilige Bewertungen zu erwarten, noch von den Mitlernenden (s. u.: Lernkultur). So wie man selbst das Recht für sich in Anspruch nehmen kann, auch noch Unausgegorenes in den Diskurs einzubringen, ohne dass andere sich desinteressiert abwenden oder spontane Wert(vor)urteile abgeben, so sehr gebietet dies auch, anderen Aufmerksamkeit zu schenken, und zwar auch dann, wenn man zunächst noch recht diffuse Vorstellungen von dem hat, was da möglicherweise noch wenig perfekt und nachvollziehbar dargeboten wird. Auch dies anzuleiten ist eine Aufgabe der Lehrperson, die weit über den (Mathematik-)Unterricht und Schule hinausweist.

- **Vielfältiges Fragen-Repertoire**

Die Initiierung und Aufrechterhaltung fachlich orientierter Diskurse ist angewiesen auf eine vielfältige Frage- und Impulstechnik der Lehrperson. Durch situationsbezogen abwechslungsreiche, sach- und kindgerechte Fragen und Impulse kann Kommunikation belebt und inhaltlich vertieft werden. Suggestive und offenkundig unechte Fragen können Kommunikation erschweren und sogar verhindern; sie führen allenfalls dazu, dass Kinder versuchen, Lerngehorsam zu praktizieren, indem sie herauszufinden versuchen, was die Lehrkraft jetzt wohl hören möchte. Es geht auch um mehr als Lernprodukte, es geht um die Analyse von Lernprozessen. Im Laufe mathematischer Diskurse lassen sich zahlreiche, diagnostisch wertvolle Informationen sammeln (vgl. Schütte 2002): Welche Vorstellungen hat ein Kind von einem Sachverhalt, welches fachliche Potenzial steckt darin? Wie ist das Kind strategisch vorgegangen? Kann es seinen Weg beschreiben, begründen? Welche Darstellungsweisen oder Notationen nutzt das Kind? Welche spezifischen Schwierigkeiten zeigen sich?

Sicherlich wird es nach wie vor die Notwendigkeit von Erinnerungsfragen geben, durch die Vorwissen abgerufen wird, oder Leitfragen, die auf prozedurales Wissen zielen wie z. B. auf eine Abfolge von Lösungsschritten oder auf Regeln zur Durchführung bestimmter Operationen. Von besonderem Wert aber sind Fragen und Impulse „höherer Ordnung", durch die neue, andersartige, umgekehrte, variable Denkprozesse sowie selbstständiges, schlussfolgerndes, begründendes und urteilendes Denken initiiert wird, sowie Fragen und Impulse, die selbstständiges Weiterdenken fördern. Schütte hat dazu folgende Beispiele zusammengestellt:

- „Impulse, die veranlassen, Vorwissen zu aktivieren bzw. Wissen anzuwenden: z. B. Welche Zahlen kannst du schon schreiben? Was können wir jetzt schon über das kommende Jahr aussagen?
- Impulse, die sachliche Begründungen anregen: z. B. Wer hat deiner Meinung nach Recht? Wie kannst du sicher sein, dass du alle Möglichkeiten gefunden hast?
- Impulse, die zum Reflektieren des eigenen Lösungsweges anregen: z. B. Wie rechnest du am liebsten?
- Impulse, die zum Verständnis anderer Lösungswege führen: z. B. Was hat sich Felix wohl gedacht?
- Impulse, die anregen, Hypothesen zu bilden und Vorhersagen zu treffen: z. B. Was wäre, wenn ... (Variation von Zahlen bei bekannten Aufgaben)
- Impulse, die zum Entwickeln eines Lösungsplans führen: z. B. Wie könnten wir diesen Haufen Klötzchen am besten zählen?
- Impulse, die Entdeckungen anregen: z. B. Was fällt dir auf? Siehst du ein Muster?" (Schütte 2002, S. 18).

Im Unterricht wird situativ immer wieder das sorgfältige (Nach-)Regulieren der Frage- und Impulstechnik notwendig sein, um den Lernenden eine angemessene Bandbreite an Möglichkeiten für die Entwicklung gehaltvoller Beiträge offen zu halten (vgl. Rudnitzky u. a. 1981). Dabei gilt es auch, die unterschiedlichen Anforderungsbereiche der Bildungsstandards (KMK 2005, S. 13) zu berücksichtigen. Fragen und Impulse zielen so einerseits (Anforderungsbereich I) auf reproduktive Fähigkeiten auf der Basis von Grundwissen und Routinetätigkeiten im Rahmen eines geübten und abgegrenzten Bereichs. Im Anforderungsbereich II sollten Fragen und Impulse zum Erkennen und Nutzen von Zusammenhängen anregen. Und auch komplexe Tätigkeiten wie Strukturieren, strategisches Vorgehen, Beurteilen und Verallgemeinern mathematischer Sachverhalte (Anforderungsbereich III) müssen durch adäquate Fragen und Impulse angeregt und gefördert werden.

- **Nachhaken und Denkpausen**

Meist ist es mit einer Frage oder einem Impuls nicht getan. Auch Nachhaken ist gefragt – und will gelernt sein. In einer Unterrichtsanalyse von Quasthoff/Steinbring (2000) ist zu sehen, dass und wie das Frageverhalten der Lehrperson einen entscheidenden Anteil am „Erfolg" einer Diskurseinheit hat. Die eher allgemein gehaltene Nachfrage des Lehrers („Habt ihr hier auf irgendein Muster geachtet, auf einen Trick oder so?") legt eher eine ja-/nein-Antwort nahe, als dass sie die Darstellung der Plausibilität der Handlungsentscheidungen beim Lösen der Aufgabe einfordert. Der von den Kindern gewählte Rechenweg als solcher stellt zwar im Prinzip korrektes Faktenwissen dar. Wünschenswert im Sinne der Aufgabenstellung wäre jedoch eine Umdeutung dieser arithmetischen Aufgabe in eine mathematische Beziehung gewesen, in der neues Wissen inklusive einer Begründung erkennbar geworden wäre (ebd., S. 59).

Begründetes Nachhaken hat das Ziel, die Lernenden zu ermuntern, tiefer in den mathematischen Sachverhalt einzudringen. Und es sollte für die Lernenden deutlich sein, dass Nachfragen keineswegs bedeutet, dass an der Antwort sicher etwas falsch gewesen sein muss, wie es manchmal schon als Reflex zu beobachten ist. Nachhaken ist ebenfalls deutlich zu unterscheiden von dem häufig (vor allem bei Lehr-Anfängern) zu beobachtenden Phänomen, dass nahezu unmittelbar nach einer gestellten Frage eine zweite, alternativ formulierte, nachgeschoben wird, weil die Lernenden nicht sogleich mit einer Antwort reagieren. Diese Praxis nimmt den Kindern die Zeit des Nachdenkens. Sie unterbricht sogar Ansätze des Nachdenkens, weil mitten in diesem Prozess gleich die Alternativfrage auftaucht. Und dabei ist Schülerinnen und Schülern durchaus nicht gleich klar, dass es sich lediglich um eine andere Formulierung derselben Frage handelt. Für viele wirkt es wie eine neue Frage, auf die man dann aufspringt und das Nachdenken über die vorherige vergisst oder abbricht.

Das soll daran erinnern, dass zu einem konstruktiven Diskursverhalten auch Denkpausen dazugehören. Dabei handelt es sich nicht um eine Pause *im* oder *vom* Denken, sondern um eine Pause *zum* Denken, die ein Nachdenken oft erst ermöglicht. Nachdenken sollte nicht zum Hinterherdenken verkommen. Der Zeitgeist ist zwar eher gekennzeichnet durch kurztaktige, schnelle, übergangslose Schnitte in einer Abfolge von auf „Spannung" ausgerichteten Aktivierungspotenzialen, aber dennoch, oder gerade deswegen, sollten auch einmal kurze Momente der Stille – sei es durch sprachloses Staunen, durch Überraschung, durch Stutzen, durch Skepsis usw. bedingt – erfahrbar werden, und zwar als produktive Momente, nicht als peinliche Leere, die es schnellstmöglich zu füllen gilt, und sei es nur durch eine Verlegenheitsbemerkung oder Übersprungshandlung. Auch hierzu wäre metakommunikativ herzustellende Transparenz für die Schülerinnen und Schüler wichtig, was auf unseren letzten Punkt verweist.

7.6.2 Mögliche Bedenken

Gemeinsame Diskurse – sei es im Plenum nach einer ausgiebigen Aktivitätsphase (Einzel-, Partner- oder Gruppenarbeit) oder mit Teilgruppen einer Klasse zu variablen Zeitpunkten – sind von fundamentaler Bedeutung für die Natürliche Differenzierung. Hier arbeiten alle an den gleichen Problemstellungen, anders als bei klassischer Innerer Differenzierung, wo dann eine gemeinsame Diskussion auch entsprechend schwierig, wenn nicht unmöglich ist. Aus der Praxis hört man indes nicht selten zwei klassische Bedenken oder Einwände.

- **„Die lernschwächeren Kinder verstehen doch kaum bis gar nicht, was die leistungsstärkeren berichten, weil es einfach nicht ihrem aktuellen Verstehensniveau entspricht."**
  Das ist zunächst einmal potenziell richtig. Aber anderenfalls würden wir nicht von Heterogenität sprechen müssen. Weil diese aber Realität in unseren Schulen ist, haben wir es *naturgemäß* mit unterschiedlichen Niveaustufen zu tun. Für die Lehrperson gibt es dann aber im Prinzip nur zwei Alternativen: Man kann den schwächeren Kindern solche Diskurse „ersparen" und sie „vor der Mathematik beschützen", indem man sie mit reduzierten Anforderungen und speziellen Aufgaben konfrontiert. Damit zementiert man aber für diese Klientel ein festgeschriebenes Anforderungsniveau sowie eine Vorab-Begrenzung ihrer Potenziale. Wie sollten diese Kinder dann jemals eine Chance haben, sich weiterzuentwickeln?
  Man kann aber auch *regelhaft* und *konsequent* solche Diskursphasen allen Lernenden anbieten, und zwar gerade für die Lernschwächeren, um die Wahrscheinlichkeit dafür zu erhöhen, dass diese Kinder irgendwann eine neue Idee bekommen, die zuvor noch nicht in ihrer Reichweite lag. Wir sprechen bewusst „nur" von erhöhten Wahrscheinlichkeiten, denn mehr kann eine Lehrperson nicht tun, weil Lernen prinzipiell nicht determinierbar ist. Und wir sagen bewusst unkonkret „irgendwann". Denn wer könnte sagen, wann dies geschehen könnte? Niemand kann in den Kopf eines anderen hineinsehen. Aber vie-

le kennen die Erfahrung, dass ein Kleinkind plötzlich aus einer Unterhaltung von Erwachsenen etwas aufschnappt und jeder fragt sich: „Na so was, wo hat er/sie das denn aufgeschnappt?!" Mit anderen Worten: Allen Lernenden sollte das Recht zugestanden werden, immer wieder an anregungsreichen Gesprächen teilzuhaben, um ihnen die Chance zu belassen, dem eigenen Lerntempo und den eigenen Fähigkeiten gemäß zu einem „fruchtbaren Moment", den *niemand* voraussehen kann, davon zu profitieren.

- **„Am Ende der Stunde/Unterrichtseinheit gab es dennoch einige Kinder, die immer noch keine Lösung hatten oder das Muster durchschaut hatten."**
  Diese Bedenken unterliegen unseres Erachtens einem klassischen Trugschluss, denn sie beschreiben kein Problem der Kinder, sondern eine illusorische Erwartung an die Kinder: Wenn Heterogenität Fakt ist, dann ist es normal, dass sich verschiedene Lernende auf verschiedenen Niveau- und Verstehensstufen befinden. Das, als solches, ist also kein Problem; es ist höchstens ein Problem, das als Problem zu verstehen. Denn wie kann man eine Lernumgebung mit Rücksicht auf Heterogenität planen und am Ende der Sequenz ein einziges Verstehensniveau erwarten? Keine Methode und kein didaktisches Konzept kann es gewährleisten, dass zu einem bestimmten Zeitpunkt alle an der gleichen Stelle stehen, denn das würde bedeuten, dass sich Lernen determinieren ließe. Aber alles, was Lehrende prinzipiell tun können, ist nun einmal nur, die Wahrscheinlichkeit dafür zu erhöhen, dass sich wünschenswertes Lernen ereignen kann. Das klingt nach wenig und allzu bescheiden, aber dafür kann man gleichwohl eine Menge tun! Und das Konzept der Natürlichen Differenzierung scheint uns ein vielversprechender Weg zu sein.

7.6.3 Hilfreiche Rahmenbedingungen

Fassen wir zusammen, welche Rahmenbedingen hilfreich und notwendig sind, um gehaltvolle fachliche Diskurse sach- und adressatengerecht im Sinne der Natürlichen Differenzierung zu moderieren:

- Die Lehrperson steht selbst souverän in der Sache. Sie hat den *mathematischen* Kern vorab vertieft durchdrungen und für sich aufgeklärt.
- Die Lehrperson hat die Bereitschaft und die entsprechende diagnostische Kompetenz, um auch ungewöhnliche Denkwege der Kinder zu verstehen und sachgerecht in den Unterricht zu integrieren.
- Die Lehrperson verfügt über eine breit gefächerte, *differenzierte Frage- und Impulstechnik*, die es ihr ermöglicht, fachbezogene Lern- und Kommunikationsprozesse im Unterricht zu initiieren und aufrecht zu erhalten.
- Die etablierte *Unterrichtskultur* ist geprägt durch hohe Akzeptanz der individuellen Lernwege, den Kindern wird etwas zugetraut und zugemutet, es herrscht eine kompetenzorientierte Grundhaltung, ein produktiver Umgang mit Fehlern im Lernprozess und ein offener Kommunikations- und Interaktionsstil.

Professionalisierung so verstanden, bedeutet dann auch entsprechende Anforderungen und Erwartungen an die Lehrerbildung – in *allen* Phasen.

Zum Abschluss wollen wir noch einmal konkret dokumentieren, wie ein (nicht planbarer) Diskurs verlaufen kann. Die Szene, in der vielfältige mathematische Konzepte angesprochen und relevant werden, stammt aus der Videodokumentation einer Stunde über Rechendreiecke, genauer über die Frage, ob es solche mit ausschließlich geraden oder ungeraden Außenfeldern geben kann (vgl. Kapitel 6.3 2 sowie im Download-Material den zugehörigen Etappenplan und das Arbeitsblatt in Kapitel 9.2.6). Die Kommunikation macht deutlich, was wir in den Kapiteln 3.3; 3.4; 7.1 und im vorliegenden Kapitel 7.6 herausgearbeitet haben: Sie wäre mit Sicherheit anders verlaufen, wenn der Lehrer nicht über die notwendige Fachkompetenz verfügt und nicht an den entscheidenden Stellen nachgehakt und die Kinder mit adäquaten Impulsen herausgefordert hätte.

EINLADUNG ZUR REFLEXION

Im Download-Material (Kapitel 9.4) finden Sie einen Transkriptausschnitt zur oben genannten Stunde. Diskutieren Sie folgende Fragen vor den relevanten fachlichen Hintergründen:

1.) Wie würden Sie die Zahleigenschaft „gerade Zahl" definieren? Stimmen Sie der Definition von Leona (Transkriptzeile 43) zu? Und wie stehen Sie zu Davids Argument? (Transkriptzeile 49)?
2.) Diskutieren Sie die Fragen und Impulse des Lehrers.
3.) Welche mathematischen Konzepte sind in diesem fachlichen Diskurs angesprochen (direkt oder indirekt)?

8 Literatur

Adorno, Th. W. (1965): Tabus über den Lehrberuf. Neue Sammlung, 5. Jg., S. 487–498.

Ahrbeck, B. u. a. (1997): Pädagogisch-psychologische Modelle der inneren und äußeren Differenzierung für lernbehinderte Schüler. In: Weinert, F. E. (Hrsg.): Enzyklopädie der Psychologie. Band 3: Psychologie des Unterrichts und der Schule, S. 739–769. Göttingen.

Akinwunmi, K. (2012): Zur Entwicklung von Variablenkonzepten beim Verallgemeinern mathematischer Muster. Wiesbaden.

Baer, M. u. a. (1994): Diagnose des metakognitiven Wissens des Textverfassens (Diagnose und Förderung der Textproduktionskompetenz von Schülerinnen und Schülern, unter Berücksichtigung kognitiver und metakognitiver Prozesse). Forschungsbericht Nr. 10. Universität Bern, Abteilung Pädagogische Psychologie, Bern.

Balhorn, H. / Büchner, I. (2005): Denkwege in die Rechtschreibung. Lehrerkommentar. Hamburg.

Bartnitzky, H. (2009): Wie Kinder selbstständiger werden können ... und wie „modernistischer" Unterricht dies verhindert. In: Bartnitzky, H. / Hecker, U. (Hrsg.): Allen Kindern gerecht werden. Aufgaben und Wege, S. 206–221. Frankfurt / M.

Bartnitzky, H. (2013): Individualisierung heißt nicht Vereinzelung! Von der Verschiedenheit der Kinder und der Gemeinsamkeit ihres Lernens. Hauptvortrag auf dem DZLM Fortbildungstag zum Thema „Heterogenität mit Blick auf Inklusion – Fachdidaktische Perspektiven zum Mathematikunterricht", 23. 02. 2013. Universität Essen.

Bauersfeld, H. (1983a): Subjektive Erfahrungsbereiche als Grundlage einer Interaktionstheorie des Mathematiklernens und -lehrens. In: Bauersfeld, H. u. a. (Hrsg.): Lernen und Lehren von Mathematik. Analysen zum Unterrichtshandeln II, S. 1–56. Köln.

Bauersfeld, H. (1983b): Kommunikationsverläufe im Mathematikunterricht. Diskutiert am Beispiel des „Trichtermusters". In: Ehlich, K. / Rehbein, J. (Hrsg.): Kommunikation in Schule und Hochschule, S. 21–28. Tübingen.

Baumert, J. (2011): Expertenrat „Herkunft und Bildungserfolg". Empfehlungen für Bildungspolitische Weichenstellungen in der Perspektive auf das Jahr 2020 (BW 2020).

Becker, J. P. (1992): Cross-National Mathematics Achievement Results and Observations Concerning Problem Solving and Creativity of American and Japanese Students. Journal für Mathematik-Didaktik, H. 2/3, S. 99–142.

Bender, P. (2004): Die etwas andere Sicht auf den mathematischen Teil der internationalen Vergleichsuntersuchungen PISA sowie TIMSS und IGLU. GDM-Mitteilungen, H. 78, S. 101–108.

Bender, P. u. a. (1999): Überlegungen zur fachmathematischen Ausbildung der angehenden Grundschullehrerinnen und -lehrer. Journal für Mathematik-Didaktik, H. 4, S. 301–310.

Biethan, U. u. a. (2012): Methoden im Unterricht – Anregungen für Schule und Lehrerbildung. Kronshagen.

Bird, M. (1986): Mathematics with seven and eight years olds. Leicester.

Boaler, J. (2008): What's Math Got to Do with It? New York.

Boban, I. / Hinz, A. (2003): Index für Inklusion. Lernen und Teilhabe in der Schule der Vielfalt entwickeln. Halle-Wittenberg.

Boettcher, W. u. a. (1976): Lehrer und Schüler machen Unterricht. München.

Böhm, O. (1984): Selbstdifferenzierung durch „offene Aufgaben" im Unterricht der Schule für Lernbehinderte (Teil 1 & 2). Ehrenwirth Sonderschulmagazin, H. 2 & 3, S. 5–8 bzw. 5–7.

Bönsch, M. (1972): Differenzierung des Unterrichts: Methodische Aspekte. 2. Aufl. München.

Bönsch, M. (1976): Differenzierung des Unterrichts: Methodische Aspekte. 3. Aufl. München.

Bönsch, M. (2004a): Differenzierung in Schule und Unterricht. München.

Bönsch, M. (2004b): Intelligente Unterrichtsstrukturen. Eine Einführung in die Differenzierung. Baltmannsweiler.

Bönsch, M. (2009): Methodik der Differenzierung Ordnung und Umsetzungsmöglichkeiten von Differenzierungsformen. Pädagogik, H. 9, S. 36–40.

Bromme, R. (1992): Der Lehrer als Experte: Zur Psychologie des professionellen Wissens. Bern.

Brousseau, G. (1997): Theory of Didactical Situations in Mathematics. Dordrecht.
Brügelmann, H. (1998): Öffnung des Unterrichts. Befunde und Probleme der empirischen Forschung. In: Brügelmann, H. u. a. (Hrsg.): Jahrbuch Grundschule. Fragen der Praxis – Befunde der Forschung, S. 8–42. Seelze.
Brügelmann, H. (2001): Prinzipien des Anfangsunterrichts: Individualisierung. Die Grundschulzeitschrift, H. 145, S. 52–53.
Brügelmann, H. (2011): Den Einzelnen gerecht werden – in der inklusiven Schule. Mit einer Öffnung des Unterrichts raus aus der Individualisierungsfalle. Zeitschrift für Heilpädagogik, H. 9, S. 355–361.
Bruner, J. S. (1970): Der Prozeß der Erziehung. Sprache und Lernen, Internationale Studien zur pädagogischen Anthropologie. Düsseldorf.
BSB – Freie und Hansestadt Hamburg Behörde für Schule und Berufsbildung (2011): Bildungsplan Grundschule – Mathematik. Hamburg.
BSB – Freie und Hansestadt Hamburg Behörde für Schule und Berufsbildung (Hrsg., 2009): Hamburger Bildungsoffensive. Rahmenkonzepte für Primarschule, Stadtteilschule und das sechsstufige Gymnasium. Hamburg.
BSB / IfBQ – Freie und Hansestadt Hamburg Behörde für Schule und Berufsbildung / Institut für Bildungsmonitoring und Qualitätsentwicklung (Hrsg., 2012): Jahresbericht der Schulinspektion. Schuljahr 2010 / 2011. Hamburg.
Büchter, A. / Leuders, T. (2005): Mathematikaufgaben selbst entwickeln. Lernen fördern – Leistungen überprüfen. Berlin.
Buholzer, A. / Kummer Wyss, A. (Hrsg., 2010): Alle gleich – alle unterschiedlich! Zum Umgang mit Hetergoenität in Schule und Unterricht. Seelze.
Burton, L. / Morgan, C. (2000): Mathematicians Writing. Journal for Research in Mathematics Education, H. 4, S. 429–453.
Combe, A. (1996): Pädagogische Professionalität, Hermeneutik und Lehrerbildung. Am Beispiel der Berufsbelastung von Grundschullehrkräften. In: Combe, A. / Helsper, W. (Hrsg.): Pädagogische Professionalität. Untersuchungen zum Typus pädagogischen Handelns, S. 501–520. Frankfurt / M.
Dellweg, K. (1974): Unterrichtsplanung in Theorie und Praxis. 5. Aufl., Gummersbach.
Devlin, K. (1998): Muster der Mathematik. Ordnungsgesetze des Geistes und der Natur. Heidelberg.
Donaldson, M. (1991): Wie Kinder denken – Intelligenz und Schulversagen. München.
Doyle, W. (1988): Work in Mathematics Classes: The Context of Students' Thinking During Instruction. Educational Psychologist, H. 2, S. 167–180.
Edelmann, G. / Möller, Ch. (1976): Grundkurs Lernplanung. Weinheim.
EDUBLOX (o. J.): Learning Styles a Myth, British Researchers Say. Zugriff am: 01.08.2013. http://www.edublox.com/learningstylesmyth.htm
Eggenberg, F. / Hollenstein, A. (1997): Offene Situationen. Eine Unterrichtsform im Mathematikunterricht, in der Schülerinnen und Schüler das Rechnen haben. SLZ – Zeitschrift für Schweizer Lehrerinnen und Lehrer, H. 2, S. 4–8.
Erichson, Ch. (1991): Sachtexte lesen, mit denen man rechnen kann. Die Grundschulzeitschrift, H. 48, S. 22–25.
Erichson, Ch. (2003): Simulation und Authentizität. Wie viel Realität braucht das Sachrechnen? In: Baum, M. / Wielpütz, H. (Hrsg.): Mathematik in der Grundschule. Ein Arbeitsbuch, S. 185–194. Seelze
Ernest, P. (1994): Constructivism: Which Form Provides the Most Adequate Theory of Mathematics Learning? Journal für Mathematik-Didaktik, H. 3 / 4, S. 327–243
Felten, M. (2010a): Menschen statt Strukturen.. http://www.fr-online.de/wissenschaft/gastbeitragmenschenstattstrukturen,1472788,3088768.html, Zugriff am: 8.2.2010
Felten, M. (2010b): Schüler brauchen Lehrer – und nicht nur Arbeitsblätter. Frankfurter Allgemeine Zeitung v. 08.07.2010. S. 8
Felten, M. / Stern, E. (2012): Lernwirksam unterrichten. Im Schulalltag von der Lernforschung profitieren. Berlin

Floer, J./Möller, M. (1985): Der Zahlenraum bis 100 und die Entdeckung des Stellenwertsystems. In: Floer, J. (Hrsg.): Arithmetik für Kinder, S. 68–100. Frankfurt/M.
Floer, J./Schipper, W. (1991): Material: Zauberdreiecke und Zaubervierecke. Die Grundschulzeitschrift, H. 5, S. 49–56.
Fosnot, C. T./Dolk, M. (2001): Young Mathematicians at Work. Constructing Number Sense, Addition, and Subtraction. Portsmouth/NH.
Freudenthal, H. (1971): Geometry between the devil and the deep sea. Educational Studies in Mathematics, H. 3/4, S. 413–435.
Freudenthal, H. (1973): Mathematik als pädagogische Aufgabe. Band II. Stuttgart.
Freudenthal, H. (1974): Die Stufen im Lernprozeß und die heterogene Lerngruppe im Hinblick auf die Middenschool. Neue Sammlung, H. 14, S. 161–172.
Freudenthal, H. (1978): Vorrede zu einer Wissenschaft vom Mathematikunterricht. München.
Freudenthal, H. (1982): Mathematik – eine Geisteshaltung. Grundschule, H. 4, S. 140–142.
Freudenthal, H. (1983): Wie entwickelt sich reflexives Denken? Neue Sammlung, H. 23, S. 485–497.
Frey, A. u. a. (2010): Mathematische Kompetenz von PISA 2003 bis PISA 2009. In: Klieme, E. u. a. (Hrsg.): PISA 2009. Bilanz nach einem Jahrzehnt, S. 153–176. Münster.
Gächter, A. A. (2004): Miniaturen und mehrschichtige Probleme. In: Heinze, A./Kuntze, S. (Hrsg.): Beiträge zum Mathematikunterricht, S. 185–188. Hildesheim.
Gallin, P./Ruf, U. (1990): Sprache und Mathematik in der Schule. Zürich.
Gallin, P./Ruf, U. (1999): Ich mache das so! Wie machst du es? Das machen wir ab. Sprache und Mathematik 4.–5. Schuljahr. Zürich.
Gattegno, C. (1989): Parts and Wholes. In: Brown, L. u. a. (Hrsg.): Selected articles by Caleb Gattegno reprinted from Mathematics Teaching, S. 48–49. Derby.
Gellert, U. (1998): Von Lernerfahrungen zu Unterrichtskonzeptionen. Eine soziokulturelle Analyse von Vorstellungen angehender Lehrerinnen und Lehrer zu Mathematik und Mathematikunterricht. Berlin.
Gellert, U. (1999): Vorstellungen angehender Grundschullehrerinnen von Schülerorientierung. Eine Analyse von Unterrichtskonzeptionen im Kontext universitärer Lehrerbildung. Journal für Mathematik-Didaktik, H. 2/3, S. 113–137.
Geppert, K./Preuß, E. (1981): Differenzierender Unterricht – konkret. Analyse, Planung und Gestaltung. Ein Modell zur Reform des Primarbereichs. Bad Heilbrunn.
Goeudevert, D. (1999): Mit Träumen beginnt die Realität. Aus dem Leben eines Europäers. Berlin.
Götze, D. (2010a): Mathekonferenzen. Kommunikation unter Kindern anregen, um Lösungswege anderer zu verstehen. Grundschulunterricht Mathematik, H. 1, S. 22–26.
Götze, D. (2010b): Mathematische Gespräche mit Kindern führen. MNU Primar, H. 1, S. 13–17.
Granzer, D. (2006): Von guten und „anderen" Aufgaben. Grundschule, H. 5, S. 18–20.
Granzer, D./Walther, G. (2008): Standards, keine Standardaufgaben! Gute Aufgaben für die länderübergreifenden Bildungsstandards in Mathematik. Grundschule, H. 4, S. 6–11.
Griffin, P. (2009): What makes a rich task? Mathematics Teaching, H. 212, S. 32–34.
Gronemeyer, M. (1996): Lernen mit beschränkter Haftung. Über das Scheitern der Schule. Berlin.
Gross, J. (2011): Tangram – ein Legespiel für den Geometrieunterricht der Grundschule. MNU Primar, H. 3, S. 95–101.
Gruber, G./Wienholt, H. (1994): Circletraining zum Einmaleins. Grundschule, H. 5, S. 34–41.
Gudjons, H. (1998): Frontalunterricht – gut gemacht … Comeback des „Beybringens"? Pädagogik, H. 5, S. 6–8.
Gudjons, H. (2004): Frontalunterricht im Wandel. Auf dem Weg zur Integration in offene Unterrichtsformen. Pädagogik, H. 1, S. 23–26.
Gutjahr, S. (2012): „Zahlenwerte in der Stellentafel subtrahieren 2 und 3", aus: Schriftliche Rechenverfahren. AOL-Verlag, Hamburg, S. 27 und 28.
Hagstedt, H. (2000): „Natürliche Geometrie". Die Grundschulzeitschrift, H. 138, S. 611.
Halmos, P. R. (1975): The teaching of problem solving. American Mathematical Monthly, H. Mai, S. 466–470.

Hartmann, M. / Loska, R. (2006): Rechenfiguren erkunden. In: Rathgeb-Schnierer, E. / Roos, U. (Hrsg.): Wie rechnen Matheprofis? Ideen und Erfahrungen zum offenen Mathematikunterricht. S. 101–112. München.

Häsel-Weide, U. / Nührenbörger, M. (2012): Individuell fördern – Kompetenzen stärken in der Eingangsstufe (Kl. 1 + 2). Heft 4: Fördern im Mathematikunterricht. Frankfurt / M.

Hattie, J. (2009): Visible Learning. A synthesis of over 800 metaanalyses relating to achievement. New York.

Heckhausen, H. (1969): Förderung der Lernmotivierung und der intellektuellen Tüchtigkeiten. In: Roth, H. (Hrsg.): Begabung und Lernen, S. 193–228. Stuttgart.

Heimann, P. u. a. (1976): Unterricht – Analyse und Planung. 8. Aufl., Hannover.

Hemmer, K. P. (2001): Mathematik in der Grundschule. Lernen unter Bedingungen großer Heterogenität. Unterrichtsszenen, Grundschule Rotherstr., Hamburg-Altona (Video, AVZ Fachbereich Erziehungswissenschaft / Universität Hamburg).

Hengartner, E. (1992): Für ein Recht der Kinder auf eigenes Denken. Die neue Schulpraxis, H. 7 / 8, S. 15–27.

Hengartner, E. (2006): Lernumgebungen für das ganze Begabungsgsspektrum: Alle Kinder sind gefordert. In: Hengartner, E. u. a. (Hrsg.): Lernumgebungen für Rechenschwache bis Hochbegabte. Natürliche Differenzierung im Mathematikunterricht, S. 9–14. Zug.

Hengartner, E. u. a. (2006): Lernumgebungen für Rechenschwache bis Hochbegabte. Natürliche Differenzierung im Mathematikunterricht. Zug.

Heymann, H. W. (1991): Innere Differenzierung im Mathematikunterricht. mathematik lehren, H. 49, S. 63–66.

Higgins, J. L. (1988): One point of view: We get what we ask for. Arithmetic Teacher, H. 5, S. 2.

Hinske, N. (1996): Eine Saat, die langsam wächst. Gesprächskultur und ihre Regeln. Forschung & Lehre, H. 4, S. 178–179.

Hirt, U. (2007). Von den Lernenden aus geht's besser. Dezimalzahlen an der Stellentafel in einer natürlich differenzierenden Lernumgebung. Praxis der Mathematik, H. 17, S. 9–14.

Hirt, U. / Wälti, B. (2008): Lernumgebungen im Mathematikunterricht. Natürliche Differenzierung für Rechenschwache bis Hochbegabte. Seelze.

Hirt, U. u. a. (2008): Lernumgebungen für den Mathematikunterricht in der Grundschule: Begriffsklärung und Positionierung. In: Hirt, U. / Wälti, B.: Lernumgebungen im Mathematikunterricht: Natürliche Differenzierung für Rechenschwache bis Hochbegabte, S. 12–38. Seelze.

Hollenstein, A. (1996): Kognitive Aspekte sozialen Lernens. Arbeitspapier zur Tagung „Lernkultur im Wandel". St. Gallen.

Hollenstein, A. (1997): Kognitive Aspekte sozialen Lernens. In: Müller, K. P. (Hrsg.): Beiträge zum Mathematikunterricht, S. 243–246. Hildesheim.

Hollenstein, A. / Eggenberg, F. (1998): mosima Grundlagen. Zürich.

Holt, J. (1969): Chancen für unsere Schulversager. Freiburg.

Holt, J. (1979): Wie Kinder lernen. Weinheim.

Hußmann, S. / Prediger, S. (2007): Mit Unterschieden rechnen – Differenzieren und Individualisieren. Praxis der Mathematik in der Schule H. 17, S. 1–8.

Iwers-Stelljes, T. u. a. (2014): Introvision zur Reduktion von Mathematikangst bei Lehramtsstudierenden. Qualitative Ergebnisse einer Pilotstudie. Lernen und Lernstörungen, H. 1, S. 7–21.

Käpnick, F. (1997): „Meine Lieblingszahl". Anregungen zu einem Projekt über subjektive Zahlauffassungen von Grundschulkindern. Grundschulunterricht, H. 1, S. 22–24.

Kasper, H. (1993): Differenzierung. In: Heckt, D. H. / Sandfuchs, U. (Hrsg.): Grundschule von A bis Z, S. 34–35. Braunschweig.

Kießwetter, K. (1990): Ohne Fremdenführer unterwegs im Land der Zahlen. mathematik lehren, H. 40, S. 36–38.

Kilic, H. u. a. (2010): Techniques for small-group discourse. Teaching Children Mathematics, H. 6, S. 350–357.

Klafki, W. / Stöcker, H. (1976): Innere Differenzierung des Unterrichts. Zeitschrift für Pädagogik, H. 4, S. 497–523.

Klavir, R. / Herskovitz, S. (2008). Teaching and evaluating „open-ended" problems. International Journal for Mathematics Teaching and Learning, H. 5, 23 S. Online-Publikation.

Klein, F. (1924): Elementarmathematik vom höheren Standpunkt aus. Band 1: Arithmetik, Algebra, Analysis. Berlin.

Klix, F. (1976): Information und Verhalten. Kybernetische Aspekte der organismischen Informationsverarbeitung. Stuttgart.

KM – Der Kultusminister des Landes Nordrhein-Westfalen (1985): Richtlinien und Lehrpläne für die Grundschule in Nordrhein-Westfalen – Mathematik. Köln.

KMK – Sekretariat der Ständigen Konferenz der Kultusminister der Länder in der Bundesrepublik Deutschland (Hrsg., 1994): Empfehlungen zur Arbeit in der Grundschule. Beschluss der KMK vom 02. 07. 1970 in der Fassung vom 06. 05. 1994. Bonn.

KMK – Sekretariat der Ständigen Konferenz der Kultusminister der Länder in der Bundesrepublik Deutschland (Hrsg., 2004), Standards für die Lehrerbildung: Bildungswissenschaften. Beschluss der Kultusministerkonferenz vom 16. 12. 2004.

KMK – Sekretariat der Ständigen Konferenz der Kultusminister der Länder in der Bundesrepublik Deutschland (Hrsg., 2005), Bildungsstandards im Fach Mathematik für den Primarbereich. Beschluss vom 15. 10. 2004. München.

KMK – Sekretariat der Ständigen Konferenz der Kultusminister der Länder in der Bundesrepublik Deutschland (Hrsg., 2008), Ländergemeinsame inhaltliche Anforderungen für die Fachwissenschaften und Fachdidaktiken in der Lehrerbildung. Beschluss der Kultusministerkonferenz vom 16. 10. 2008 in der Fassung vom 08. 12. 2008, 53 S.

Krämer, M. (2011): Natürliche Differenzierung mit Lernumgebungen. Eine Möglichkeit für Kinder jeden Leistungsniveaus gemeinsam und doch individuell zu lernen. Grundschulunterricht, H. 1, S. 31–34.

Krappmann, L. (2002): Untersuchungen zum sozialen Lernen. In: Petillon, H. (Hrsg.): Individuelles und soziales Lernen in der Grundschule, S. 89–102. Opladen.

Krauthausen, G. (1995): Zahlenmauern im zweiten Schuljahr – ein substantielles Übungsformat. Grundschulunterricht, H. 10, S. 5–9.

Krauthausen, G. (1998a): „Versuch´s doch einmal so ...!" Zum Problem der gutgemeinten Hilfen. Die Grundschulzeitschrift, H. 119, S. 22–24.

Krauthausen, G. (1998b): Lernen – Lehren – Lehren lernen. Zur mathematik-didaktischen Lehrerbildung am Beispiel der Primarstufe. Leipzig.

Krauthausen, G. (2001): „Wann fängt das Beweisen an? Jedenfalls, ehe es einen Namen hat.". In: Weiser, W. / Wollring, B. (Hrsg.): Beiträge zur Didaktik der Mathematik für die Primarstufe, S. 99–113. Hamburg.

Krauthausen, G. (2006): Zahlenforscher 1: Zahlenmauern. Didaktische Handreichung. Donauwörth.

Krauthausen, G. (2009): Kinder machen mathematische Entdeckungen mit Minusmauern. In: Leuders, T. u. a. (Hrsg.): Mathemagische Momente, S. 86-101. Berlin.

Krauthausen, G. (2012): Digitale Medien im Mathematikunterricht der Grundschule. Heidelberg.

Krauthausen, G. / Scherer, P. (2007): Einführung in die Mathematikdidaktik. 3. neu bearbeitete Auflage. Heidelberg.

Krauthausen, G. / Scherer, P. (2010a): Umgang mit Heterogenität. Natürliche Differenzierung im Mathematikunterricht der Grundschule. Handreichungen des Programms SINUS an Grundschulen, Mathematik. Kiel: IPN-Materialien. Download: http: / / www.sinus-an-grundschulen.de / fileadmin / uploads / Material _aus_SGS / Handreichung_Krauthausen-Scherer.pdf

Krauthausen, G. / Scherer, P. (2010b): Natürliche Differenzierung im Mathematikunterricht der Grundschule – Theoretische Analyse und Potenzial ausgewählter Lernumgebungen. In: Böttinger, C. u. a. (Hrsg.): Mathematik im Denken der Kinder. Anregungen zur mathematikdidaktischen Reflexion, S. 53–59. Leipzig.

Krauthausen, G. / Scherer, P. (2011a): Natürliche Differenzierung im Mathematikunterricht. Anforderungen an Aufgaben, an Schüler und Lehrpersonen. SchulVerwaltung NRW, H. 12, S. 328–330.

Krauthausen, G. / Scherer, P. (2011b): Natürliche Differenzierung durch offene Aufgabenstellungen. Erfahrungen mit den substanziellen Aufgabenformaten Zahlenketten und Rechendreiecke. Grundschulunterricht, H. 1, S. 4–7.
Krauthausen, G. / Scherer, P. (2013): Manifoldness of Tasks Within a Substantial Learning Environment: Designing Arithmetical Activities for All. In: Novotnä, B./Moraova, H. C (Hrsg.): SEMT 2013. Tasks and Tools in Elementary Mathematics, S. 171–179. Prag.
Krulik, S. / Rudnick, J. A. (1994): Reflect ... For better problem solving and reasoning. Arithmetic Teacher, H. 6, S. 334–338.
Krummheuer, G. (1992): Lernen mit „Format". Weinheim.
Lem, S. (1996): Zu Tode informiert. Risiken und Nebenwirkungen der globalen Vernetzung. Der Spiegel, H. 11, S. 108–109.
Leuders, T. (2008): Aufgaben erleben statt erledigen. (Sich) Mathematikaufgaben stellen. Pädagogik, H. 3, S. 20–25.
Leutenbauer, H. (1980): Magische Quadrate. Mathematische Unterrichtspraxis, H. III, S. 41–44.
Lindner-Müller, C. (2006): Soziales Lernen. In: Arnold, K.-H. u. a. (Hrsg.): Handbuch Unterricht, S. 196–200. Bad Heilbrunn.
Loska, R. / Hartmann, M. (2006): Erste Schritte in die Algebra mit dem Rechendreieck. Grundschule, H. 1, S. 36–38.
Lyons, I. M. / Beilock, S. L. (2012): When Math Hurts: Math Anxiety Predicts Pain Network Activation in Anticipation of Doing Math. In: PLoS ONE, H. 10, S. e48076.
Ma, X. (1999): A Meta-Analysis of the Relationship Between Anxiety Toward Mathematics and Achievement in Mathematics. Journal for Research in Mathematics Education, H. 5, S. 520–540.
McAnallen, R. R. (2010): Examining Mathematics Anxiety in Elementary Classroom Teachers. Dissertation. University of Connecticut.
McIntosh, A. / Quadling, D. (1975): Arithmogons. Mathematics Teaching, H. 70, S. 18–23.
Meier, R. (1993): Papier total. Friedrich Jahresheft, H. XI: Unterrichtsmedien, S. 32–33.
Metzner, W. (2002): Das Zauberdreieck. Begleitheft zum gleichnamigen Holzmaterial. Leipzig.
Meyer-Willner, G. (1979): Differenzieren und Individualisieren. Begründung und Darstellung des Differenzierungsproblems. Bad Heilbrunn.
Miller, M. (1986): Kollektive Lernprozesse. Studien zur Grundlegung einer soziologischen Lerntheorie. Frankfurt / M.
Miller, M. (2006): Dissens. Zur Theorie diskursiven und systemischen Lernens. Bielefeld.
MKJS – Ministerium für Kultus, Jugend und Sport Baden-Württemberg (Hrsg., 2008): Bildungsplan 2008: Förderschule. Stuttgart.
Möller, Ch. (1969): Technik der Lernplanung. Weinheim.
Möller, Ch. (Hrsg. 1974): Praxis der Lernplanung. Weinheim.
Moser Opitz, E. (2000): Zählen – Zahlbegriff – Rechnen. Theoretische Grundlagen und eine empirische Untersuchung zum mathematischen Erstunterricht in Sonderklassen. Bern.
MSW – Ministerium für Schule und Weiterbildung des Landes Nordrhein-Westfalen (Hrsg., 2006): Jedes Kind mitnehmen! Das neue Schulgesetz in Nordrhein-Westfalen. Nordrhein-Westfalen macht Schule. Düsseldorf.
MSW – Minsterium für Schule und Weiterbildung des Landes Nordrhein-Westfalen (Hrsg., 2008a): Richtlinien und Lehrpläne für die Grundschule in Nordrhein-Westfalen. Frechen.
MSW – Ministerium für Schule und Weiterbildung des Landes Nordrhein-Westfalen (Hrsg., 2008b): Kompetenzorientierung – Eine veränderte Sichtweise auf das Lernen und Lehren in der Grundschule. Handreichung. Frechen.
Müller, G. N. u. a. (Hrsg., 2004): Arithmetik als Prozess. Seelze.
Müller, Th. (2003): Warum Kasperle im Unterricht nicht geholfen werden muss. Grundschule, H. 4, S. 44–46.
Muth, J. (1983): Differenzierung des Unterrichts. In: Baier, H. / Bleidick, U. (Hrsg.): Handbuch der Lernbehindertendidaktik, S. 94–104. Stuttgart.
NCTM – National Council of Teachers of Mathematics (2000): Principles and Standards for School Mathematics. Reston, VA.

Neth, A. / Voigt, J. (1991): Die Aushandlung mathematischer Bedeutungen an Sachaufgaben. In: Maier, H. / Voigt, J. (Hrsg.): Interpretative Unterrichtsforschung, S. 79–116. Köln.
Neubrand, J. / Neubrand, M. (1999): Effekte multipler Lösungsmöglichkeiten: Beispiele aus einer japanischen Mathematikstunde. In: Selter, Ch. / Walther, G. (Hrsg.): Mathematikdidaktik als design science, S. 148–158. Leipzig.
Nührenbörger, M. (2004): Millionenträume und -gedanken. Aufgaben zur Erkundung des Zahlenraums bis eine Million. In Scherer, P. / Bönig, D. (Hrsg.): Mathematik für Kinder – Mathematik von Kindern, S. 97–106. Frankfurt / M.
Nührenbörger, M. (2007): Unterrichtsgespräche zwischen Schülern und Lehrkräften in jahrgangsgemischten Kleingruppen. In: Möller, K. u. a. (Hrsg.): Qualität von Grundschulunterricht entwickeln, erfassen und bewerten, S. 245–248. Wiesbaden.
Nührenbörger, M. (2009a): Interaktive Konstruktionen mathematischen Wissens – Epistemologische Analysen zum Diskurs von Kindern im jahrgangsgemischten Anfangsunterricht. Journal für Mathematik-Didaktik, H. 2, S. 147–172.
Nührenbörger, M. (2009b): Das meine ich aber anders. Mathematische Deutungsweisen im Anfangsunterricht. MNU Primar, H. 3, S. 96–99.
Nührenbörger, M. / Pust, S. (2006): Mit Unterschieden rechnen. Lernumgebungen und Materialien für einen differenzierten Anfangsunterricht. Seelze.
Nührenbörger, M. / Schwarzkopf, R. (2010): Die Entwicklung mathematischen Wissens in sozialinteraktiven Kontexten. In: Böttinger, C. u. a. (Hrsg.): Mathematik im Denken der Kinder. Anregungen zur mathematikdidaktischen Reflexion, S. 73–81. Seelze.
Oehl, W. (1962): Der Rechenunterricht in der Grundschule. Hannover.
Pagni, D. (2002): Number triangles and algebra. amt, H. 2, S. 30–34.
Peschel, F. (2009): Offener Unterricht: Idee, Realität, Perspektive und ein praxiserprobtes Konzept zur Diskussion. Bd. 1: Allgemeindidaktische Überlegungen. Bd. 2: Fachdidaktische Überlegungen. Hohengehren.
PIK AS (2010): Das Mal-Plus-Haus: ein Übungsformat zum multiplikativen Rechnen. Zugriff am: 15. 04. 2013. http: / / www.pikas.tu-dortmund.de / material-pik / herausfordernde-lernangebote / haus-8-fortbildungs-material / modul-8.2-forscherhefte-mal-plus-haus / index.html
Polya, G. (1995): Schule des Denkens. Vom Lösen mathematischer Probleme. Tübingen.
Prengel, A. (1995): Pädagogik der Vielfalt. Verschiedenheit und Gleichberechtigung in Interkultureller, Feministischer und Integrativer Pädagogik. Opladen.
Price, G. u. a. (1991): Good Ideas for … Algebra. Southampton.
Quasthoff, U. M. / Steinbring, H. (2000): Diskurseinheiten im Mathematikunterricht. Grundschule, H. 12, S. 57–59.
Radatz, H. (1980): Fehleranalysen im Mathematikunterricht. Braunschweig.
Radatz, H. (1995): Leistungsstarke Grundschüler im Mathematikunterricht fördern. In: Müller, K. P. (Hrsg.): Beiträge zum Mathematikunterricht, S. 376–379. Hildesheim.
Radatz, H. / Rickmeyer, K. (1991): Handbuch für den Geometrieunterricht an Grundschulen. Hannover.
Radatz, H. / Schipper, W. (1983): Handbuch für den Mathematikunterricht an Grundschulen. Hannover.
Radatz, H. u. a. (1999): Handbuch für den Mathematikunterricht. 3. Schuljahr. Hannover.
Ramseger, J. (1992): Was heißt "gemeinsame Schule für alle?" oder: Die Grenzen der Integration. In: Lersch, R. / Vernooij, M. (Hrsg.): Behinderte Kinder und Jugendliche in der Schule. Herausforderungen an Schul- und Sonderpädagogik, S. 53–65. Bad Heilbrunn.
Ratzka, N. (2003): Mathematische Fähigkeiten und Fertigkeiten am Ende der Grundschulzeit. Empirische Studien im Anschluss an TIMSS. Hildesheim.
Resnick, L. B. / Ford, W. W. (1981): The psychology of mathematics for instruction. Hillsdale, NJ.
Roggatz, Ch. (2012): Individualisierender Unterricht. Von „Haufen", Heidi und Zauberformeln. Hamburg macht Schule, H. 3, S. 8–11.
Rudnitsky, A. N. u. a. (1981): Talking Mathematics with Children. The Arithmetic Teacher, H. 8, S. 14–17.

Ruf, U./Gallin, P. (1998a): Dialogisches Lernen in Sprache und Mathematik. Band 1: Austausch unter Ungleichen. Grundzüge einer interaktiven und fächerübergreifenden Didaktik. Seelze.

Ruf, U./Gallin, P. (1998b): Dialogisches Lernen in Sprache und Mathematik. Band 2: Spuren legen – Spuren lesen. Unterricht mit Kernindeen und Reisetagebüchern. Seelze.

Rumpf, H. (1971): Zum Problem der didaktischen Vereinfachung (1968). In: Rumpf, H. (Hrsg.): Schulwissen – Probleme der Analyse von Unterrichtsinhalten, S. 68–82. Göttingen.

Rumpf, H. (1972): Lernschnellwege? Über das Recht auf Fehler, Umwege, Einfälle und seine Liquidation in zweckrationalen Unterrichtskonzepten. In: Flügge, J. (Hrsg.): Pädagogischer Fortschritt? S. 102–118. Bad Heilbrunn.

Rumpf, H. (1992): Anfängliche Aufmerksamkeiten. Was sollen Lehrer können? Wie sollen Lehrer lernen? Pädagogik, H. 9, S. 26–31.

Rumpf, H. (1996): Abschied vom Stundenhalten. In: Combe, A./Helsper, W. (Hrsg.): Pädagogische Professionalität. Untersuchungen zum Typus pädagogischen Handelns, S. 472–500. Frankfurt/M.

Ruwisch, S./Peter-Koop, A. (Hrsg., 2003): Gute Aufgaben im Mathematikunterricht der Grundschule. Offenburg.

Scheid, H. (1991): Zahlentheorie. Mannheim.

Scherer, P. (1995): Ganzheitlicher Einstieg in neue Zahlenräume – auch für lernschwache Schüler?! In: Müller, G. N./Wittmann, E. Ch. (Hrsg.): Mit Kindern rechnen, S. 151–164. Frankfurt/M.

Scherer, P. (1996): Zahlenketten – Entdeckendes Lernen im 1. Schuljahr. Die Grundschulzeitschrift, H. 96, S. 20–23.

Scherer, P. (1997a): Substantielle Aufgabenformate – jahrgangsübergreifende Beispiele für den Mathematikunterricht, Teil 1 – 3. Grundschulunterricht, H. 1 & 4 & 6, S. 34–38 & 36–38 & 54–56.

Scherer, P. (1997b): Schülerorientierung UND Fachorientierung – notwendig und möglich! Mathematische Unterrichtspraxis, H. I, S. 37–48.

Scherer, P. (1999): Entdeckendes Lernen im Mathematikunterricht der Schule für Lernbehinderte – Theoretische Grundlegung und evaluierte unterrichtspraktische Erprobung. 2. Auflage. Heidelberg.

Scherer, P. (2003): Produktives Lernen für Kinder mit Lernschwächen: Fördern durch Fordern. Band 2: Hunderterraum/Addition & Subtraktion. Horneburg.

Scherer, P. (2004): Was „messen" Mathematikaufgaben? – Kritische Anmerkungen zu Aufgaben in den Vergleichsstudien. In: Bartnitzky, H./Speck-Hamdan, A. (Hrsg.): Leistungen der Kinder wahrnehmen – würdigen – fördern, S. 270–280. Frankfurt/M.

Scherer, P. (2005a): Produktives Lernen für Kinder mit Lernschwächen: Fördern durch Fordern. Band 1: Zwanzigerraum. Horneburg.

Scherer, P. (2005b): Produktives Lernen für Kinder mit Lernschwächen: Fördern durch Fordern. Band 3: Hunderterraum/Multiplikation & Division. Horneburg.

Scherer, P. (2006): Rechendreiecke – Vertiefende Übungen zum Einmaleins. Grundschule, H. 1, S. 40–43.

Scherer, P. (2007a): Offene Lernumgebungen im Mathematikunterricht – Schwierigkeiten und Möglichkeiten lernschwacher Schülerinnen und Schüler. Zeitschrift für Heilpädagogik, H. 8, S. 291–296.

Scherer, P. (2007b): „Unschaffbar". Unlösbare Aufgaben im Mathematikunterricht der Grundschule. Grundschulunterricht, H. 2, S. 20–23.

Scherer, P./Krauthausen, G. (2010): Natural Differentiation in Mathematics – the NaDiMa project. Panama-Post, H. 3, S. 14–26.

Scherer, P./Moser Opitz, E. (2010): Fördern im Mathematikunterricht der Primarstufe. Heidelberg.

Scherer, P./Selter, Ch. (1996): Zahlenketten – ein Unterrichtsbeispiel für Natürliche Differenzierung. Mathematische Unterrichtspraxis, H. II, S. 21–28.

Scherer, P./Steinbring, H. (2004a): Übergang von halbschriftlichen Rechenstrategien zu schriftlichen Algorithmen – Addition im Tausenderraum. In: Scherer, P./Bönig, D. (Hrsg.): Mathematik für Kinder – Mathematik von Kindern, S. 163–173. Frankfurt/M.

Scherer, P./Steinbring, H. (2004b): Zahlen geschickt addieren. In: Müller, G. N. u. a. (Hrsg.): Arithmetik als Prozess, S. 55–69. Seelze.

Scherer, P. u. a. (2004): Praxisleitfaden zur kooperativen Reflexion des eigenen Mathematikunterrichts. In: Arbeiten aus dem Institut für Didaktik der Mathematik der Universität Bielefeld. Occasional Paper, H. 189.

Schipper, W. u. a. (2000): Handbuch für den Mathematikunterricht. 4. Schuljahr. Hannover.

Schittko, K. (1984): Differenzierung in Schule und Unterricht. München.

Schmidt, S. (2009): Rechen-n-Ecke als Lernumgebungen für mathematisch besonders befähigte Kinder in der Primarstufe und darüber hinaus. In: Peter-Koop, A. u. a. (Hrsg.): Lernumgebungen – Ein Weg zum kompetenzorientierten Mathematikunterricht in der Grundschule, S. 226–234. Offenburg.

Schmidt, S. (2010): Rechendreiecke und Rechenvierecke – Eine Fallstudie aus dem Grundschulbereich im Horizont von Reifung für das Umgehen mit Komplexität. In: Nolte, M. (Hrsg.): Was macht Mathematik aus? Nachhaltige paradigmatische Ansätze für die Förderung mathematisch besonders begabter Schüler, S. 93–107. Münster.

Schoenfeld, A. H. (1988): When Good Teaching Leads to Bad Results: The Disasters of „Well-Taught" Mathematics Courses. Educational Psychologist, H. 2, S. 145–166.

Schoenfeld, A. H. (1991): On Mathematics as Sense-Making: An Informal Attack on the Unfortunate Divorce of Formal and Informal Mathematics. In: Voss, J. F. u. a. (Hrsg.): Informal Reasoning and Education, S. 311–343. Hillsdale, NJ.

Schreier, H. (1993): Wie weiter mit dem Sachunterricht? John Deweys Erfahrungsbegriff öffnet aktuelle Perspektiven. Die Grundschulzeitschrift, H. 67, S. 34–37.

Schreier, H. (1995): Unterricht ohne Liebe zur Sache ist leer. Eine Erinnerung. Grundschule, H. 6, S. 14–15.

Schülke, C. (2013): Mathematische Reflexion in der Interaktion von Grundschulkindern. Theoretische Grundlegung und empirisch-interpretative Evaluation. Empirische Studien zur Didaktik der Mathematik. Münster.

Schülke, C./Söbbeke, E. (2010): Die Entwicklung mathematischer Begriffe im Unterricht. In: Böttinger, C. u. a. (Hrsg.): Mathematik im Denken der Kinder. Anregungen zur mathematikdidaktischen Reflexion, S. 18–28. Seelze.

Schülke, C./Steinbring, H. (2010): Mathematical Reflection in Primary School Education. Theoretical Foundation and Empirical Analysis of a Case Study. CERME 6. Lyon.

Schulz, W. (1981): Unterrichtsplanung. Mit Materialien aus Unterrichtsfächern. Praxis und Theorie des Unterrichtens. 3. Aufl., München.

Schupp, H. (2002): Aufgabenvariationen als Unterrichtsgegenstand. In: Henn, H.-W. (Hrsg.): Mathematikunterricht im Aufbruch, S. 20–23. Stuttgart.

Schütte, M. (2009): Sprache und Interaktion im Mathematikunterricht der Grundschule. Zur Problematik einer Impliziten Pädagogik für schulisches Lernen im Kontext sprachlich-kultureller Pluralität. Empirische Studien zur Didaktik der Mathematik. Münster.

Schütte, S. (1994): Mathematiklernen in Sinnzusammenhängen: Probleme und Perspektiven der Grundschulmathematik heute. Stuttgart.

Schütte, S. (2002): Das Lernpotenzial mathematischer Gespräche nutzen. Grundschule, H. 3, S. 16–18.

Schütte, S. (2008): Qualität im Mathematikunterricht der Grundschule sichern. Für eine zeitgemäße Unterrichts- und Aufgabenkultur. München.

Selter, Ch. (1994): Rechnen auf eigenen Wegen: DIVISION im zweiten Schuljahr. Grundschulunterricht, H. 11, S. 24–26.

Selter, Ch. (1997a): Entdecken und Üben mit Rechendreiecken. Eine substantielle Übungsform für den Mathematikunterricht. Friedrich Jahresheft: Lernmethoden, Lehrmethoden. Wege zur Selbstständigkeit, H. XV, S. 88–90.

Selter, Ch. (1997b): Genetischer Mathematikunterricht: Offenheit mit Konzept. mathematik lehren, H. 83, S. 4–8.

Selter, Ch. (2011a): Mathematikunterricht – mehr als Kenntnisse und Fertigkeiten. In: Demuth, R. u. a. (Hrsg.): Unterricht entwickeln mit SINUS. 10 Module für den Mathematik- und Sachunterricht in der Grundschule, S. 35–43. Seelze.

Selter, Ch. (2011b): „Ich mark Mate" – Leitideen und Beispiele für interesseförderlichen Unterricht. In: Demuth, R. u. a. (Hrsg.): Unterricht entwickeln mit SINUS. 10 Module für den Mathematik- und Sachunterricht in der Grundschule, S. 131–139. Seelze.

Selter, Ch. / Scherer, P. (1996): Zahlenketten – Ein Unterrichtsbeispiel für Grundschüler und Lehrerstudenten. mathematica didactica, H. 1, S. 54–66.

Selter, Ch. / Spiegel, H. (1997): Wie Kinder rechnen. Leipzig.

Sembach, Cordula (2009): Möglichkeiten einer natürlichen Differenzierung im jahrgangsgemischten Mathematikunterricht einer Grundschule – Eine Fallstudie am Beispiel der Rechendreiecke. Schriftliche Hausarbeit zur Ersten Staatsprüfung. 114 S. Universität Hamburg.

Siebel, F. (2010): Wie verändert sich das, wenn ...? Wirkungen analysieren in Rechendreiecken und Zahlenketten. Praxis der Mathematik, H. 33, S. 17–20.

Siegel, Ch. (1990): Auch schwache Schüler geraten in den Bann von Zauberdreiecken. mathematik lehren, H. 40, S. 28–29.

Spiegel, H. (1978): Das „Würfelzahlenquadrat" – Ein Problemfeld für arithmetische und kombinatorische Aktivitäten im Grundschulmathematikunterricht. Didaktik der Mathematik, H. 4, S. 296–306.

Spiegel, H. (1993): Rechnen auf eigenen Wegen – Addition dreistelliger Zahlen zu Beginn des 3. Schuljahres. Grundschulunterricht, H. 10, S. 6–7.

Spiewak, M. (2013): Ich bin superwichtig! Die Zeit v. 03.01.2013, S. 55–56.

Stanat, P. u. a. (Hrsg., 2012): Kompetenzen von Schülerinnen und Schülern am Ende der vierten Jahrgangsstufe in den Fächern Deutsch und Mathematik. Ergebnisse des IQB-Ländervergleichs 2011. Münster.

Steinbring, H. (1994): Die Verwendung strukturierter Diagramme im Arithmetikunterricht der Grundschule: Zum Unterschied zwischen empirischer und theoretischer Mehrdeutigkeit mathematischer Zeichen. Mathematische Unterrichtspraxis, H. IV, S. 7–19.

Steinbring, H. (1995): Zahlen sind nicht nur zum Rechnen da! Wie Kinder im Arithmetikunterricht strategisch-strukturelle Vorgehensweisen entwickeln. In: Müller, G. N. / Wittmann, E. Ch. (Hrsg.): Mit Kindern rechnen, S. 225-239. Frankfurt / M.

Steinbring, H. (1999): Offene Kommunikation mit geschlossener Mathematik? Grundschule, H. 3, S. 8–13.

Steinbring, H. (2000): Mathematische Bedeutung als eine soziale Konstruktion – Grundzüge der epistemologisch orientierten mathematischen Interaktionsforschung. Journal für Mathematik-Didaktik, H. 1, S. 28–49.

Steinbring, H. (2005): The Construction of New Mathematical Knowledge in Classroom Interaction. An Epistemological Perspective. Mathematics Education Library. New York.

Steinbring, H. (2009): Ist es möglich mathematische Bedeutungen zu kommunizieren? – Epistemologische Analyse interaktiver Wissenskonstruktionen. In: Beiträge zum Mathematikunterricht, S. 107–109. Hildesheim.

Steinweg, A. S. (2013): Algebra in der Grundschule. Muster und Strukturen – Gleichungen – Funktionale Beziehungen. Heidelberg.

Sundermann, B. / Selter, C. (2006): Beurteilen und Fördern im Mathematikunterricht. Berlin.

Trautmann, M. / Wischer, B. (2007): Individuell fördern im Unterricht. Was wissen wir über Innere Differenzierung? Pädagogik, H. 12, S. 44–48.

Trautmann, Th. (2003): Amelie & Co. Rechengeschichten. Begleitheft. Oberursel.

Treffers, A. (1983): Fortschreitende Schematisierung. mathematik lehren, H. 1, S. 16–20.

Trivett, J. (1977): Which Researchers Help Teachers Do Their Job? Mathematics Teaching, H. 78, S. 39-43.

Valls-Busch, B. (2004): Rechnen und entdecken am Mal-Plus-Haus. Die Grundschulzeitschrift, H. 177, S. 22 23.

Van den Heuvel-Panhuizen, M. (1994): Leistungsmessung im aktiv-entdeckenden Mathematikunterricht. In: Brügelmann, H. u. a. (Hrsg.): Am Rande der Schrift. Zwischen Sprachenvielfalt und Analphabetismus, S. 87–107. Konstanz.

Van den Heuvel-Panhuizen, M. (1996): Assessment and realistic mathematics education. Utrecht.

Verboom, L. (2002): Aufgabenformate zum multiplikativen Rechnen. Entdecken und Beschreiben von Auffälligkeiten und Lösungsstrategien. Praxis Grundschule, H. 2, S. 14–25.

Voigt, J. (1984): Der kurztaktige, fragend-entwickelnde Mathematikunterricht. Szenen und Analysen. mathematica didactica, H. 7, S. 161–186.

Voigt, J. (1990): Mehrdeutigkeit als ein wesentliches Moment der Unterrichtskultur. Beiträge zum Mathematikunterricht, S. 305–308. Bad Salzdetfurth.

Voigt, J. (1993): Unterschiedliche Deutungen bildlicher Darstellungen zwischen Lehrerin und Schülern. In: Lorenz, J. H. (Hrsg.): Mathematik und Anschauung, S. 147–166. Köln.

Voigt, J. (1994): Mathematische Unterrichtsgespräche. Von Ritual und Konvention zu Argument und Widerstreit. Die Grundschulzeitschrift, H. 72, S. 10–13.

Von Berg, S. (V. i. S. d. P.; o. J.): Die neue Lernkultur. www.lernen-hh.de. Aufruf am 01.08.2013.

von der Groeben, A. (1997): Binnendifferenzierung. Die große Illusion, die große Überforderung oder die große Chance? Pädagogik, H. 12, S. 6–10.

Wahrig-Burfeind, R. (Hrsg., 2008): Wahrig. Deutsches Wörterbuch. Gütersloh.

Walther, G. (1978): Arithmogons – eine Anregung für den Rechenunterricht in der Primarstufe. Sachunterricht und Mathematik in der Primarstufe, H. 6, S. 325–328.

Walther, G. (2011): Die Entwicklung allgemeiner mathematischer Kompetenzen fördern. In: Demuth, R. u. a. (Hrsg.): Unterricht entwickeln mit SINUS. 10 Module für den Mathematik- und Sachunterricht in der Grundschule, S. 15–23. Seelze.

Walther, G. u. a. (2008): Mathematische Kompetenz im internationalen Vergleich: Testkonzeption und Ergebnisse. In: Bos, W. u. a. (Hrsg.): TIMSS 2007. Mathematische und naturwissenschaftliche Kompetenzen von Grundschulkindern in Deutschland im internationalen Vergleich, S. 49–85. Münster.

Weinert, F. E. (1996): Für und wider die „neuen Lerntheorien" als Grundlagen pädagogisch-psychologischer Forschung. Zeitschrift für Pädagogische Psychologie. H. 1, S. 1–12.

Wertsch, J. V. (1991): Voices of the mind. A sociocultural approach to mediated action. London.

Wesseling, A. (2005): Das Würfelzahlenquadrat. Eine Unterrichtseinheit zur Stärkung mathematischer Kompetenzen. Sache – Wort – Zahl, H. 73, S. 50–59.

Wielpütz, H. (1998a): Das besondere Kind im Mathematikunterricht – Anmerkungen aus der Sicht einer reflektierten Praxis, Beobachtung und Beratung. In: Peter-Koop, A. (Hrsg.): Das besondere Kind im Mathematikunterricht der Grundschule, S. 41–58. Offenburg.

Wielpütz, H. (1998b): Erst verstehen, dann verstanden werden. Grundschule, H. 3, S. 9–11.

Winkeler, R. (1978): Differenzierung: Funktionen, Formen und Probleme. Workshop Schulpädagogik. 4. Aufl. Ravensburg.

Winter, H. (1974): Steigerung arithmetischer Fähigkeiten im neuen Mathematikunterricht. Grundschule, H. 8/9, S. 416–427; 470–477.

Winter, H. (1975): Allgemeine Lernziele für den Mathematikunterricht? Zentralblatt für Didaktik der Mathematik, H. 3, S. 106–116.

Winter, H. (1982): Das Gleichheitszeichen im Mathematikunterricht der Primarstufe. mathematica didactica, H. 4, S. 185–211.

Winter, H. (1983): Zur Problematik des Beweisbedürfnisses. Journal für Mathematik-Didaktik, H. 1, S. 59–95.

Winter, H. (1995): Mathematikunterricht und Allgemeinbildung. Mitteilungen der Gesellschaft für Didaktik der Mathematik, H. 61, S. 37–46.

Winter, H. (1998): Mathematik als unersetzbares Fach einer Allgemeinbildung. Mitteilungen der Mathematischen Gesellschaft Hamburg, 17. Jg., S. 75–83.

Winter, M. (2003): Einstellungen von Lehramtsstudierenden im Fach Mathematik. Erfahrungen und Perspektiven. mathematica didactica, H. 1, S. 86–110.

Wittmann, E. Ch. (1985): Objekte – Operationen – Wirkungen: Das operative Prinzip in der Mathematikdidaktik. mathematik lehren, H. 11, S. 7–11.
Wittmann, E. Ch. (1990): Wider die Flut der „bunten Hunde" und der „grauen Päckchen": Die Konzeption des aktiv-entdeckenden Lernens und des produktiven Übens. In: Wittmann, E. Ch./Müller, G. N. (Hrsg.): Handbuch produktiver Rechenübungen, Band 1, S. 152–166. Stuttgart.
Wittmann, E. Ch. (1992): Üben im Lernprozeß. In: Wittmann, E. Ch./Müller, G. N. (Hrsg.): Handbuch produktiver Rechenübungen, Band 2, S. 175–182. Stuttgart.
Wittmann, E. Ch. (1994): Legen und Überlegen. Wendeplättchen im aktiv-entdeckenden Rechenunterricht. Die Grundschulzeitschrift, H. 72, S. 44–46.
Wittmann, E. Ch. (1995): Unterrichtsdesign und empirische Forschung. In: Müller, K. P. (Hrsg.): Beiträge zum Mathematikunterricht, S. 528–531. Hildesheim.
Wittmann, E. Ch. (1996): Offener Mathematikunterricht in der Grundschule – vom FACH aus. Grundschulunterricht, H. 6, S. 3–7.
Wittmann, E. Ch. (1997): Vom Tangram zum Satz von Pythagoras. mathematik lehren, H. 83, S. 18–20.
Wittmann, E. Ch. (2001): Developing Mathematics Education in a Systemic Process. Educational Studies in Mathematics, H. 1, S. 1–20.
Wittmann, E. Ch./Müller, G. (1988): Wann ist ein Beweis ein Beweis? In: Bender, P. (Hrsg.): Mathematikdidaktik in Theorie und Praxis, S. 237-257. Berlin.
Wittmann, E. Ch./Müller, G. N. (1990): Handbuch produktiver Rechenübungen. Band 1: Vom Einspluseins zum Einmaleins. Stuttgart.
Wittmann, E. Ch./Müller, G. N. (1992): Handbuch produktiver Rechenübungen. Band 2: Vom halbschriftlichen zum schriftlichen Rechnen. Stuttgart.
Wittmann, E. Ch./Müller, G. N. (2004): Das Zahlenbuch 1/2. Lehrerband. Leipzig.
Wittmann, E. Ch./Müller, G. N. (2006): Das Zahlenbuch 4. Stuttgart.
Wittmann, E. Ch./Müller, G. N. (2008): Muster und Strukturen als fachliches Grundkonzept. In: Walther, G. u. a. (Hrsg.): Bildungsstandards für die Grundschule: Mathematik konkret, S. 42–65. Frankfurt/M.
Wittmann, E. Ch./Müller, G. N. (2012): Zahlenbuch 1. Begleitband. Stuttgart.
Wittmann, E. Ch./Müller, G. N. (2013): Zahlenbuch 3. Stuttgart.
Wittmann, E. Ch. u. a. (2004): Das Zahlenbuch. Mathematik im 1. Schuljahr. Lehrerband. Stuttgart.
Wittmann, G. (2010): Individuelle Konzepte verstehen lernen. In: Heinzel, F. (Hrsg.): Kinder in der Gesellschaft. Was wissen wir über aktuelle Kindheiten? S. 138–149. Frankfurt/M.
Wollring, B. (2000): Faltbilderbücher, Faltgeschichten und Faltbildkalender. Arbeitsumgebungen zur ebenen Papierfaltgeometrie für die Grundschule. Die Grundschulzeitschrift, H. 138, S. 26; 43–47.
Wollring, B. (2009): Zur Kennzeichnung von Lernumgebungen für den Mathematikunterricht in der Grundschule. In: Peter-Koop, A. u. a. (Hrsg.): Lernumgebungen – Ein Weg zum kompetenzorientierten Mathematikunterricht in der Grundschule, S. 9–23. Offenburg.
Wood, E. F. (1988): Math Anxiety and Elementary Teachers: What Does Research Tell Us? For the Learning of Mathematics, H. 1, S. 8–13.
Zech, F. (2002): Grundkurs Mathematikdidaktik. Theoretische und praktische Anleitungen für das Lehren und Lernen von Mathematik. 10. Aufl., Weinheim.

9 Übersicht Download-Materialien

Inhalt

9.1 Zahlenketten

9.1.1 Einführung und offene Aufgaben
Arbeitsblatt 1.1
Arbeitsblatt 1.1 R
Arbeitsblatt 1.2

9.1.2 Erreichen einer festen Zielzahl
Arbeitsblatt 2
Probierblatt
Arbeitsblatt 2 R
Probierblatt
Arbeitsblatt 2 T

9.1.3 Untersuchen operativer Beziehungen
Arbeitsblatt 3.1
Arbeitsblatt 3.2
Arbeitsblatt 3.3
Arbeitsblatt 3.4

9.2 Rechendreiecke

9.2.1 Einführung und offene Aufgaben
Arbeitsblatt 1.1
Arbeitsblatt 1.2

9.2.2 Muster entdecken und begründen
Arbeitsblatt 2.1.1
Arbeitsblatt 2.1.2

9.2.3 Muster für andere entwerfen
Arbeitsblatt 2.2.1
Arbeitsblatt 2.2.2

9.2.4 Plättchen wandern
Sukzessiver Aufbau des Tafelbildes
Arbeitsblatt 2.3
Arbeitsblatt 2.3 R

9.2.5 Rechendreiecke mit Einmaleinszahlen
Arbeitsblatt 3

9.2.6 (Un-)gerade Außenfelder
Arbeitsblatt 4

9.2.7 Drei vorgegebene Außenfelder
Arbeitsblatt 5

9.2.8 Summen der Innen- und Außenfelder
Arbeitsblatt 6.1
Arbeitsblatt 6.1 R
Arbeitsblatt 6.2
Arbeitsblatt 6.2 R

9.3 Mal-Plus-Häuser
Zu diesem Aufgabenformat finden Sie hier nur die Arbeitsblätter, die wir in diversen Erprobungen eingesetzt haben. Die Etappenpläne werden Sie nach der Lektüre dieses Buches gewiss selbst erstellen können (vgl. Kapitel 7.3).

9.3.1 Einführung
Arbeitsblatt 1

9.3.2 Muster in Dach- und Mittelzahl
Arbeitsblatt 2

9.3.3 Wie viele Häuser ...? (Dach-/Mittelzahl gegeben)
Arbeitsblatt 3

9.3.4 Wie viele Häuser ...? (Dachzahl gegeben)
Arbeitsblatt 4 Probierblatt

9.4 Transkript zu Kommazahlen und „normale Zahlen“ (Klasse 4)

9.5 Abbildung 3.10 von Seite 104

Quellenverzeichnis

Abbildungen

Abb. 2.1a/b: Aus: Gutjahr, Sabine: Schriftliche Rechenverfahren. © AOL Verlag, Hamburg – AAP Lehrerfachverlage GmbH

Abb. 2.2a/b/c; 2.3a/b; 2.4a/b; 2.5a/b; 3.6: © Ernst Klett Verlag GmbH

Abb. 2.6; 2.7; 2.11; 2.12; 2.13; 2.14: Aus: Trautmann, Th.: Amelie & Co. Rechengeschichten © Finken-Verlag GmbH, Oberursel – www.finken.de

Abb. 3.1: Gallin, Peter/Ruf, Urs: ich du wir © Lehrmittelverlag Zürich

Abb. 3.8: Illustration: Frederik Jurk/Sepia

Abb. 3.9: © Christian Schwiers – Fotolia.com

Abb. 3.10 (ganz links): © senoldo – Fotolia.com

Abb. 3.10 (mitte-links): © womue – Fotolia.com

Abb. 3.10 (mitte-rechts): © Coprid – Fotolia.com

Abb. 3.10 (ganz rechts): © atoss – Fotolia.com

Abb. 4.1: Krämer, M. (2011): Natürliche Differenzierung mit Lernumgebungen. Eine Möglichkeit für Kinder jeden Leistungsniveaus gemeinsam und doch individuell zu lernen. Grundschule Mathematik. H. 1, S. 31.

Abb. 7.8: Kultusministerkonferenz (KMK) (2005): Bildungsstandards im Fach Mathematik für den Primarbereich. Beschluss der KMK vom 15.10.2004 [Online]. Verfügbar unter: http://www.kmk.org/fileadmin/veroeffentlichungen_beschluesse/2004/2004_10_15-Bildungsstandards-Mathe-Primar.pdf [aufgerufen am 27.09.2013]

Soweit keine anderen Angaben gemacht wurden, stammen die Schülerarbeiten aus dem Materialfundus der Autoren.

Texte

Seite 201: Schütte, S. (2002): Das Lernpotenzial mathematischer Gespräche nutzen. Aus: GRUNDSCHULE, Heft 3/2002, S. 18 © westermann, Bildungshaus Schulbuchverlage GmbH, Braunschweig

Unter **www.friedrich-verlag.de** finden Sie Materialien zum Buch als Download.
Bitte geben Sie den achtstelligen Download-Code in das Suchfeld ein.

DOWNLOAD-CODE: **d14965dm**

Hinweis:

Das Download-Material enthält Arbeitsblätter und Unterrichtsentwürfe, die Sie bei der Vorbereitung Ihres Unterrichts unterstützen und/oder Ihnen vertiefende Hintergrundinformationen liefern.

Haben Sie Fragen zum Download? Dann wenden Sie sich bitte an den Leserservice der Friedrich Verlags GmbH. Schreiben Sie uns oder rufen Sie uns an!

Sie erreichen unseren Leserservice
Montag bis Donnerstag von 8 – 18 Uhr
Freitag von 8 – 14 Uhr
Tel.: 05 11/4 00 04-150
Fax: 05 11/4 00 04-170
E-Mail: *leserservice@friedrich-verlag.de*

Wir freuen uns über Ihre Rückmeldungen und helfen Ihnen gerne weiter!